Professional Sewing Techniques for Designers

Julie Cole | Sharon Czachor

服装制作工艺

服装专业技能全书（下）修订本

[美] 朱莉·科尔　[美] 莎伦·卡扎切尔　著

王　俊　译

U0377467

东华大学出版社·上海

图书在版编目 (CIP) 数据

服装制作工艺：服装专业技能全书. 下 /（美）朱莉·科尔,（美）莎伦·卡扎切尔著；王俊译.
—2 版（修订本）.—上海：东华大学出版社，2021.1
书名原文：Professional Sewing Techniques for Designers, 2nd edition

ISBN 978-7-5669-1811-6

I. ①服… II. ①朱… ②莎… ③王… III. ①服装—生产工艺 IV. ① TS941.6

中国版本图书馆 CIP 数据核字（2020）第 203633 号

Professional Sewing Techniques for Designers, 2nd edition
by Julie Cole, Sharon Czachor
Copyright ©2014 by Bloomsbury Publishing Inc.
Chinese (Simplified Characters) Edition
Copyright ©2020 by Donghua University Press Co., Ltd
published by arrangement with Bloomsbury Publishing Inc.

责 任 编 辑　徐建红
装 帧 设 计　贝 塔
封面图片摄影　ALPHA 影像

服装制作工艺
服装专业技能全书（下）（修订本）

[美] 朱莉·科尔　　[美] 莎伦·卡扎切尔　著
王俊　译

出　　　　版：东华大学出版社（上海市延安西路 1882 号，200051）
本 社 网 址：http://dhupress.dhu.edu.cn
天猫旗舰店：http://dhdx.tmall.com
营 销 中 心：021-62193056　62373056　62379558
印　　　　刷：上海盛通时代印刷有限公司
开　　　　本：889mm×1194mm　1/16
印　　　　张：17.75
字　　　　数：630 千字
版　　　　次：2021 年 1 月第 2 版
印　　　　次：2021 年 1 月第 1 次印刷
书　　　　号：ISBN 978-7-5669-1811-6
定　　　　价：98.00 元

目录

第1章

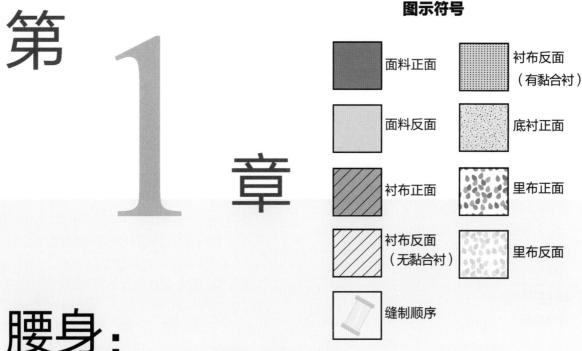
腰身：
服装的水平线设计

腰身的水平边缘可以是直的也可以是弯的，这取决于其在腰部的位置。腰线处于正腰的通常是一片式直腰身；位于臀部的通常是两片式弯腰身。腰身可以设计成多种宽度与风格。对于成衣而言，弯曲腰身内侧可以用多种不同的面料。腰也可以与裙子或裤子裁成一体，通过画出腰线的等高线来创造高腰造型。这种款式会在时尚潮流中周期性出现。

所有腰身的设计取决于面料。面料的特性、种类、悬垂性、以及手感（无论是硬挺还是柔软）都会影响腰身的缝纫方法。面料的定型以及衬里也会影响腰身的制作。面料与里布密切相连，腰身款式设计离不开正确辅料的选择。

对于服装的穿着而言，腰的舒适性是种功能性设计。腰在穿着时不应感到太紧或太松。腰身的构造极其重要。腰身应足够坚实、穿着时不会凹陷。腰身的理想构造是保持服装舒适性的第一步，腰身定型使其能坚固平整。总之，无论何种式样的腰身，其形态、宽度与风格都应该为整件服装加入美感。

关键术语

带袢

饰边缝线迹

穿带器

抽带管

弧形腰身

一片式腰身

连腰

叠门

翻折式腰身

装嵌式橡筋抽带管

（门襟）交搭

压线抽带管

线袢

袖小衩、里襟

腰牵带

特征款式

特征款式展示了直线型（图1.1A）、弧形（图1.1B）、连腰型（图1.1C），以及有橡筋抽带管的腰身（图1.1D），这些都是创意设计。

工具收集与整理

这章需要准备以下工具材料，包括：尺、衬布、松紧带、记号笔、剪刀、饰针、粗长针、风钩、钮扣及针线。

制作腰身前，应完成省道的车缝与整烫，接缝拼合与拉链绡缝。

现在开始

腰身是什么？

腰身是种加全衬的，缝制在连衣裙或裤子腰线上，用以加强服装腰部坚固性的环状面料。腰身将服装保持在人体正确位置上。设计师在制板时应考虑腰身松量。腰身必须与连衣裙腰线相匹配（见图1.2A与图1.2B），还应兼顾功能性与装饰性。在功能性设计中，腰身是支持服装的边缘部位。在装饰性设计时，腰身能加强服装的风格与外观。腰可以在前中心线打开，也可在后中心线或侧缝线或公主线部位打开。

三种腰身款式

腰身被分为三类：直线型、弧形与连身型。腰身应与腰部贴合且舒适。设计师可能试图收紧腰部打造纤细造型，但是这种款式有时会影响舒适性，甚至压迫并凸显腹部，使服装穿着起来不舒适。

最好的方式是根据腰部尺寸及设计师提供的穿着松量设计腰身。腰身的长度等于腰围长度加上放松量，如果里襟与门襟交叠，则至少应再加长2.5cm。小襟是腰身在后中心线（见图1.3B）或当服饰为前开襟时，右侧缝应有延伸部分。小襟是缝制钮扣的位置。门襟交搭（见图9.2B）可以作为装饰细节，延伸形成合适的边缘。并非所有腰都要门襟交搭，但必须有小襟。图1.7A中的腰身即有小襟又有门襟交搭。

腰身是在服装绡缝好拉链后，及所有接缝已经完成后安装的。

一片式直腰身

大多数直腰都裁剪成中间有折线的一片式腰身。直腰可宽可窄，但平均宽度约为4cm，并在最终宽度上添加2.5cm作为缝份。腰身定型料的重要性不言而喻。可以尝试各种定型料来确定最适面料的衬布。对于缝制直腰：

1. 按图1.2A的数据，计算腰身长度及尺寸。
2. 腰衬里应当满足长期穿着的定型要求。
3. 衬里厚度不能超过面料厚度，并足以支撑身体。更多信息见上册第3章定型料相关内容。为了能形成充分支撑，可以为腰身加贴黏合衬（见图1.2B），或在连体式腰上加一条与腰身同宽的衬布，并以车缝方式固定防止其移动。
4. 或使用专为腰身设计的、带刀眼的腰身衬布。
5. 通过对位刀眼，来将直腰身缝制在腰线上。
6. 没有刀眼的布边，应在完成手工暗缝或漏落针收口前折叠缝份，整烫压实边缘，修剪毛边来减少腰线厚度。
7. 没有刀眼的布边也可通过包缝方式减少厚度。

图1.1A 直腰身带结裙　　图1.1B 合腰形腰身,下摆　　图1.1C 腰部加腰绊的　　图1.1D 腰部加橡筋抽带
　　　　　　　　　　　加明线针织裙　　　　　连腰裙子　　　　　　管的裙子

图1.1 特征款式

要点 ✂

　　如果腰身边缘不平整或表面起皱,可能是因为车缝时,腰身边缘与大身缝份不相匹配。先拆去缝线,然后调整余量消除皱痕。用卷尺缓慢测量出所需的量,多余量可能并不多,因此腰两头不要去掉太多余量。

手缝的应用

　　制作直腰时,不用车缝缝份与明线的腰身,可以用手工方式缝制:

　　1. 将腰身正面与大身正面缝份沿腰线用珠针固定并车缝在一起(见图1.3A)。

　　2. 先从刀眼到顶部车缝好腰身叠门延长段,再车缝腰身另一边(见图1.3A)。

　　3. 将腰身翻到服装的里面,并且用手针缲住折边,将腰身的边缘扣熨在缝线上。

　　4. 用合适的方式将腰身扣合。参见本章腰身扣合部件相关内容。

车缝明线的应用

　　通过车缝明线将腰身缝制在正面。明线线迹是可见的,所以针距应调整为3.0或以上。通常服装正面,用反差风格大的缝线或线色会强调这种线迹。这应根据设计师的选择。这种款式必须使用直线线迹,没有明显的起始与结束端。如果还未掌握这种技巧,那么可以用止口线代替明线。缝制明线迹腰身:

　　1. 用粗缝将腰身正面与服装反面缝合,对齐刀眼(见图1.4A)。

　　2. 查看腰身固定得是否正确,确定其能够被翻到大身正面。

　　3. 检查腰身伸长量的位置是否正确(见图1.4A)。

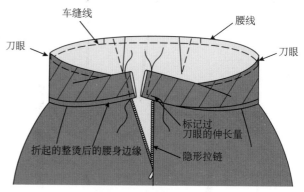

图1.3A　缝合伸长量

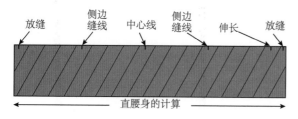

图1.2A　直腰身的计算

图1.2B　加内里直腰身,折叠并整烫

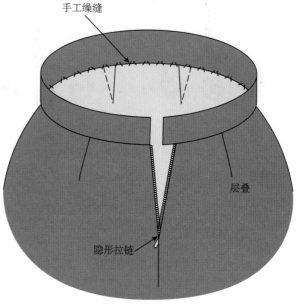

图1.3B　将腰身缲缝到大身上

图1.3　手工缝腰身

4．将腰身车缝到腰上。

5．修剪缝份量。

6．将腰身缝份整烫平整后包在腰身内（见图1.4B）。

7．折叠腰身两端使正面对齐；左侧从刀眼车缝到腰身上口将左边缝住；再车缝右侧后修剪缝份边角（见图1.4B）。

8．将腰身正面翻出（见图1.4C）。

9．将腰身边缘轻轻扣烫在腰线线迹上，使其在车缝明线时刚好足够缝到。

10．整烫时不可拉伸腰身边缘，否则车缝明线时会不平整。

11．将折边粗缝入缝线。

12．从腰身正面将折边用明线迹车缝到腰线上（见图1.4C）。

13．保持机针插入面料，抬起压脚，旋转腰身，持续车缝腰身，叠门量与腰上的缉线。

14．用适合服装的钮扣完成腰身的制作。见本章后的腰身扣合部分内容。

两片式直腰身

作装饰的直腰会裁成两片式。例如，装饰性荷叶边腰可以缝成两片式腰身。如果面料厚重或有肌理，可按图1.20A所示方法制作两片式腰身，使用薄料，或在腰身底层上添加衬里来防止变形、增加舒适度。成功制作此类腰身离不开准确的缝纫、固定与缝份修剪。

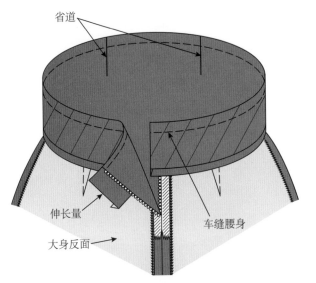

图1.4A 将腰身的衬布缝到服装上

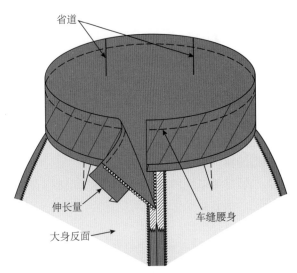

图1.4B 车缝伸长量与直腰身边缘

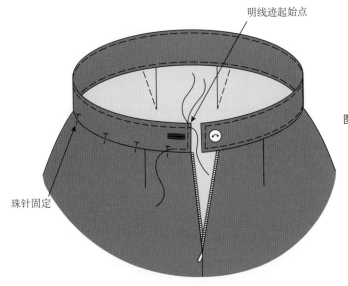

图1.4C 腰身车缝明线

图1.4 直线型明线腰身的应用

4. 将滚条与腰带正面边缘相对后缝合在一起，滚条的宽度即为缝份的宽度。

5. 缝合后，将接缝向上熨烫进滚条里。

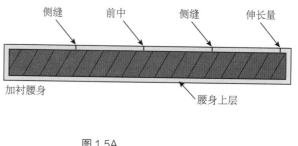

图 1.5A

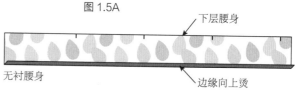

图1.5B 下层无衬布腰身

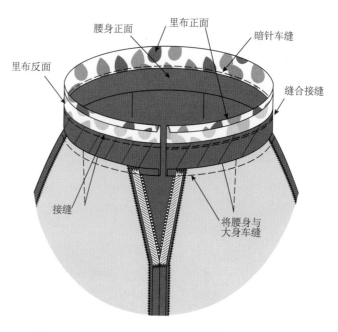

图1.5C 上下层腰身与大身缝合

图1.5 两片式直腰身

制板提示

确定成品腰的宽度，另加1.5cm作为缝份。

两片式腰身的缝制

1. 确定成品腰的长度，包括它的叠门量。

2. 修剪去黏合衬上的缝份，以此减少缝份厚度（见图1.5A）。

3. 沿着上边缘将上下两片腰缝合到一起；然后熨烫并暗缝（见图1.5B）。

4. 将上片腰身用大头针别在大身正面的腰围线上，然后缝合（见图1.5C）。

5. 修剪缝份，并将缝份向腰身方向熨烫。

6. 将腰叠门上下两层缝合在一起，修剪缝份，并将腰的正面翻出。

7. 用下面任何一种方法将腰身上片与下片缝合到一起：用手工暗针缲缝（见图1.6B）、漏落缝（见图1.6C）、明线车缝（见图1.4C）、止口线车缝（见图1.16）。

8. 装上适当的搭扣，完成腰身。

腰部的斜料滚条

腰身可以用斜丝缕滚条包光，形成又窄又细的边缘。滚条可以使用反差色面料或是同色面料。这部分技巧适用于单滚条或双滚条。关于如何为这个成品制作斜丝缕布条的详细信息，详见上册第4章接缝与本书第5章袖口与袖克夫制作（见图4.16）。腰身上缝制斜丝缕滚条的步骤如下：

1. 做滚条前，必须先绱缝好拉链，并缝合完省道与接缝。

2. 沿腰线车缝斜料牵带，对腰线作定型。图4.14A为斜丝缕牵条车缝到腰线上。如何缝制斜料牵带见上册中的图3.20。

3. 滚条两端留1.5cm的缝份（见图1.6A）。

6. 将缝份边缘向滚边方向烫倒，将余下的斜丝缕滚条都翻到背面包住毛边。

7. 在腰线处用手工针将滚条缲在腰线上（见图1.6B），或者在服装正面以漏落针车缝腰带（见图1.6C）。

8. 对于较厚重且臃肿的面料，如牛仔布或毛织物，应在做滚条前包缝毛边（见图1.6D）。

9. 将滚条翻过来包住毛边。

10. 将包缝边缘放平。

11. 在服装表面车缝漏落针（见图1.6D）。

弧形腰身

弧形腰身的轮廓应与上臀部的轮廓相吻合。腰祥通常是这种腰身的一个特点；当设计师设计这种腰时，会先确定好腰祥的宽度、数量与位置。更多的信息可见本章关于腰祥与线祥部分内容。厚实的内衬、稳定的缝纫与斜丝缕牵条是弧形腰身定型所必需的。内衬的面料与样板需要一起配合来完成所需的轮廓。在制作腰身样板前，应尝试不同种类与厚度的内衬。关于定型料可见上册第3章相关内容。缝制弧形腰身的方法如图1.7A~图1.7G所示。

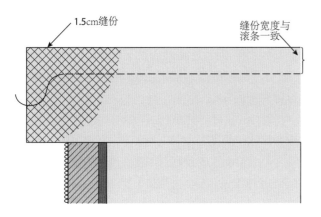

图1.6A 斜丝缕滚条与腰线缝合

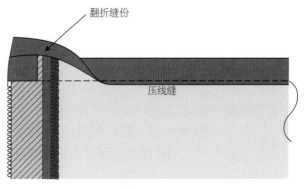

图1.6C 漏落针车缝滚条

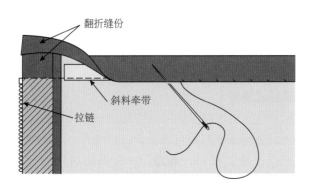

图 1.6B 斜料牵带缲针

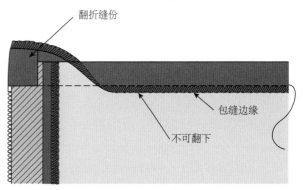

图1.6D 滚条包缝后车缝

图1.6 腰身斜料滚边

本章中缝制的腰身包括：暗门襟式拉链与弧形腰身（有一个门襟叠门量），腰裥与风钩（见图1.7A）。缝制弧形腰身的步骤如下：

1. 裁四片腰并打刀眼（见图1.7B）。用腰身样板在轻薄的内衬面料上裁四个衬里。不可使用厚重内衬，因为上下层门襟都要定型处理。

2. 裁一条宽为4.5cm，长度到达腰身下边缘的斜丝缕滚条（滚条斜裁方法如上册图4.16所示）。

3. 将黏合衬贴到腰身裁片上（见图1.7B与图1.7C）。

4. 将腰后中车缝在一起（见图1.7B与图1.7C）。

5. 在腰身反面，用略少于1cm的缝份将斜丝缕滚条沿着门襟缝份上缘缝合。缝合时应小心，避免拉伸门襟缝份（见图1.7B），这是上缘滚条。

6. 用滚条（见图1.7B）或包缝的方法来处理腰下缘。对齐两侧刀眼，从前中心开始缝合滚条，如图1.7C所示，在前中心旁留2.5cm的余量（如图4.33A与图4.33B所示车缝滚条），这就是下缘滚条。

7. 如果决定用带裥，就将它们置于腰带上缘；将带裥用机器粗缝在腰带的上、下边缘，如图1.7D所示。

8. 翻出门襟，以正面相对放到一起，用1cm的缝份沿上缘缝合在一起。暗缝门襟下缘（见图1.7E）。

9. 以服装反面与上层门襟相对放在一起。前中心、后中心与刀口对齐。在合适位置将腰身用珠针固定，再将其缝到大身上（见图1.7F）。

10. 缝合叠门量并直缝腰身边缘（这会因设计的不同而异），如图1.4B所示。修剪边角、翻转与熨烫。

11. 将滚条余量卷到腰身底下，并用珠针固定（见图1.7G）。从服装的正面用珠针固定，以漏落缝的方法将腰缝合到服装上。

12. 用烫枕塑造腰的曲线形状，当熨烫时，不要拉伸腰身。

13. 用适当的搭扣件来完成这条腰身。腰身在裤子上的样式如图1.7A所示。它的扣合件包括钩与环两部分组成，同时有一个暗扣／扣眼被缝在门襟翻边上。这个钮扣能将腰身固定在身体上，如图1.7G所示。

束腰带

无肩式连衣裙或者长外套风衣的束腰带有助于服装保持腰围造型，防止腰围出现拉伸变形，并可以缓解扣合处的压力与张力。加缝束腰带可以使腰线处的拉链更容易拉合。罗缎因为不会拉伸，所以很适合制作束腰带。

1. 裁一片比标准腰围长8cm的罗缎丝带。

2. 将缎带两端翻折2.5cm，并在1cm的位置对折后车缝。

3. 在缎带一端缝一个风钩，在另一端缝一个扣眼（见图1.8A）。

4. 将缎带放置在腰线处，同时两端搭在拉链上并盖住拉链，如图11.8B所示。

5. 扣合部件正面对拉链码带。

6. 将带子车缝在腰线处缝份上。

7. 如果腰部没有缝份，就将带子缝在侧缝与省道上。

8. 在拉链两侧，将带子余下的5cm余量作为风钩与扣眼扣合部件所需的位置。

连腰式腰身

连衣裙或裤子的腰身可裁成一片式，并在上面缝省道使其符合体型。在时尚界，这是种经久不衰的款式。最常见一体式腰身是折叠弹性腰。

一体式腰身是服装的延伸。腰上缘围长必须与身体的尺寸相等。腰身的贴边也必须与上缘尺寸相吻合。设计师在纸样设计阶段应考虑所有因素。需要注意的是，准确的车缝能使腰身成形后与身体充分贴合。

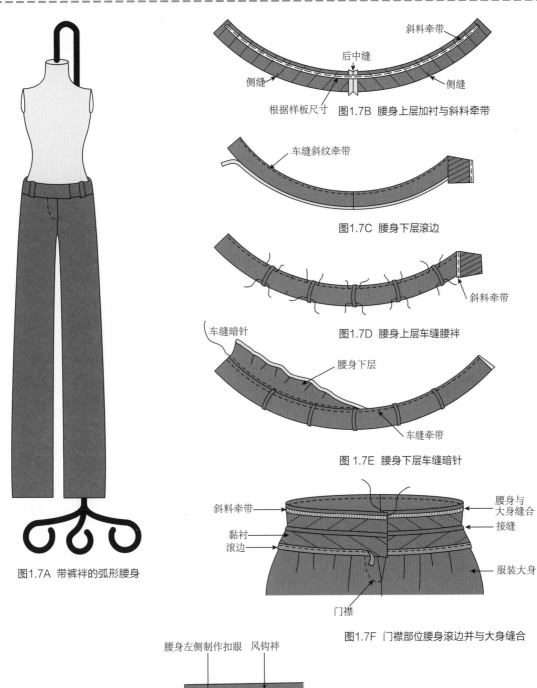

图1.7A 带裤袢的弧形腰身

斜料牵带

后中缝

侧缝　　　侧缝

根据样板尺寸

图1.7B 腰身上层加衬与斜料牵带

车缝斜纹牵带

图1.7C 腰身下层滚边

斜料牵带

图1.7D 腰身上层车缝腰衬

车缝暗针

腰身下层

车缝牵带

图 1.7E 腰身下层车缝暗针

斜料牵带

黏衬

滚边

门襟

腰身与大身缝合

接缝

服装大身

图1.7F 门襟部位腰身滚边并与大身缝合

腰身左侧制作扣眼

风钩衬

车缝漏落针

腰身右侧内里缝制钮扣不可外露

腰身下部的滚边条内折

风钩

图1.7G 腰身部位制作风钩与暗钮

缝合省道，连腰式腰身

1. 缝合省道，剖开省道并熨烫（见图1.9A）。

2. 贴边加衬；如使用里布，贴边可留毛边（见图1.9B）。

3. 连腰上缘可用斜料牵带定型。

4. 绱缝拉链。

5. 贴边缝合到上缘，熨烫缝份并暗缝（见图1.9C）。

6. 将贴边翻到服装里面，熨烫。

7. 如果做衬里，则将做好的裙里缝到贴边下缘（见图1.9D）。

8. 手工缲缝省道与各条侧缝缝份，并沿拉链缝合衬里布（见下册图8.2A）。

9. 如果没有衬里，将贴边两端与拉链布带，缝份与省道缝合。

10. 将风钩与扣眼手缝到拉链上缘。

松紧式腰身

松紧腰身被分为两个类别：一种是将松紧带嵌入压条抽带管或翻折式松紧腰中；另一种是将松紧带嵌入一个缝合式腰身抽带管。打板时松紧腰身必须加入松量，以此使服装能贴合臀部曲线。这种款式与直身裙不同，如太阳裙或者抽褶裙，不是很显身材。松紧腰身可以产生抽褶，这是种时尚界经久不衰的款式。关于其他适用针织面料的松紧腰，可见上册第5章缝制针织面料的相关内容（见上册图5.12）。

以下制作方法适合裙子与裤子款式。松紧腰身可以：

- 松紧带穿过车缝明线的抽带管（见图1.10A）。
- 分开裁剪并缝合到服装上（见图1.10B）。
- 将一根带松紧带的抽绳嵌入，通过扣眼后在服装正面车缝固定（见图1.10C）。

无论抽带管在腰部，手腕或者踝关节，穿带器是穿松紧带的便利且可靠工具。为确保穿带器能穿过抽带管，抽带管的宽度不宜小于1.2cm。如果穿带器不合适，大号安全别针也可以代替。哪个安全适用用哪个。

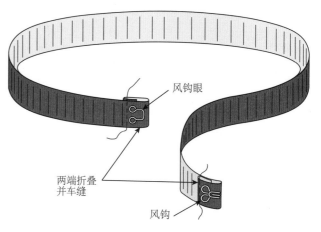

风钩眼

两端折叠
并车缝

风钩

图1.8A　准备并车缝束腰带衬条

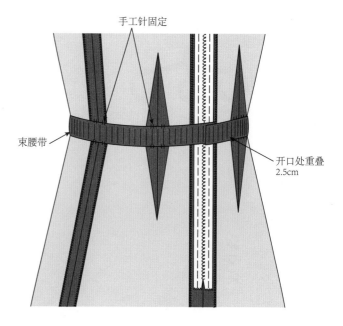

手工针固定

束腰带

开口处重叠
2.5cm

图1.8B　车缝束腰带

抽带管车缝明线

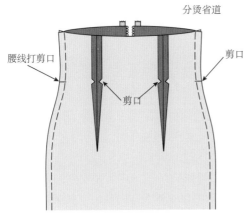

抽带管车缝明线（或者翻折式抽带管）：

1. 根据腰身长度减少5~10cm，这取决于宽紧带的宽度，伸展量与舒适性等因素，剪下宽紧带长度。

2. 为了能将松紧带重叠并缝纫在一起，长度应增加2.5cm。

3. 抽带管宽度必须等于松紧带加上缝份宽度，增加0.5cm。

4. 抽带管宽度共需增加1cm用于缝纫，在抽带管顶部加0.5cm，底部加0.5cm。

5. 翻下加放量，将毛边折光1cm用作抽带管，并将其用手工粗缝固定，如图1.11A所示。

图1.9A 车缝腰身与省道并剪口

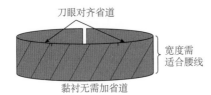

图1.9B 准备贴边

图1.9C 车缝裙子贴边

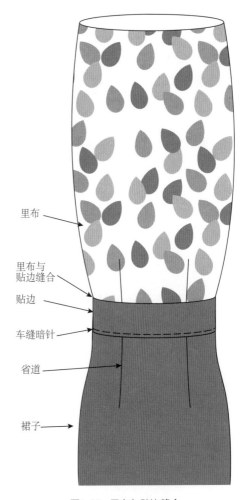

图1.9D 里布与贴边缝合

图1.9 高腰裙

6. 如果面料厚重，则应考虑用边缘包缝代替毛边折光的方法。

7. 从后中线或侧缝位置开始，沿接缝线车缝抽带管。

8. 沿腰围线车缝，并留5cm宽的开口（如图1.11A所示）。

9. 用穿带器将松紧带穿过开口（如图1.11A所示）。

10. 将松紧带两端拉出开口并交叠在一起（将松紧带两端重叠，而非对接）并缝出矩形以固定住松紧带边缘（如上册图1.11B与上册图5.13B所示）。

11. 缲针缝合开口，并用明线车缝抽带管。

抽绳或抽绳加松紧抽带管

抽带管内抽绳无松紧带。设计师可在一根窄松紧带的两端各缝一条布带。松紧带的长度是总腰围的3/4。然后，将布带穿出扣眼做成束腰（如图1.12所示）。

1. 准备布带：用斜丝缕或直丝缕布条（如图1.2A所示）做布带，或用购买的抽绳或装饰。

2. 布带长度应足以拉住松紧带并控制腰身大小，系扎后不外露。

3. 将布带与松紧带两端缝在一起（如图1.12A所示）。

4. 车缝前应先对扣眼定型（如图1.12B所示）。

5. 在折叠与车缝抽带管前，应先标记并缝好扣眼（如图1.12B所示）。

6. 用穿带器将松紧带与布带穿过穿过扣眼。

7. 将松紧带产生的松量均匀分布在抽带管上，再车缝漏落针。

8. 布带尾端打结，将两端缲光，或用剪刀或拆线刀将带子头塞入。如果带子是斜料的，尾端会保持被推入的状态（如图1.12C所示）。

9. 无松紧带抽带管穿绳时，带子长度应与腰围长度相同，并加上带子系结所需长度。

图1.10A 抽带管车缝明线

图1.10B 缝合抽带管

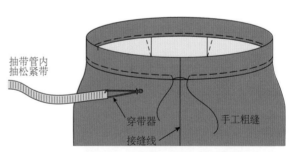
图 1.11A 用穿带器穿松紧带后车缝明线

图1.10C 加抽绳或
松紧带抽带管

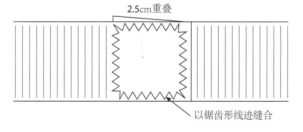
图1.11B 将抽带管内松紧带重叠缝合

加松紧带的抽带管

加松紧带的抽带管腰身的外观与传统式样的腰身即那些装拉链的腰身一致，是种适合针织与梭织面料、且穿着方便的腰。缝制加松紧带的抽带管腰身：

1. 裁剪宽度为2.5cm，长度与腰围一致的松紧带。

2. 两端重叠1.5cm并缝纫，形成一个圈。

3. 分成四份并做标记，应避开接头部分。

4. 将腰身两端缝合，并烫开缝份，这样可以一次性完成腰身一圈的车缝（见图1.13A）。

5. 将腰身别在服装大身上，对齐腰与大身各刀眼后缝合（如图1.13A所示）。

6. 将松紧带四分标记分别与前中心线、后中心线、侧缝别在一起（见图1.13B）。

7. 将松紧带以锯齿形线与大身缝份车缝在一起，拉长松紧带尺寸使其与大身大小一样后，将松紧带下侧向上与裙子腰围线缝份缝合，另一侧用包缝完成（见图1.13B）。

8. 将腰身折叠紧包住松紧带后用珠针固定（见图1.3C）。

9. 大身正面以漏落针车缝（见图1.13D）。

要点

将服装置于人体或人台上检查腰身与臀部的贴合度。

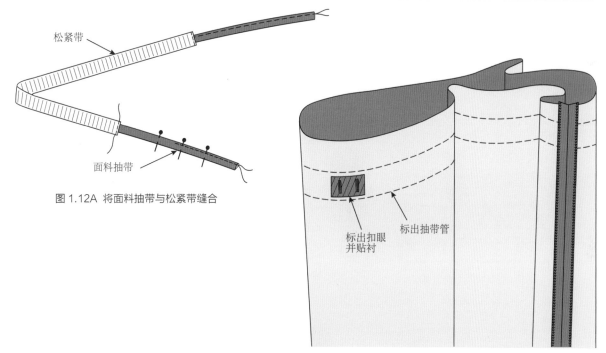

图 1.12A 将面料抽带与松紧带缝合

松紧带

面料抽带

标出扣眼并贴衬

标出抽带管

图 1.12B 标出抽带管与扣眼

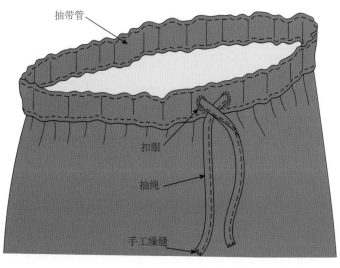

抽带管

扣眼

抽绳

手工缲缝

图 1.12C 穿松紧带并车缝明线

腰带襻、线环

　　腰带襻可将裙子的腰带固定在设计部位上。通常腰襻装在裙子或大衣的侧缝上。在裤子或者在裙子上，将腰带襻置于距离前、后中线5~8cm的位置，能使腰显得更加纤细。这个值取决于腰围大小与腰身的式样。腰带襻必须足够大，便于腰带穿过。腰带襻可以由一条面料或线襻制成。

线环

　　线环很窄且不显眼。线环适合用于那些不会对线环产生过大拉扯的款式，如：连衣裙、上衣与外套等。

线环的制作

　　制作线环时应选择与锁扣眼线相匹配的颜色，或在平时使用的缝纫线中挑选。

- 决定线环的长度，并增加1.5cm余量。
- 在裙子上用珠针别出起点与终点位置（如图1.14A所示）。
- 如果线环跨过腰线接缝，则应将线环置于中心位置（如图1.14A所示）。
- 在裙子正面钉上线环，将线头拉到裙子反面，并在两端做几次回针。
- 从两个标记之间来手缝，直到缝出很多股线，确认每一股线长度相同，这根线形成线环的线芯（见图1.14A）。
- 在线芯上做锁缝线迹，使线圈紧贴在一起（见图1.14B）。
- 反复缝纫直到线芯被完全覆盖。

　　为了使线环更耐用，可使用八股或更多股缝纫线。

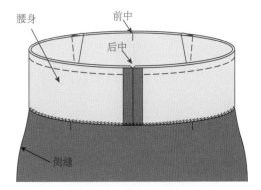

图 1.13A　腰身松紧带定位

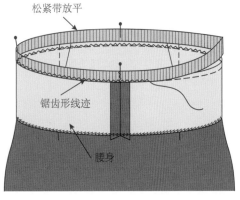

图 1.13B　车缝并包缝腰身

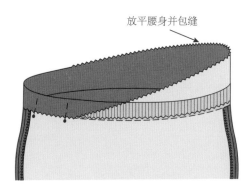

图1.13C　珠针固定腰身

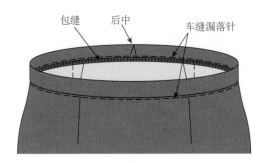

图 1.13D　腰身收口

图 1.13　缝合抽带管

- 确定线环长度后，将线带环剪至所需长度，最简单的方式是按规格裁剪线环长度。
- 将线环熨烫平整。
- 拉紧线环置于压脚下，并在所有股线上车缝一个窄的锯齿形线迹，针距1.0（见图1.14C）。
- 继续缝纫直到全部缝完。
- 因为起针与打结，顶端与底部的一些线无法包裹起来。
- 用大眼绣花针，将线环穿过针眼。
- 在股线的尾端打结。
- 在裙子上用珠针标记出线袢的头尾（见图1.14A）。
- 在其中一根珠针所标记的位置，将线环从裙子内部穿到裙子正面。
- 将针穿过另一个标记至裙子的内部，缝好线环后打结并剪断。
- 在每一个线环位置重复。

腰带袢

腰带袢可以用裙子的本色料制作，或用撞色面料制作，比如在粗花呢上用皮革。但应考虑面料厚薄。腰带袢的长度是由腰带的宽度加上足够腰带通过的量决定的，腰带袢不能太紧。如果腰带宽2.5cm，腰带袢宽度是腰带宽2.5cm加1.5cm余量，再加上另一个2.5cm缝头，总长是6.5cm。如果面料很厚或质地粗糙，可再加些余量，这样可防止带子难以穿过腰带袢。腰带袢的最终宽度由设计师决定，该宽度可以支持腰带，使裙子穿着伏贴。

腰带袢制作

- 腰带袢的裁剪长度是腰面宽度加上1.5cm余量，再加2.5cm缝份。
- 确定腰带袢的数量。例如：一个带袢的余量（5cm）乘以6，得出总长为30cm。
- 腰带袢的宽度取决于腰带袢的缝纫方式。

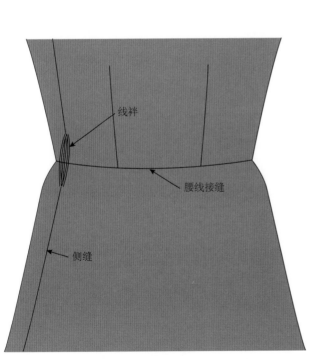

图 1.14A 定位线袢位置

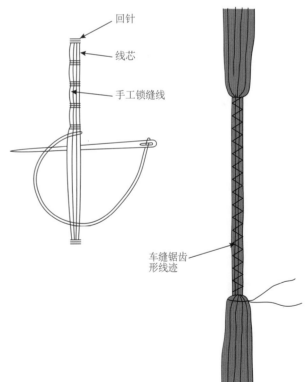

图 1.14B 手工锁缝　　图 1.14C 车缝锯齿线迹

图 1.14

- 如果面料不太厚，可将腰带祥布条纵向分为五等份，使最终宽度能使腰带通过并略有松量。
- 按四条等分线折叠布条，将毛边折光（见图1.15A）。
- 沿布条长度方向缝合折叠好的布料两边，固定每一层面料形成两条线迹（见图1.15B）。

双面黏合衬可用于制作腰带祥，轻薄面料加贴黏合衬后无需车缝止口线。
- 腰带祥裁片的宽度为其成品宽度加1cm，其中一边取布边（见图1.16A）。
- 黏合衬宽度为腰带祥成品宽度。
- 将腰带祥布条折叠后，面料反面贴黏合衬，其位置可更靠近毛边一侧。
- 面料毛边与衬黏合（见图1.16A）。
- 面料布边与衬黏合，其位置正好覆盖住毛边（见图1.16B）。

- 无需缝合，双面黏合衬即可使两边牢牢合并。

安装腰带祥

缝制好带腰祥后，将其裁为单独的环带。缝制到衣物上后腰带祥即封口。根据衣物上装腰带祥的位置与衣物本身结构的不同，装腰带祥的方法亦有所不同。

如果腰带祥装在衣物侧缝或内部：
- 在衣物上用大头针标记出安装位置。
- 将腰带祥一端放置在标记处下侧。
- 此端缝份量面朝上，使腰带祥正面与衣物面料正面相对（见图1.17A）。
- 腰带祥与衣物缝合（见图1.17A）。
- 将腰带祥上翻至上侧标记点，将毛边端由内向下翻，使带祥腾空，将此端与衣物缝合（见图1.17B）。

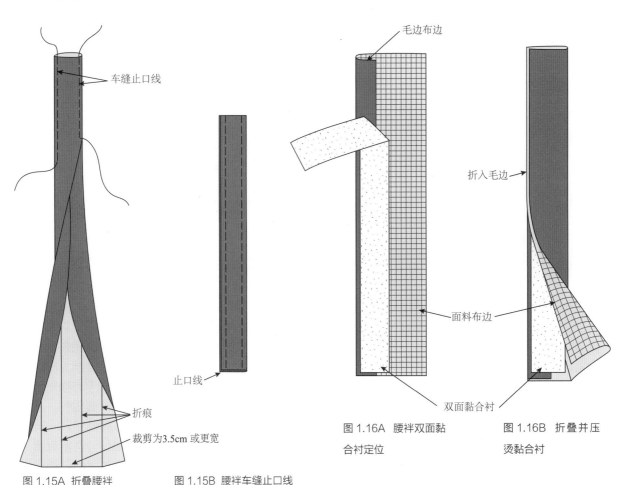

图 1.15A 折叠腰祥   图 1.15B 腰祥车缝止口线

图 1.16A 腰祥双面黏合衬定位   图 1.16B 折叠并压烫黏合衬

图 1.15 面料腰祥

如果腰身已经与衣物缝合：

- 将腰身袢两端内折，分别在上下两侧将其与腰身的每一层面料用明线缝合（见图1.18）。
- 此方法适用于已有明线迹的腰身。

如果腰身与衣物还未缝合，腰带袢既可以直接缝于腰带，也可以缝入腰线。

- 将腰带袢一端置于离腰带翻折线1.5cm处（见图1.19A）。
- 这一端会延伸至腰带内。
- 将腰带袢与腰带正面对正面缝合。
- 带袢翻转向下，将另一端与腰带下侧缝合，而这一端也将被缝入腰线。注意：图1.19B中的带袢将与两片式腰身缝合，再缝上衣物。

腰带袢封口

正是一些细节的完成使一些衣服区别于普通衣服而非比寻常。因而在制样衣时需要花时间来提升手缝的技艺。练习，制作样衣，再练习！

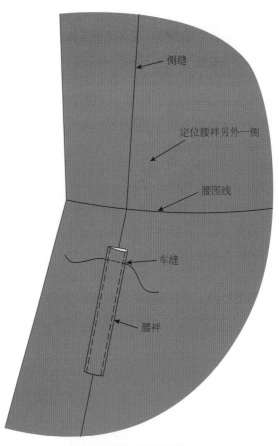

图 1.17A 在侧缝部位定位腰袢

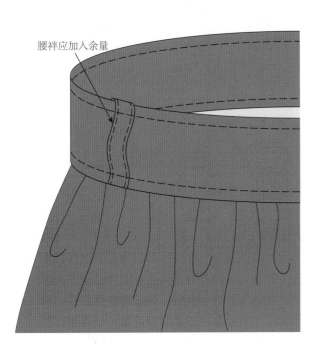

图 1.18 腰袢车缝明线

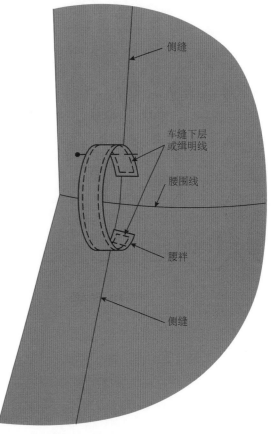

图 1.17B 缝合腰袢

前襟扣合部件

门襟有许多不同的扣合部件设计，这应由设计师做选择。以下为半身裙与裤子的前襟。现在可找到许多种缝入式的风钩，其宽度不同，有黑色或银色可与面料搭配。因为扣合部件在穿着时不可见，因此无须与面料匹配。

腰部装暗扣/打扣眼

腰上设置钮扣与扣眼能使其更好更牢固地闭合。腰身能更好地承受张力，这对服装的功能设计至关重要。装钮扣或暗扣时，腰身样板上需要增加一部分叠门用于钉扣（见图1.7G）。

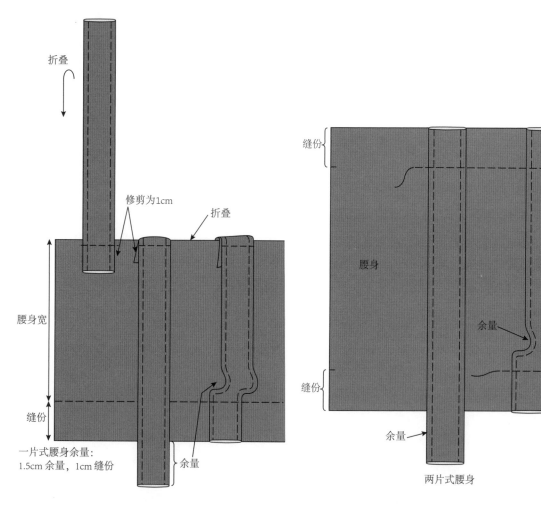

图1.19A　在折叠式腰身上车缝腰袢

图1.19B　两片式腰身车缝腰袢

缝制扣眼与钮扣

1. 挑个扁平的钮扣，尺寸介于1.5~1.8cm之间。

2. 在腰身左侧，腰身宽度的一半位置以水平方向锁扣眼。扣眼的长度应与钮扣大小相配，装在距离腰边缘大约1.5cm处。与前中心对齐，标出钮扣位置。

3. 用珠针钉合腰身，再标出钮扣的位置（见图1.7G）。

4. 在腰身里层钉上钮扣，线迹不能露出外层。

腰身装风钩

风钩形状扁平、材料应强韧，腰身外层不可外露，风钩也不会从搭扣上滑离（见图1.7G）。按以下步骤缝合风钩与搭扣：

1. 风钩置于距离腰身边缘0.5cm处（钉钮扣一侧）。确保缝在了洞上面，绕孔一圈。

2. 风钩置于搭扣上（搭扣尚未固定），然后合上腰身，以珠针固定。缝制搭扣前，用一片很小的双面胶带将风钩固定。在缝完第一针后，撕去胶带，再完成搭扣的缝制。

棘手面料的缝制

虽然本章无法涵盖所有面料，但以下建议将会有助于根据不同的面料制作不同的腰身款式。

搭配条纹、格子、印花与循环图案

考虑采用斜裁的条纹或格子花形的腰身与大身形成对比。

考虑用单色的腰身与条纹、格子或循环图案的服装大身形成对比。

不必浪费时间，试图让整个腰身与服装相配。

纤薄面料

在纤薄面料下加垫里布，防止服装透底。

考虑用其他方法，如斜料滚边，完成腰身部分。

用对比强烈的面料或丝带来缝制腰身。

避免需要高度定型的腰身设计，或者腰身的形状过于复杂。

蕾丝

使用加衬里面料来做蕾丝腰的贴边。

在腰部使用对比鲜明的面料，例如塔夫绸或缎子，做条斜料窄滚边，代替腰身。

使用相衬的面料，例如塔夫绸或缎子，来搭配蕾丝做腰身。

蕾丝不能同时用在腰身内外两面，很多蕾丝的细节错综复杂、有凸起，可能会刺激皮肤、引起不适。

绸缎

用绸缎做腰身时应仔细选择衬里。

为了防止晕染，面料标记越少越好。

顺着短绒的方向裁剪下腰身面料。

对接缝部位的出现纱线滑移（通常发生在腰身受压点）必须做试样测试。详细内容可见上册第3章。

珠针只可在接缝处固定。

为了防止绸缎表面的损伤，采用丝质长线手工粗缝腰身。

用丝质长线与暗针手法将腰身缝到大身内侧。

使用新的机针以免车缝时勾丝。

用轻薄的缎子做腰身时，避免车缝明线。

珠片面料

用对比鲜明的面料来做腰身，例如绸缎、塔夫绸。

腰身部位使用对比明显的面料制成斜料滚条。

腰部选择合适的平整的收口处理方式以减少厚度。

珠片面料不能同时用于腰身两面，珠片会引起皮肤不适。

牛仔布

使用一片式腰身，其中一半用衬里以减少体积。

在贴上衬里前，修剪接缝以减少厚度。

用斜料滚条完成腰身部分，并且斜度与面料保持一致。详见第4章中关于斜料滚条的相关内容。

滚条一侧做成毛边粗缝，这比做边缘折光的效果好。

将滚边翻落到大身内侧，将毛边包在里面。

将毛边抚平，在正面车缝漏落针。

修剪、抚平接缝以减少体积。

车缝明线完成腰身缝制。

避免用手工缝腰身，这样不够坚固。

丝绒

使用两片式的腰身。

排料时应按顺毛方向。

腰身用面料加衬里以减少体积。

使用对比鲜明的面料来做一片式腰身，适当时候可加衬里。

避免用明线车缝腰身。

皮革

皮革服装可由一片式腰身或者加面饰的腰身构成。

腰身应加贴黏合衬（因为皮革有伸缩性）。

腰身上可能缝制嵌入物例如扣眼、气眼或者钩子、搭扣的部位应增加一层额外的定型料。

腰身装钮扣时，使用带柄钮扣或背钮。

先用皮革胶将腰身按位置黏合，再用明线车缝。

皮革胶正式使用前应先试用一下，确保它不会在正面渗出。

在皮革服装上使用明线车缝前，应先试验一下这种缝制方法，皮革上的缝洞无法消除。

用长尾夹而非珠针固定皮革（见图6.20B）。

避免使用高温或者蒸汽熨烫皮革。

储存皮革时避免折叠产生折痕。

人造毛

很难想象有设计师会使用人造毛制作腰身，不过你怎么知道没有！

如果人造毛是可以清洗的，按标签指示来预缩皮毛。

人造毛上可使用非黏合定型料，皮毛的衬布可以是针织或梭织面料。

将缝份的毛去除。

缝制一个两片式的腰身，内侧要加上衬里布。

样板用胶带黏贴在人造毛上，小心去除斑纹、条纹。

使用14或16号机针，针距调至8~10/2.5cm。

减小底面线张力。

顺着倒毛的方向缝制。

给人造毛的毛面喷蒸汽，接缝与边缘部位可通过连续敲打来减少体积。

不要在人造毛上直接使用熨斗整烫。

厚重面料

选择最平整的腰身处理方法。

给腰身内侧搭配衬里或者对比鲜明的面料。

根据面料厚度选用合适的衬里。

在加衬里前，修剪缝份以减少接缝厚度。

准确地修剪及抚平接缝口。

使用熨布整烫。

避免直接使用熨斗在面料上整烫，服装表面可能会有烫印。

融会贯通

- 在你掌握腰身加衬里与缝制方法后，这些知识同样可以用在袖口与领子部位。将腰身想象成一个翻转的袖口或领子。

- 从腰身构成中获取的知识可以融会贯通，创作出外形不同寻常的服装部位，运用在类似的款式元素上，例如腰身、袖口或领子。

- 你可以将从缝制腰身获得的知识融会贯通到缝制服装前中心或裙摆上异形的带子。

创新拓展

　　发挥创意，将这章学到的缝制技术以一种更具有创造性的、不同于传统的形式运用到设计之中。换句话说就是打破陈规，跳出条条框框去思考。但是应常常斟酌这么做究竟是给设计锦上添花，还是画蛇添足。记住：虽然有时可以做到，却不意味着应该这么做。

- 腰身可以成为一个很有吸引力的趣味中心。一个形状不常规的腰身可以再次展现出面料的同一个元素，例如扇贝饰边或者是衣服外面几何状的边缘（见图1.20A）。如果边缘在前中心两侧都有，那可以设计成对称的，异形的（见图1.20B）。
- 腰身可以是不对称的（见图1.20B与图1.20C）。
- 斜向布纹与格子图案搭配时效果很好，但是为了防止拉伸变形，面料应作定型处理。
- 装饰物例如金属扣环、嵌钉、刺绣可以运用到腰身上来制造视觉焦点。
- 腰身可以模仿有搭袢与钮扣的皮带样式（见图1.20C）。
- 裤带袢可以用很多不同的材料制成，不过它们必须作为皮带的承重者发挥作用。用皮革、辫形纱线、羊毛毡或者帆布做实验；磨坏有折边固定的强韧皮带扣；装饰皮带扣，或者用两层丝带黏合在一起。一如既往，细节设计一定要和谐。

疑难问题

腰身太长了

　　首先，估算一下"太长"有多长。在将腰身缝制到服装上之前，其长度可以调节。再次确认测量数据，匹配所有的图案花纹，观察腰身哪处出错了。从腰的一头剪去多余的量，重新画上对位标记以匹配另一头。调节侧缝以确保大身部分与腰身的长度一致。

腰身太短了

　　如果腰身已经在后中心缝制到了一起，那么在一根弧形腰上的侧缝处剪开，并且在两边加上同样的长度。不要忘记加上缝份量。如果这样做看起来不悦目，那么在确保你的测量数据是正确的之后，重新剪裁一条腰身。如果腰身剪成了一片式而面料又不够长，尝试在侧缝处剪开，并增加额外需要的长度。如果这样做不好看，或已经没有足够的面料再剪出一条腰身，使用另外一种对比鲜明的面料。

裤带袢缝歪了

　　如果裤带袢没有缝均匀，将它们从缝制处拆下，在重新缝制前测量均匀长度。如果裤带袢的大小没有剪匀，歪掉的袢需要拆下后重新调整。

自我评价

　　看看你完成的服装，问点关键问题，"我会穿这样的衣服吗？"或"我会买这件衣服吗？"如果答案是否定的，问问你自己为什么？接下来为了评判腰身结构缝制的质量，问你自己这些问题：

√ 制作的腰身加衬里是否适当？
√ 腰身与腰部是否正确贴合了？
√ 是否均匀地将腰身缝制到服装上？
√ 腰身的款型是否使服装更有吸引力？
√ 腰身上可见的线迹例如明线与车边线是否均匀？
√ 腰身在后中心与侧缝缝得平整吗？
√ 拉链是否会露出来？

图 1.20A 荷叶边腰身　　　　　　　图 1.20B 轮廓独特的不对称腰身　　　　　　图1.20C 不对称的带钮扣腰身

图 1.20 腰身创意设计

√ 腰身伸长量是在正确的方向吗？

√ 腰身扣合部件是否运用了正确款型（钮扣/扣眼，风钩/搭袢）？

√ 腰身开口缝制是否得当？

√ 漏落缝是否缝到缝份里？是否全缝到腰身上？

√ 裤带袢是否平整地按一定间隔排列？

√ 裤带袢是否正确缝制？

√ 皮带能轻松穿过带袢吗？

√ 如果使用线缝的带袢，是否足够牢固，能否经受得住长期使用？

复习列表

√ 腰身在长度与款型上与服装的腰身部分匹配吗？

√ 腰身在该服装款型下所占比例合适吗？

√ 当使用一个装饰精致的异形腰身时，缝制、修剪、整平以及剪去后放平能不蓬起吗？

√ 腰身有上合适的衬里与加定型料吗？

√ 腰身上的止口线与明线是平整直顺的吗？

√ 裤带袢长度正好能让一根皮带通过吗？

√ 裤带袢正确地缝制在了服装与腰身上了吗？

√ 腰身的松紧带正确地缝制在了抽带管里了吗？

√ 腰身的松紧带缝制完有没有扭曲？

√ 有松紧带的腰身的抽带管缝制均匀了吗？

√ 有松紧带的腰身系绳有工工整整地缝制完成吗？

√ 腰身系绳穿过的扣眼有加料加固吗？

√ 有系绳的腰身的扣眼缝制均匀了吗？扣眼的大小是不是能让系绳滑动穿透？

√ 包裹松紧带的腰身褶皱分散且缝制均匀了吗？松紧带或者服装有出现扭结吗？

　　腰身是服装构成的重要部分，它为服装贴合人体提供了支持，还完善了服装边缘的设计。腰身是实用的部件，它同时也能成为一个精致的、有设计可能的部位。用优秀的缝制技术，你制作的腰身将会与其他服装部件一起，为打造一件有设计感的服装提供支持。

第2章

褶皱与荷叶边：
柔和与美感

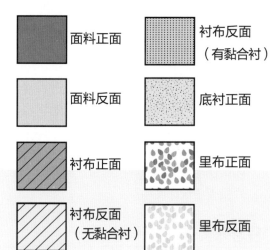
褶皱与荷叶边创造出柔软、精美的纹理。褶皱与荷叶边的剪裁、缝纫方式与所用的面料决定了服装外观。对于设计专业学生而言，掌握好褶皱与荷叶边的不同制作工艺是很重要的。

本章根据款式特征对褶皱与荷叶边加以区分。读者应学会如何从效果图开始对两者加以区分。然后通过不同的裁剪与缝纫方式制作。面料厚度会影响褶皱与荷叶边的悬垂性。通过这章介绍的技术可以深入了解褶皱与荷叶边。

通过缝纫来理解与掌握褶皱与荷叶边之间的差异，成为设计、裁剪、缝制褶皱与荷叶边的专家。

关键术语

闭合的褶皱或荷叶边

边缘制作

加贴边荷叶边

加贴边褶皱

平面制作

荷叶边

抽缩式褶皱

粗缝

打开式与闭合式荷叶边

打开式褶皱或荷叶边

褶皱

缝制应用

环形缝制

表面处理

特征款式

图2.1展示了如何在三条款式相同颜色不同的裙子上缝制褶皱与荷叶边。让我们先从图2.1A开始，密集的褶皱斜向缝在这条优雅的裙子上。

图2.1B与图2.1A是一样的，以相同的斜度缝制一排荷叶边。但是两者看起来效果不同。褶皱与荷叶边造型有哪些差异呢？注意：褶皱与荷叶边的效果图表现上的差异。在图2.1C中一排密集的荷叶边，看起来比稀疏的荷叶边更丰富，其边缘更加弯曲、波浪起伏更大。让我们继续看下去，寻找褶皱与荷叶边悬垂性不同的原因。

工具收集与整理

缝纫机需要配8号机针（因为所缝的面料很有可能是轻质透明的，所以需要选择合适的机针）、剪刀、缝纫线、拆线刀（通常是基本款）、卷尺、装饰物，例如缝在褶皱与荷叶边柔美边缘的蕾丝。

现在开始

用手边的工具与卷尺准备缝制褶皱与荷叶边。高品质的构造源于合适的面料。如果不知道如何裁剪褶皱与荷叶边，可以继续阅读本章内容学习相关技术。选择合适的面料，并且在做决定之前制作试样。

图2.1A 褶皱　　　　　图2.1B 荷叶边　　　　　图2.1C 抽褶荷叶边

图2.1 特征款式

褶皱与荷叶边的区别

这些区别源自褶皱与荷叶边的剪裁方式。主要是因为它们悬垂性不同,这是导致特征款式中三条裙子看起来明显不同的原因。

褶皱裁剪用的是直料,而荷叶边用的是环形面料,如图2.1A与图2.2B所示。褶皱可以采用任何丝缕方向的面料裁剪,直丝缕、横丝缕或斜丝缕。斜料褶皱悬垂性与用直料或横料裁剪的的褶皱不一样。荷叶边是环形的,它可以像图2.2B中展示的那样,从三种丝缕方向裁剪,这也是荷叶边悬垂得很漂亮的原因。

褶皱必须是密集的,否则就不是褶皱。它是由一个一个的褶形成的,就像特征款式图2.1A中的裙子。荷叶边不需要做成密集的,但密集的荷叶边会增添更多的丰富性。图2.1B中的裙子与图2.1A很相似,但是荷叶取代了褶皱。图2.1C展示一条缝着密集荷叶边的独特裙子。你能分辨出其中不同之处吗?

其丝缕方向说明了褶皱与荷叶边的裁剪方向。用轻质面料如雪纺、丝质乔其纱缝制而成的斜丝缕褶皱看起来很美的、又很密集。褶皱可以用直丝缕或横丝缕(如图2.2A所示)面料缝制而成。斜丝缕褶皱的下摆不必包缝,因为斜丝缕不会脱散。当然,用包缝收口也是可行的。斜丝缕褶皱需要更多的面料,会增加制作成本,但是这样的投入是值得的。

荷叶边的丝缕线就是面料的直丝缕,也是裁剪线。可以剪开这条线,这样裁剪荷叶边的内圈(如图2.2C所示)。这条分割线变成了一条接缝线。你是否发现了荷叶边上端的刀口边缘形成了一条接缝?

荷叶边的外圈边缘比内圈更大,如图2.2B与图2.2C所示。为了缝制荷叶边,应拉直内圈边缘后缝至服装。荷叶边外圈就形成了折叠(弯曲),构成荷叶边丰富感,如图2.3A所示。可根据不同设计,调整荷叶边数量。缝制的面料越弯曲,荷叶边越有丰富感(如图2.3B所示)。

荷叶边也可如图2.2C所示聚集起来。为了形成理想的设计,需要选择厚度合适、具有悬垂性的面料。但堆叠过多会破坏整个设计。

成功的褶皱与荷叶边源于厚度合适的面料

面料厚度会影响褶皱与荷叶边在服装上的整体外观。真丝雪纺、真丝乔其纱与轻质真丝绸缎是制作褶皱与荷叶边的理想面料。真丝欧根纱也是不错的选择,它可以缝制出硬质的褶皱与荷叶边。用厚料裁剪的褶皱与荷叶边看起来很笨重,效果令人失望。斜丝缕褶皱比直丝缕或横丝缕褶皱的悬垂性更好。

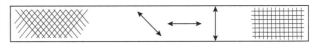

图2.2A 褶皱可按直丝缕或斜丝缕方向裁剪

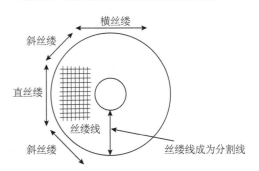

图2.2B 荷叶边可按各种不同丝缕方向裁剪

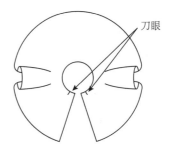

图2.2C 沿丝缕线裁开后荷叶边可以拼接或与接缝相连

如何选择褶皱与荷叶边的面料

- 先拿起面料感受其重量；再将它揉成想要的大小，靠近身体感受其柔软与悬垂性，如上册图3.6中设计师的动作。
- 由于面料的两面都要展示出来。观察图2.1B与图2.1C裙子上的荷叶边是如何翻转、弯曲展示面料两面的。应选择正反两面外观皆不错的面料制作荷叶边。
- 制作试样必不可少，通过调整达到设计效果。使用厚度相同的面料作为荷叶边试样的面料，这样可以准确掌握好服装的悬垂感。

好的缝制源于准确的样板

在制作褶皱与荷叶边样板前，准确测量褶皱或荷叶边车缝部分的长度。不要测量裁剪面料的边缘，因为面料边缘很容易拉伸。测量布样的车缝线，就是缝制褶皱与荷叶边的部位，并且记录测量值。然后画出与测量值匹配的褶皱与荷叶边样板。

褶皱

褶皱聚集起来的长度应准确测量，它有可能是完成后褶皱长度的一倍、两倍、三倍、四倍甚至更多。然后将褶皱聚集起来调整缝纫线。有一个很有帮助的指导：先将面料聚集起来用珠针标记长度，然后再松开，以此作为最终褶皱的长度。

如果可能的话，褶皱最好裁剪成长条：这也许不是最经济的裁剪方式。不同长度的面料可以拼接成一长条褶皱，但拼接处应保证最小值。褶皱宽度应由设计决定，可以是2.5cm、5cm、7.5cm、15cm或者更宽。这也应由设计决定；最终长度由面料宽度与悬垂性决定。

荷叶边

荷叶边内圈越小，荷叶边的波浪效果越明显。例如，缝在裙子底边的荷叶边比缝在手腕的荷叶边需要更大的内圈。内圈长度必须与测量的拼接长度相同。当更大内圈拉直缝纫时，它不会像小内圈的荷叶边有很多波浪。但是，有一个选择，用几个较小的荷叶边缝合在一起得到所需的拼接长度。这样会产生很多折叠与弯曲，形成更丰富的外观。但这也需要更多的缝制，投入更多的时间（如图2.3B所示）。

一个荷叶边

图2.3A 荷叶边内圈拉直后外圈产生大量折叠量

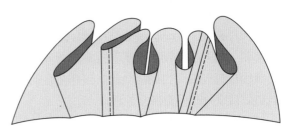

图2.3B 三个荷叶边缝合在一起

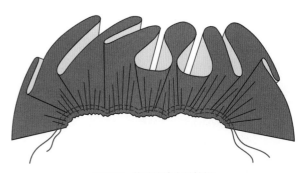

图2.3C 荷叶边缝合并抽褶

开始缝制褶皱与荷叶边

　　裁剪好褶皱与荷叶边后，第一步是缝制接缝线。虽然要同时缝制一些接缝，但褶皱或荷叶边仍然应保持"打开的"，而不是圆形"闭合的"。"打开的"褶皱或荷叶边外观如图2.4A与图2.4B所示。如果是"闭合的"褶皱或荷叶边，整个褶皱或荷叶边的接缝都缝合，圆形的褶皱或荷叶边如图2.4C与图2.4D所示。

　　如果用的是中厚型面料，先缝好接缝后包缝。对于薄料应采用来去缝，因为它们看起来不显眼。这种接缝的处理方法不会显眼。在缝制褶皱与荷叶边的时候，应按照缝纫、修剪、整烫的步骤进行缝作。关于"分开缝份包缝""合拢缝份包缝"与"来去缝"相关内容可见上册第4章内容。

　　"究竟应该缝制打开式的褶皱/荷叶边，还是闭合式的？"这应根据设计决定。缝制顺序决定了缝制是打开式的还是闭合式的褶皱与荷叶边。如果荷叶边将拼接在平坦的服装上，那应选择打开式的荷叶边。如果荷叶边是缝在袖口部位，首先应缝制手臂下的接缝。荷叶边的接缝也应缝制成闭合的荷叶边。这样闭合的荷叶边就可以缝在手腕部位了。

　　这两种方法都是可行的，选择使用哪种方法应由设计决与个人喜好决定。

　　在服装上打开的褶皱与荷叶边可按水平应用方式缝制；闭合式的褶皱与荷叶边可以应用圆形缝制。接下将介绍两种缝纫方法。

平面与环形缝纫

　　如何在短袖边缘应用打开的与闭合的荷叶边，如图2.5所示。注意：两种方法的缝制顺序略有不同。

> **要点**
>
> 　　缝制褶皱与荷叶边时应小心——因为缝制时，聚集的面料边缘很容易被接缝卡住。应注意观察下层面料、两层面料之间与表面有何变化。

放平缝制

　　放平缝制是将褶皱与荷叶边缝制在服装的平面部位。当褶皱与荷叶边缝制在服装表面时，按照水平应用的方法进行。这意味着褶皱与荷叶边应缝成打开的褶皱与荷叶边。如何用这种方法将荷叶边缝在短袖的边缘，如图2.5A所示。注意：荷叶边应在腋下接缝缝好后再卷边。

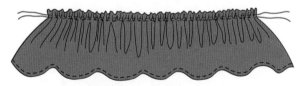

图2.4A　打开式的褶皱

荷叶边边缘车缝饰边

图2.4B　打开式的荷叶边

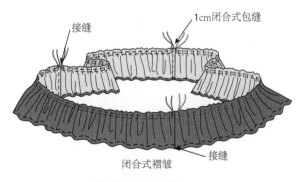

接缝

1cm闭合式包缝

闭合式褶皱

接缝

图2.4C　闭合式褶皱

接缝

闭合式荷叶边

图2.4D　闭合式荷叶边

环缝

    当褶皱与荷叶边缝为一圈时，所有接缝都应缝合。那就意味着：这件衣服与它的褶皱都应缝为圆形。然后对荷叶边卷边，这样荷叶边就缝合好了。缝好荷叶边后，在短的那边再缝一道线，这样可以预防荷叶边被拉扯时缝线崩裂（见图2.4C）。这样褶皱与荷叶边就与衣服缝合好了。图2.5B展示了如何用这种方法将荷叶边缝在短袖边缘。当荷叶边环缝好后，其接缝在交叉连接处应平整。

要点 ✂

    这是种经济的褶皱与荷叶边缝制方法，因为车缝较短的粗缝线可以节省时间。

    本章会介绍不同的褶皱与蕾丝车缝方法。应选择哪种方法，有时非常清晰明了，有时则需要通过与你的导师讨论决定。在缝纫技巧不断增长的同时，这些能力会变成职业素养的一部分。

褶皱与荷叶边的下摆缝合处理

    接缝缝合后，应先将褶皱与荷叶边下摆缝好，然后再将褶皱与荷叶边缝到衣身上。有很多种褶皱与荷叶边下摆的处理方法可供选择；然而下摆的处理方式应与面料厚度相适。本书推荐了不同的褶皱与荷叶边下摆处理方式。

    下摆的形状影响褶皱与荷叶边应用哪种方法来处理。对于圆形下摆而言，并非所有下摆处理方式都合适，所以应先用简单的方式处理。

    选择面料的配色线，这样线迹不会引人注意。撞色线会增加视觉趣味，这也是种可行的选择。下摆处理的具体方法可见第7章关于下摆的相关内容。

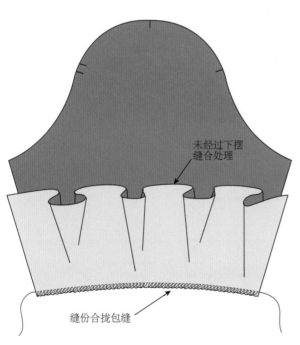

图 2.5A　放平缝制：袖子平铺时在袖口边缘缝上开口的荷叶边

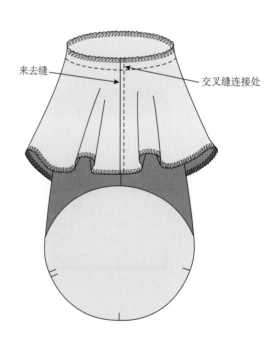

图2.5B　缝成环状：环缝袖口与荷叶边使之闭合然后缝在一起

毛边（对于斜丝缕褶皱而言最理想）

斜丝缕毛边下摆的效果会很理想，因为斜丝缕不易卷边。应注意的是，裁片边缘无法保持平滑。服装穿着使用过后，会变成轻微的毛边。能想象不缝下摆可以省下多少时间吗（见图2.6A）？本章不推荐荷叶边留毛边，因为荷叶边上有各种不同的布纹。纵向与横向的纱线很容易从荷叶边边缘脱散。荷叶边的裁剪方式如图2.2B所示。

下摆车缝窄卷边（褶皱与荷叶边边缘最理想的处理方式）

对于褶皱与荷叶边边缘而言，这是种专业、干净整洁的下摆处理方式。相比于缝出圆形荷叶边而言，车缝荷叶边的边缘卷边会消耗更多的时间，应按图7.23所示的三步缝纫工艺完成。由于斜丝缕有弹性，所以下摆缝合较容易。

图2.6B、图2.6C与图2.6D中所有的褶皱都应作为单独一层面料裁剪。每层褶皱的下摆都经过了车缝卷边，但每层卷边的宽度不同。褶皱边缘如何缝制处理应由褶皱与服装缝制方式决定。

图2.6B中的褶皱只有一条边作了缝合处理，这是因为其他三条布边都会嵌入缝份中，不需要处理边缘。图2.6C中褶皱的三条边都缝合了，未经缝合、卷边处理的布边都会嵌入缝份中。在图2.6D中，所有的布边都作了缝合处理。由于褶皱会缝在服装表面，因此所有布边应提前作缝制处理。

褶皱与荷叶边的贴边或折边

褶皱可以是折叠的，就是说两层面料对折后合二为一。叠起的边缘就是下摆，两种面料的边缘变为一层。折叠的褶皱，因为缝入了四层面料（两层是褶皱，两层是衣服的接缝），其接缝较厚。这种制作方法的关键是选择合适的面料厚度，应避免因面料厚度造成接缝太厚。图2.6E是折叠的褶皱。注意：底部的折线使褶皱边缘处理得很干净，因此不需要缝制处理下摆。缝制折叠的褶皱前，应在下摆处烫出一条折痕。

如果折叠的褶皱需要张开，应将布边叠起后缝一道1cm宽的缝线。为了减少接缝厚度，应修剪拐角，将褶皱翻到正面后用翻角器将角挑尖再烫平。

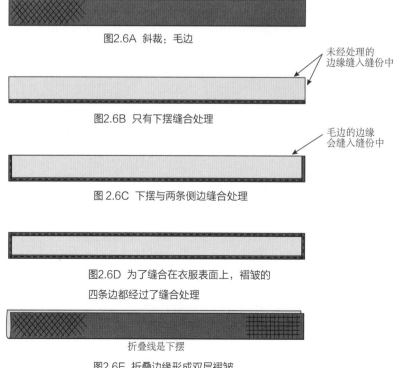

图2.6A　斜裁：毛边

未经处理的
边缘缝入缝份中

图2.6B　只有下摆缝合处理

毛边的边缘
会缝入缝份中

图2.6C　下摆与两条侧边缝合处理

图2.6D　为了缝合在衣服表面上，褶皱的

四条边都经过了缝合处理

折叠线是下摆

图2.6E　折叠边缘形成双层褶皱

荷叶边也可以折叠；由于荷叶边是环形的，无法采用与褶皱相同的方式折叠。带贴边的荷叶边用本身料或者薄料作里布，其下摆边缘看不到到任何明线，因此边缘部位应做收口，与褶皱边缘的处理方法相同。

荷叶边的面料与里布可采用同种布料（见图2.7A）。由于欧根纱不会增加厚度，因此是里布的理想选择；欧根纱可以使荷叶边更具有结构感。通常，贴边折叠的荷叶边会比单层的荷叶边更具结构感。

撞色里布，或者图案与面料不同，如里布带有花纹，而面料是素色面料，可以成为一种富有趣味的设计。还有很多种薄料可作为里布使用，这些面料都列在了第8章的纤薄面料中。设计中可以尝试使用。

缝合带贴边的荷叶边的方法见图2.7A。

1. 先将两条荷叶边正面相对叠放好，然后在适当的位置别上珠针。

2. 沿外围边缘1cm处车缝一圈，然后沿着缝线修剪出大小合适的缝份。

3. 将荷叶边翻到正面后熨烫，使缝线居中。

4. 将内圈两层手工假缝在一起，为接下来的缝合做准备。

（褶皱与荷叶边的）下摆包缝

有三种下摆包缝的方法，作为下摆的处理方式，它们都能将褶皱或者荷叶边的下摆处理得很漂亮。每种方式做完后的成品看起来都很干净整洁，而且接缝不会过与厚重。推荐用包缝机缝制荷叶边下摆，尤其是在缝制环状的接时。

1. 包缝与车缝止口线的下摆处理方式始于将褶皱与荷叶边的边缘包缝。然后将下摆折到反面再车缝止口线。图2.7B是包缝下摆、折到反面再车缝止口线。做完所有的步骤后熨烫下摆。

2. 对于斜丝缕褶皱蕾丝与针织面料的褶皱而言，三线密拷是种理想的下摆处理方式，因为三线密拷能使布边在包缝时拉伸卷曲（见上册图5.17）。荷叶边也可以通过三线密拷的方式来包缝。

3. 包缝后再卷边缝的下摆处理方式是在包缝线上缝一条线的方式，对于褶皱与荷叶边的下摆处理而言，这也是种很好的处理方式，尤其适用于那些细腻的面料。图2.1B中，裙子的荷叶边边缘就是包缝后再做卷边缝的。这种缝纫方式的线迹很像缎纹形线迹，但是它窄而精致。这种线迹常见于工业化制造的纸巾、餐具垫、桌布等物品上。这种卷边通常会用弹性尼龙线包缝，以使其具有弹性与柔软性。

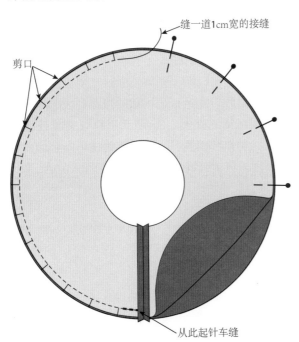

图2.7A 带贴边荷叶边

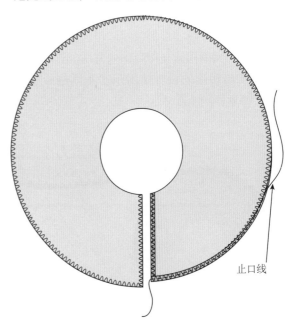

图2.7B 包缝与车缝止口线的下摆完成方式

（褶皱与荷叶边的）下摆缝合边饰的处理方式

褶皱与荷叶边的下摆可以缝合蕾丝状或者其它种类的边饰，这也是种下摆的处理方式。无论是开口的还是闭合的褶皱与荷叶边都可以缝上边饰。宽度超过大约1.5cm的边饰可能需要用抽缩的方法缝制，或是在绱缝到蕾丝上之前先打褶。否则可能会将弯曲的下摆部位拉得很紧，导致其看起来很不美观。

边饰可以用车缝明线的方法处理褶皱或者荷叶边的下摆，明线可以是直线线迹也可以是三角针线迹——三角针通常能与蕾丝质感的面料或者其它种类的边饰更好地融合在一起。先将下摆包缝，然后将边饰放在适当位置后别上珠针，再手工粗缝固定。图2.8为如何用与将边饰缝到褶皱上的同样的方式将边饰缝到荷叶边下摆上。注意在这张图中，应先用珠针将边饰固定在超过缝迹线1cm的位置。用珠针将一圈都固定好后，边饰的另一端翻折1cm；这端的边饰会与另一端重叠，使其边缘处理得很干净。

注意：图2.4B中的边饰缝合在一开口的荷叶边下摆上。在这种情况下，边饰在与有角度的下摆缝合时，需要折角拼缝。（在斜形拐角处）折叠边饰后，再用珠针固定，直至边饰与褶皱或荷叶边的拐角贴合。接下来，在车缝边饰之前，先在适当的位置手缝固定拐角处的边饰。

以下将介绍：表面缝制、接缝应用与边缘应用三种绱缝褶皱与荷叶边的方法。连衣裙、女衬衫与短裙的设计稿展示了不同的缝纫方法，使读者知道各种运用方式。

表面缝制

表面缝制是将褶皱与荷叶边缝在服装表面，而非缝入接缝或是边缘。图2.9、图2.10与图2.11展示了将褶皱与荷叶边缝合在面料表面的设计。将褶皱缝到服装表面前，应先处理完下摆，再处理褶裥。上册中的图4.23是抽褶缝，注意有两行粗缝线缝在1.5cm的缝份内。这条缝份可以修剪到1cm宽，或者包缝。必须注意：当抽很长的褶或者荷叶边时，最好将粗缝线缝在较短的那段上。图2.4C中，每段褶皱都用红色、蓝色或绿色的假缝线作了标记。在一段很长的褶皱上缝上假缝线并抽褶时可能会出现线断。缝线短一些会防止这种事发生。

将褶皱与荷叶边缝合在面料表面的技巧

- 将褶皱用珠针固定在设计需要缝合的位置上，然后手工粗缝固定。必须用卷尺准确地测量每条褶皱之间的距离。
- 将褶皱缝到服装正面时，不可将缝份的连接处放在褶皱上。但是，当缝份的连接处不得不放在褶皱上（由于布料有限），应将连接缝置于接近服装缝份的部位以免引人注意。
- 车缝过程中应时常确认抽褶量分配均匀。
- 用最适合面料特点与厚薄的方式处理褶皱下摆。可选择的方法见图2.6A~图2.6D、图2.7与图2.8。

褶皱正面车缝明线

褶皱可以在缝面料表面时，用直线线迹缝一道明线。测量标记褶皱的位置会很费时间。如果将褶皱如图2.9B所示那样直接缝在缝份上，制作会快很多。因为接缝线可以起到引导作用。将褶皱缝到无袖上衣上如图2.9A所示。

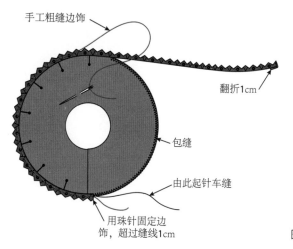

手工粗缝边饰

翻折1cm

包缝

由此起针车缝

用珠针固定边饰，超过缝线1cm

图2.8 下摆缝合边饰的处理方式

缝制工序

1. 褶皱的四条下摆都做缝合处理（见图2.6D）。

2. 在褶皱中线下方缝两道粗缝线。褶皱缝制到位之前拉线抽褶，确认抽褶量分布均匀。

3. 将每条褶皱平铺在面料表面（面料正面相对），用珠针将褶皱别在正确位置。

4. 直接在褶皱的抽褶线上方缝线，用两行缝线将它缝在面料表面。注意图2.9B中的褶皱是用两行直线缝在衣服表面上的。

要点 ✂

必须注意：通常抽褶需要用两根抽褶线抽缩。也可先粗缝一道将褶皱固定在面料表面，再用一道明线将褶皱车缝在面料表面。缝一道线迹会让褶皱看起来自然而美观。

有波浪的褶皱通常是用斜丝缕窄条面料做成的，其下摆为毛边，通常将它用明线缝在面料表面。可以用几行线将这种褶皱缝在衣服表面，使其表现出优雅的质感。在本节内容中，这种褶皱会缝在服装最表面，如图2.10A所示。

制板提示

计算波浪褶皱的面料长度时，应增加大约20%的用量，得出实际需要的面料长度。斜丝缕窄条，2cm、2.5cm、3.5cm或者4cm的宽度都可以——其宽度取决于设计。

缝制工序

1. 斜丝缕褶皱的下摆不需要缝合处理，因为布边不会脱散。但是边缘会变得轻微毛糙，这为整体外观增加了柔软感。

2. 在每个斜丝缕窄条中间缝一行粗缝线。根据上册第4章的缩缝，从上册图4.22A可以知道缩缝出一条有波浪的褶皱很简单。轻缓地抽缩线轴，直至出现柔和的波浪。当粗缝线抽起时，会在两边都制造出一种有波浪的感觉。

3. 波浪的褶皱准备好后，再在面料用珠针标出每条褶皱车缝的部位。

4. 将有波浪的褶皱反面按粗缝线位置放在面料的正面上方，如图2.10B所示。

5. 直接在粗缝线上缝上有波浪的褶皱，将它缝在面料表面上。如果喜欢，也可以用锯齿形缝线将抽褶缝在面料表面。在粗缝线上直接缝线时不要漏掉任何一个褶（装袖时相同）。

用两道明线将褶皱缝在衣服上

褶皱的止点有一个对位点（在反面）

图2.9A 褶皱缝在缝线上方

图2.9B 用两行明线将褶皱缝在衣服上

图2.9 正面压线的褶皱

荷叶边车缝明线

将多层荷叶边缝在服装表面然后车缝明线。明线可以将荷叶边的缝份隐藏起来。裙子上缝的荷叶边如图2.11A所示。

缝制工序

1. 如图2.11A所示，如果多层荷叶边是设计的一部分，应先包缝荷叶边的内口线，外口线只需折边缝。如果用抽缩褶代替荷叶边，接缝则应在抽褶后包缝（这样可减少布料堆积并且使缝边平整）。

2. 如图2.11B所示，将每个荷叶边固定在服装表面，然后车缝明线。注意接缝应通过荷叶边的重叠来隐藏。然后用装饰条遮盖第一个荷叶边的毛边。如果面料很薄，缝份会显得很厚重，在整件服装上会很显眼。可将荷叶边嵌进接缝中，或用暗缝固定的方法加以改善，以下部分将详细阐述。

3. 如果服装腰线部位需缝入下摆，应将荷叶边倒向腰侧缝，如图2.11B所示。如果想要下摆能自由摆动（即不与接缝或下摆固定在一起），应在接缝或下摆缝合完毕后加入下摆。

暗缝荷叶边

另一种缝制方法如图2.11A所示，裙子荷叶边的制作方法是将荷叶边附在暗缝上。暗缝只能用于荷叶边，如果褶皱使用暗缝会太厚。如图2.12B所示，暗缝并非传统的缝法，它是一条缝制塔克形成的1.5cm宽的缝份。暗缝可将荷叶边的毛边都藏进去，运用塔克可使面料反面看上去干净整洁。塔克宽度必须用刀口标注。

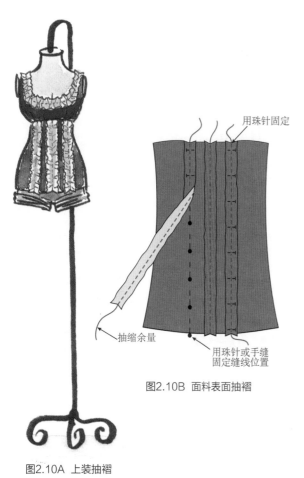

图2.10B 面料表面抽褶

图2.10A 上装抽褶

图2.10 抽褶

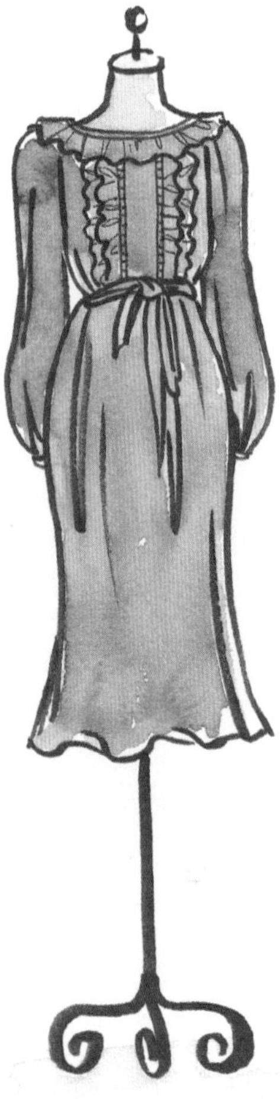

图2.11A 叠层荷叶边

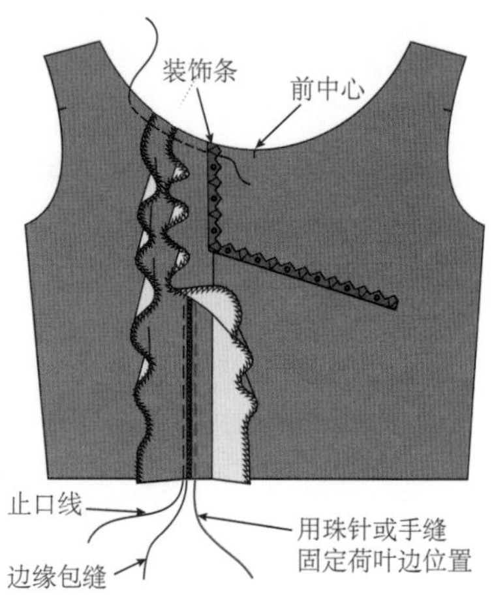

图2.11B 准确地排列荷叶边

图2.11 荷叶边车缝明线

制板提示

样板应根据塔克做出一些细微的调整。将样板剪下后展开，如图2.12A所示，每个塔克褶须加1.5cm的宽度。如果没有添加量，服装会因为太紧而无法穿着。

缝制工序

1. 将服装正面朝上平铺在桌子上（见图2.12A）。

2. 用珠针或手缝将荷叶边固定在服装缝纫位置（见图2.12A），用卷尺测量定位。

3. 将荷叶边准确地摆放在衣料上，荷叶边折边朝向前中心（见图2.12A）。如果内口线没有充分展开，可以在距毛边1cm处定位车缝，缝边用珠针固定。

4. 将荷叶边的缝份对准1.5cm塔克的中心线。用珠针或手缝固定荷叶边，留1cm缝边车缝。

5. 缝份量可用贴花剪刀（见图7.24）修剪至0.5cm。注意：切勿剪到服装（见图2.12A）。

6. 将服装正面相对折叠；将荷叶边的毛边夹在两层面料之间（见图2.12B）。

7. 车缝一道1cm宽的塔克。这是事先加到纸样上的1.5cm（见图2.12A）。

8. 将塔克向前中心烫倒。

要点

荷叶边也可通过车缝止口线的方式压缝到服装表面。荷叶边缝入1cm的缝份量，再修剪至0.5cm。然后将荷叶边倒向袖窿，压烫，边缝（见图2.13）。

接缝应用

在接缝中的应用是将褶皱与荷叶边嵌进接缝中。只要款式与面料厚度合适，可以在任何接缝中嵌入褶皱或荷叶边。平缝或环缝都可用于在接缝中嵌入褶皱或荷叶边。图2.5展示了这两种方法。可根据设计与制作方式来选择使用的方法。

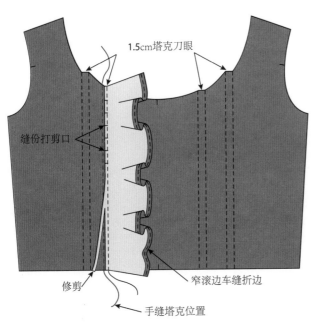

图 2.12A 固定褶皱于塔克中心

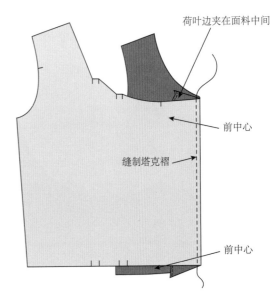

图 2.12B 缝制塔克

图 2.12 暗缝荷叶边

- 平铺袖子（见图2.5A），完成袖口与荷叶边的底缝缝合后，车缝荷叶边。
- 如果袖子采用环缝，应先缝合荷叶边，然后再处理荷叶摆。根据这些步骤，袖子上的荷叶边就缝制完成了（见图2.5B）。

图2.14A中的无袖女式衬衫前片接缝中嵌入了褶皱。详细的缝制方法会在以下的缝制工序中列出。荷叶边也可嵌入女衬衫的接缝中。注意在褶皱嵌入接缝中前应将下摆的三面折光并车缝。

缝制工序

1. 将服装部件正面朝上平铺在桌子上（见图2.14B）。

2. 将褶皱或荷叶边与衣片正面相对，对齐缝线位置。注意：褶皱的折边倒向前中心。对齐每条接缝，注意：在图2.14B中肩线与褶皱的接缝是对齐的。这应在试样制作时对好。

3. 用珠针与手缝固定褶皱。将褶皱顺着折边线摆放，这样可以将褶皱翻回去露出折边（见图2.14B）。

4. 将其他的服装部件放在褶皱上面，正面朝下，褶皱夹在两片前片中间（见图2.14C）。

5. 将这三片车缝在一起，缝份宽度1.5cm，然后包缝，如图2.14C所示。

6. 轻轻整烫接缝，注意不可熨烫到褶皱，褶皱或荷叶边应在服装完成后才能熨烫。

7. 从服装的正面看，接缝可以通过边缝来平整到位地固定缝份。边缝步骤如图2.13。这是边缝荷叶边止口线车缝的方法，同理也可以用于缝制褶皱。

边缘应用

褶皱与荷叶边可作为服装的边缘，如：领圈、袖边、腕口、袖窿或下摆边。缝制方式可以选用平缝或者环缝。在这些设计中褶皱与荷叶边是可以互换的；荷叶边可以用褶皱代替，反之亦然。所使用的方法应适合设计的缝制工序。

领圈与袖窿的定型

在领圈或者袖窿加入褶皱或者荷叶边时，服装边缘应先折边固定线缝，防止其在缝制过程中受拉伸。折边固定线缝已在上册第4章的固定线缝部分介绍过了，如上册图4.6所示。无弹性滚条也可用于固定布边，如上册图3.18所示。用无弹性滚条最好选择从窄幅丝光棉的直丝缕面料剪下的轻薄布条。

荷叶边（内口线）易拉伸，应车缝固定线。如果荷叶边拉伸变形，应在缝份量的范围内，在荷叶边的内口线附近手工粗缝一道缝线；轻轻收紧粗缝线以缩短长度；通过熨烫减少浮余量。

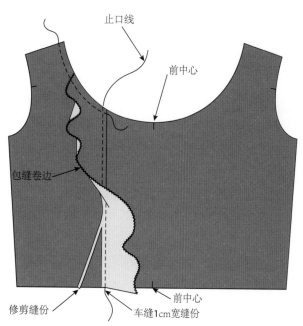

图2.13　荷叶边车缝止口线

平缝应用

图2.15为平铺时如何将褶皱缝到上装上。将褶皱/荷叶边打开，不必缝合。注意：此时褶皱下摆不需要车缝（除了后中心靠近钮扣的部分）。

缝制工序

1. 缝合褶皱前应确保所有细裥分布均匀。

2. 褶皱与面料正面相对。将缝边对齐用珠针固定（见图2.15A）。

3. 将褶皱与面料缝合，1.5cm的缝份合拢后包缝，如图2.15A所示。

4. 如果接缝想要车缝明线，应在衣片沿边缘缝合之前完成（见图2.15）。

5. 衣片边缘缝合时应正面相对齐。对齐腋点与腰线；如果不能很好地对齐，会使人觉得做工不好（见图2.15B）。

6. 最后缝制下摆；注意侧缝缝份打开再缝制下摆（如图2.15B）。

环缝

褶皱/荷叶边采用环缝时，边缘应缝光且打开是环形的。

缝制工序

所有侧边都应缝合，即衣片与褶皱/荷叶边都是环缝的。

1. 将褶皱或荷叶边的下摆缝光。

2. 抽细裥。抽细裥时间隔应短一些：防止调整细裥时断线（见图2.4C）。

3. 将褶皱/荷叶边的正面与服装正面相对放置，缝边用珠针固定在一起。褶皱与荷叶边的接缝与服装接缝对齐即可。拼合褶皱或荷叶边与服装的接缝时，接缝的位置应对称，使服装两侧平衡、美观。褶皱与裙子的接合方法见图2.16。

4. 沿边1.5cm宽度车缝，减少接缝厚度，包缝1cm。图2.16中的裙子采用明线与止口线方式固定。

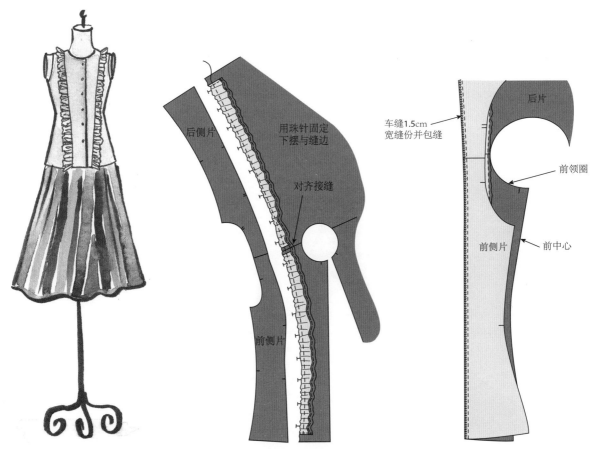

图2.14A 在女式衬衫前身分割线嵌入褶皱　　　图2.14B 用针固定下摆　　　图2.14C 距边1.5cm缝线包缝

翻折缝法

这种方式适用于领圈附近的褶皱与荷叶边。将下摆或荷叶边缝制在服装反面,然后翻折回正面。用这种方式制作的褶皱或荷叶边,领围附近不会很平整反而会翻开翘起。这种缝制方式最适用于薄料与针织服装。尽量将褶皱或荷叶边上剪成一片,只留一条接缝。

缝制工序

1. 将褶皱或荷叶边缝合(环缝),褶皱折边。

2. 固定领圈。将服装反面朝上放置。将褶皱或荷叶边沿服装领围线放置,反面朝上用珠针固定。

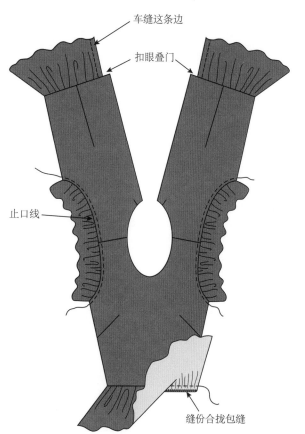

图 2.15A 在衣料平铺时在边缘缝褶皱

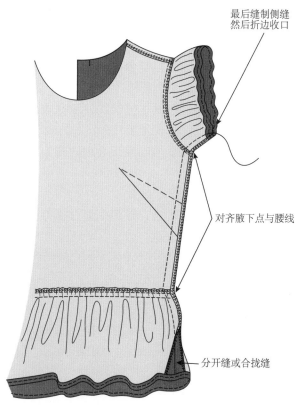

图 2.15B 缝制侧缝然后折边缝光

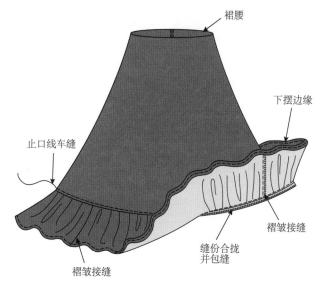

图 2.16 布边的应用:褶皱与裙子都采用环缝,然后再缝合在一起

3. 将褶皱或荷叶边正面向上缝在服装上（见图2.17A）。

4. 缝一条1cm的粗缝接缝（见图2.17A；为了避免褶皱或荷叶边翻滚，1.5cm的缝份太宽）。

5. 从面料反面开始，将缝份折向面料正面，然后沿着领圈车缝止口线。止口线会将缝份固定在面料反面。这样即使衣物的褶皱或荷叶边翻到了衣服的正面，止口线也可以确保布料的正面看不到线迹（见图2.17B）。

6. 将褶皱或荷叶边翻折到服装正面。

要点

如果在拓样过程中发现褶皱或荷叶边太沉，导致领口线下垂，可以在领圈部位加缝贴边定型，具体见第4章图4.9B相关内容。

如何整烫

衣片在完成前还有重要的步骤就是用熨斗尖部位整烫褶皱以及荷叶边。

整烫提示

在整烫处理过程中，选择从面料的正面或是反面处理取决于整烫试样的结果。有些面料应在整烫处理时加烫布保护，所以需要常备烫布。最好的选择是一块正方形的丝绸料，它的透明特性有助于在操作时清楚地观察整烫的面料的情况。

褶皱

图2.18中，当熨斗在右侧时，面料在熨斗板的底端部滑动。在整烫过程中应小心移动熨斗，将其移动到需要熨烫的折痕处。一边在熨斗板上滑动布料一边抬起熨斗重复刚才的动作。不可将熨斗直接放置在衣物上，避免产生不必要的折痕。

荷叶边

将荷叶边翻开，在熨板上摆放成圆形。一边移动圆形，一边用熨斗整烫每一处荷叶边，将其褶皱都整烫平整。确保不要在整烫的过程中产生不必要的折痕。从图2.18可见，在熨烫之前荷叶边是可以在熨斗板上完全展开摊平的。

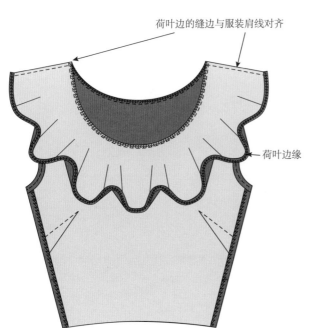

图 2.17A 领围上的荷叶边结构

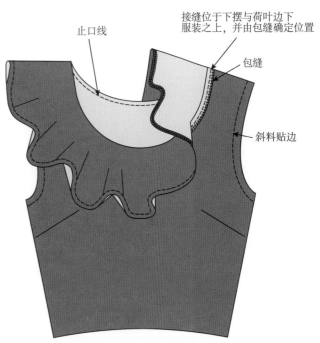

图 2.17B 翻转荷叶边到正面并缝合布边

棘手面料上缝制褶皱与荷叶边

条纹、格子花型，图案与循环花型的对齐

荷叶边接缝处的条、格子图案应对齐，如果错位会很明显。

裁剪条纹荷叶边时，可将其条纹方向与面料的条纹方向做成有反差的方向。如果面料是按经向剪裁的，那么荷叶边就应该沿纬向剪裁。

格子或条纹面料上裁剪荷叶边时，接缝处的条、格图案应对齐。

拼接条格面料时，不必过于担心条、格是否与下摆与荷叶边对齐。

纤薄面料

选择60或70号机针。

如果选择在纤薄面料上设置褶皱与荷叶边（或是缩褶荷叶边），例如雪纺绸与真丝乔其纱，做出来的效果很不错!

不可忘记事先制作试样，因为纤薄面料很难缝纫。

缝制纤薄面料的下摆与荷叶边时，可将几层面料缝合在一起。

将车缝与包缝结合使用。

处理纤薄面料时可选择抽褶式褶皱，这样会使面料拥有更加柔滑的手感。

蕾丝

使用与蕾丝厚度相匹配的机针。

褶皱或荷叶边的卷边只能使用轻质的蕾丝。

在操作之前必须先做试样，确定所选蕾丝厚度是否符合设计，操作缝纫方法是否妥当。

切勿选用较厚的蕾丝来缝纫褶皱或荷叶边的卷边，因为这样会影响面料的悬垂性。

绸缎

使用绸缎面料、如真丝开司米时，可在设计中加入褶皱或荷叶边的结构。

可在婚纱或礼服中使用较厚的绸缎车缝褶皱卷边，这样的设计会很引人注目。裙装也可以使用网纱塑型强调。

珠片面料

在珠片面料上缝制褶皱或荷叶边会相当耗费工时。

学习了上册第4章关于棘手面料接缝的相关内容后，可知在制作褶皱与荷叶边前应完成哪些步骤，应从接缝与卷边处去除珠片。

牛仔布

事先必须制作试样，确定牛仔布厚度是否适用于制作褶皱，方便抽缩面料。

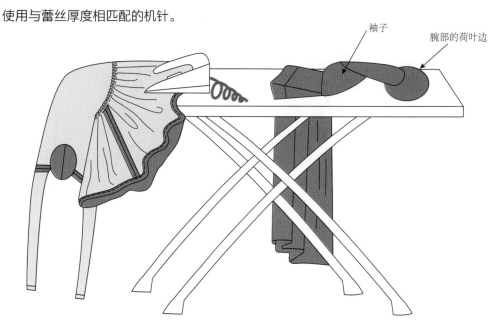

袖子

腕部的荷叶边

图2.18 熨烫下摆与荷叶边

当荷叶边悬垂时，牛仔布正反两面都会露出。根据不同的喜好，这种特性可以是优点，也可能是缺点。

下摆的荷叶边选用轻薄牛仔布时。可以将车缝结合包缝使用翻转车缝止口线的方法。此类技术很适合牛仔布。

丝绒

选用适合丝绒的机针。

丝绒面料制作荷叶边应加贴边，因为丝绒的荷叶边车缝明线并不美观。干净的造型才适合它。

缝制时应拉紧面料。

熨烫面料时，应使用熨烫垫板。详见上册第2章中棘手面料的准备工作相关内容。

丝绒服装设计宜简洁，因为这种面料处理起来很难。

丝绒褶皱与荷叶边上不宜车缝明线。

皮革

可以在软质皮革上缝制褶皱与荷叶边，例如猪皮与麂皮。

应根据皮革厚度选用合适的机针。

如何在皮革上缝制褶皱与荷叶边，详见上册第4章的棘手面料接缝。

修剪缝制下摆与荷叶边的装饰边时，应使用圆盘刀。

皮革边缘不会脱散，不必担心皮革的边缘处理。

人造毛

切勿在人造毛上缝制下摆与荷叶边，那样会看起来十分笨重。

融会贯通

根据本章节中学到的有关缝制下摆与荷叶边的剪裁与缝纫知识可以举一反三引申到以下的设计：

- 褶皱裙就是长褶皱设计（见上册图1.6）。
- 圆形喇叭裙就是长荷叶边的设计。
- 手帕的包边就是方形的荷叶边设计，同时可作为裙摆或袖口的造型。

- 芭蕾舞裙（芭蕾舞演员的服装）就是一排又一排的薄纱蓬松褶皱边。
- 窄腰裙摆就是一种喇叭状向外的荷叶边，它很时尚。荷叶边也可缝制在上衣腰线处（见图8.27）。

以下是几条实用的建议：

- 细条单边的褶皱或是表面的褶皱可以设置在领圈周围、袖子、口袋、袋盖与衣物的边缘。
- 可在礼服裤装上，将荷叶边设计添加到纵向的下摆上。再搭配华丽、裁剪精致的晚宴礼服与柔软的蕾丝衬衫。图2.19中这套完美的礼服都可以穿去奥斯卡了。

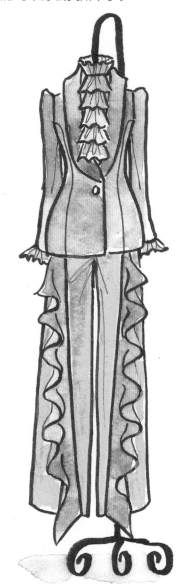

图2.19 应用你所掌握的知识：晚宴上装，带褶皱的衬衫，带荷叶边的裤子

创新拓展

　　如果你富有创造力, 并且想成为一名时装设计师, 那就应该实践自己的创意, 看看有哪些创意可以运用到设计中去的。你会发现有些创意是可行的, 但有些不行。遇到暂时无法实现的创意时, 就需要探索全新、或许是更具有创造力的想法。

　　下面列举了一些运用下摆与荷叶边的创意方法。你可以不断补充发展其中的内容。所以拓展你的创造力吧! 并且尝试实践各种创意想法。

- 尝试在堆叠面料前, 根据设计裁剪一定长度的褶皱(可以是直向, 也可以是斜向, 两种裁剪方式会产生不同的效果)。分别抽缩每边的褶皱, 并加入填充物制作下摆。将聚拢的缝边用珠针或手缝针固定在一起。再将它缝到下摆、袖口或领围线的位置。如上册图3.22A展示, 双宫绸是制作这种效果的最理想面料。

- 可以尝试用螺旋的波浪边造型做出一朵玫瑰花, 波浪的形状如图2.20A所示。假缝波浪边(见图2.20B)。然后将其弯折成玫瑰花蕾的形状, 缝住缝边(见图2.20C)。用一根针线缝上一朵玫瑰, 或是串联起一列玫瑰花打造服装厚重的质感。

- 如图2.20D所示, 你可以缝两条荷叶边, 使其变成漂亮的蝴蝶结。可以尝试用不同的布边收口方式。

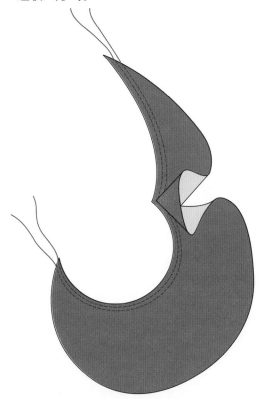

图2.20B 抽缩荷叶边内侧边缘

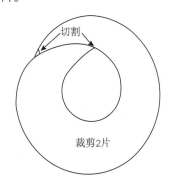

图2.20A 螺旋状荷叶边

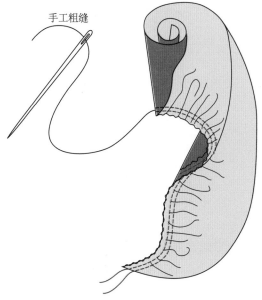

图2.20C 形成一朵玫瑰

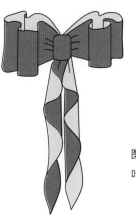

图2.20D 缝制两条螺旋状的荷叶边, 系上一个蝴蝶结

图2.20 创造力拓展

- 尝试将几层斜料褶皱与荷叶边缝制进花朵中。花朵可以缝在华丽的晚礼服的褶皱边上。图2.21A中那些缝制在晚礼服的褶皱边与腰线的精致花朵是多么的美丽。图2.21B与图2.21C是其结构。

疑难问题
褶皱与荷叶边对于接缝而言太长

可在荷叶边里口做假缝，轻轻地拉出使其结构松弛，然后用蒸汽熨烫布边。这样做可以收缩荷叶边，达到理想长度。至于褶皱，可以皱缩更多的布料来缩短接缝长度。如果太多的面料抽缩显得厚重，则可以减掉一点长度再对齐接缝对合。缝制前应检查接缝长度。

不喜欢已经缝在领圈上褶皱的结构

将褶皱从领圈线上小心地拆下来。如果衣片还未缝制，可以小心熨烫领圈边缘并车缝固定线。这样可以定型领圈线，现在可以用其他方法完成领圈的收口。如果服装还没有完全缝纫，接下来可以有不同的选择：如果服装缝制完成了，你可以在领子或者领圈上加缝斜丝缕滚条，或加个贴边。在服装尚未完成前，设计仍可加以改进与调整，但记住下次在制作服装之前必须用坯布制作试样。

一层层的褶皱

荷叶边花朵

图2.21A 有层层褶皱与花朵的礼服

图2.21 想象力拓展

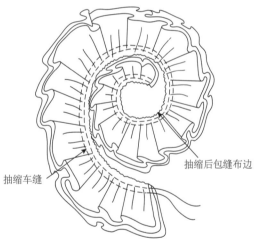

抽缩车缝　　抽缩后包缝布边

图2.21B 多层斜料褶皱与荷叶边抽缩并缝纫在一起

褶皱与荷叶边的起始端隐藏在第二层面料下

图2.21C 形成花朵结构

包缝时荷叶边外轮廓被切去很大一块怎么办

这是件令人沮丧的事！如果荷叶边已经缝到服装上，那就用拆线刀小心地拆除荷叶边。最佳办法是重新切割荷叶边结构，然后再加几层荷叶边的结构来完善其圆环的造型。当你坐在缝纫机前，放松，在做最后的缝纫处理前花时间慢慢地小心地粗缝样片。同时记得：犯错误往往是你学习的机会。

令人忧虑的是：荷叶边的毛边出现脱散该怎么办？

荷叶边可按三种不同方向裁剪，而直丝缕与横丝缕荷叶边容易脱散（见图2.2B）。如果一定要毛边，那就在荷叶边的外缘处缝制一条1cm宽的永久性的线迹，这样可以防止面料的脱散。除此之外，还可以做一圈包缝。你有没有试想过在边缘上车缝一圈饰边或者一圈卷边下摆？

在缝边处设置了两层褶皱，看起来很笨重该怎么办？

小心地拆下褶皱，并且尝试减少抽缩的量。或者去除一层褶皱，或者寻找另一种与设计相适应的褶皱造型与面料，重新剪裁与缝制。这一次，先制作试样，确保所选面料的厚度适合服装。或者可以变化一下，用荷叶边的结构替换褶皱的结构。因为荷叶边的结构不需要面料的抽缩，它看上去不会像褶皱一样笨重。也可以裁剪一个只有3/4圆大小尺寸的荷叶边，而不是整个圆，这样可以减轻服装的厚重感。

自我评价

花时间来检查你的褶皱与荷叶边，特别注意以下几点内容：

√ 缝制褶皱与荷叶边的结构时有没有使用缝纫、修剪与整烫的方法呢？

√ 褶皱与荷叶边结构是怎么形成悬垂的效果呢？剪裁得是否准确呢？

√ 褶皱与荷叶边有没有平行地缝制在服装的表面，或者它们看起来有没有歪斜？

√ 荷叶边缝制得好吗？有没有看起来皱缩或是缝制不良？

√ 布边处理专业吗？需要再多加练习来完善它吗？

√ 边缘处理方式是否合适于圆形的荷叶边结构？

√ 是否通过试样制作褶皱与荷叶边的结构，并且清楚地认识所要使用的缝纫方法？

复习列表

√ 理解褶皱与荷叶边的区别了吗？

√ 理解面料的厚度与悬垂性会对褶皱与荷叶边的设计造型产生极大的不同吗？

√ 理解沿不同布纹方向裁剪的下摆悬垂的方式也不同吗？

√ 理解褶皱需要面料的抽缩处理而荷叶边不需要吗？

√ 理解在将褶皱与荷叶边缝制到服装上时，不同的设计决定着不同的缝制方式（平坦式或者环绕式）吗？

√ 理解不同的布边处理方式适合不同形状的褶皱与荷叶边吗？

√ 理解怎么使褶皱顺滑吗？

√ 觉得缝制褶皱与荷叶边的不同点是什么？

第3章

衣领：颈部廓型

图示符号

■	面料正面	▦	衬布反面（有黏合衬）
□	面料反面	▨	底衬正面
▨	衬布正面	▨	里布正面
▨	衬布反面（无黏合衬）	▨	里布反面
▨	缝制顺序		

领子绱缝于服装的领圈，既可将注意力集中于上身，又可形成服装亮点。领子或大或小，或宽或窄，或挺括或柔软。设计者可以设计各种形状的领子：V领、方领、圆领、高领、低领等。其设计的关键是必须与领圈尺寸相符。

伏贴的衣领可以凸显领圈形状，如：立领、包裹领、一字领等。领子有对称与不对称的，还有可拆卸的，可让顾客自主选择是否穿戴衣领。

领子的款式繁多，小巧精致的盆领、各种尺寸的披肩领、V形翻领等。大部分领子都需要使用定型料，所使用定型料的类型取决于领子的面料与设计者想要的结构。领子是展现设计创意的部件之一。褶裥花边、装饰物都可以缝制在衣领接缝处或者表面，构成不同的款式。

这章将介绍如何制作衣领，这需要准确的缝合。图3.1中是不同款式的领子。其他领子将会在创新拓展部分加以介绍，解释如何从同一基础结构中设计出不同形状、尺寸的衣领。

关键术语

驳折点

领座

领子

翻折线

翻领

盆领

立领

领底

领面

特征款式

此章中将介绍不同款式领子的缝制顺序。有各种不同款式的领子，每个领子分别属于下列三类领型中的一个：盆领（小圆领）、立领或翻领。每种特征款式的领子都有其专属款式名称。

工具收集与整理

缝制领子所需的工具与常规服装缝制所需工具相同。包括：定型料、卷尺、线、翻角器、锥子、服装剪、手缝针、烫枕、压烫袖板与烫布。其中配备翻角器与整烫工具尤其重要，因为它们对于缝制出理想的衣领效果是必不可缺的。

现在开始

这章通过学习如何缝制领子，学生可以进一步拓展设计知识，掌握如何缝制服装，赋予设计更多的可能性。掌握如何缝制领子将提高你的实践能力：将所学知识转化为缝制其他不同形状、大小的领子。在缝制前，先定义什么是领子，并明确关于领子的一些重要特征。

领子是什么？

领子是一块直丝缕的面料（翻领）或两块形状相同的面料，沿着外轮廓线缝合在一起的零部件（立领、盆领、衬衫领、两用领、豁口领、西装领与青果领）。注意图3.2中每个领子的形状，然后是修剪、整烫领子。衣领内缘是领下口弧线，领下口弧线与服装领圈缝合在一起（见图3.3）。

领下口的尺寸由服装领圈决定；长度应保持相同，领外口与领下口的形状由不同款式的领子来决定。每一种领子形状都不同，例如立领、盆领、翻领。

如何缝制领子，以及如何与服装领圈长度相符对于服装功能设计而言相当重要。领子应与脖子相协调，穿着舒适，不宜太紧。正如上册第1章中所讨论的服装功能设计，这是设计者的选择。上册图1.4~图1.7中对服装功能设计加以注释。服装功能设计相当重要，因为领子须能够轻松闭合。合拢领子过于复杂可能会导致服装产品的销量下降。

领子可在服装前、后开领，也可以无缝闭合。有弹性的针织面料领子应与头围相配（见上册图5.20）。领子如何开合是服装开合结构的一部分，在第9章服装开合部件中有相关内容。

设计领子对于设计者而言是令人兴奋的，因为衣领可以创造出很多或新奇或美妙的造型。详见创新拓展中极富创造力的领子设计构思。必须指出的是，增加领子会提高制作成本。在制作完领子后，你就会了解制板与缝制所需的时间。你所用的定型料与缝制方法都会影响到服装生产成本。

领子的特征

领子需要有领座。领座是衣领竖起的高度，领座的高度可以各异；领座的高度会影响后领口高度。观察图3.2中不同高度的领座。领座支撑着领子并使其可以翻折。如图3.2B所示立领，这类领子是仅由领座而非翻折部件所构成的。

领座上口，也就是领子翻折处，称为翻折线。观察图3.2A~图3.2F每个领子的翻折线，注意：图3.2B中的衬衫领是由两个缝合的领片构成。领子竖立的接合线与立领部件相结合，就成了翻折线。

当两块领片缝合时，一片叫做领面、另一片叫做领底。之后的关于领面、领底样板部分会继续讨论。

图3.1A 立领　　图3.1B 盆领　　图3.1C 衬衫领　　图3.1D 两用领　　图3.1E 驳折领　　图3.1F 青果领

（中式领）　　（小圆领）　　（翻领）　　　（翻领）　　　（翻领）　　　（斜领）

图3.1 不同款式列举

领子上的驳折点是翻折的起点，第一个扣眼水平缝制在驳折点处，如图3.1F所示。

衣领类型

参考不同特征款式中的式样，图3.1与图3.2中的各类领子的款式。领子是由它在服装上的形态命名的。

立领

当立领与领圈缝合后，它会围着脖子立起，如中式领就是这种衣领样式。图3.1B中的前领圈可以是方的、圆的或者斜的；领子两边可以重叠，这样才可以扣合闭拢。所有立领都需要不同程度的定型，以增强构造与支撑能力，否则将无法立起。

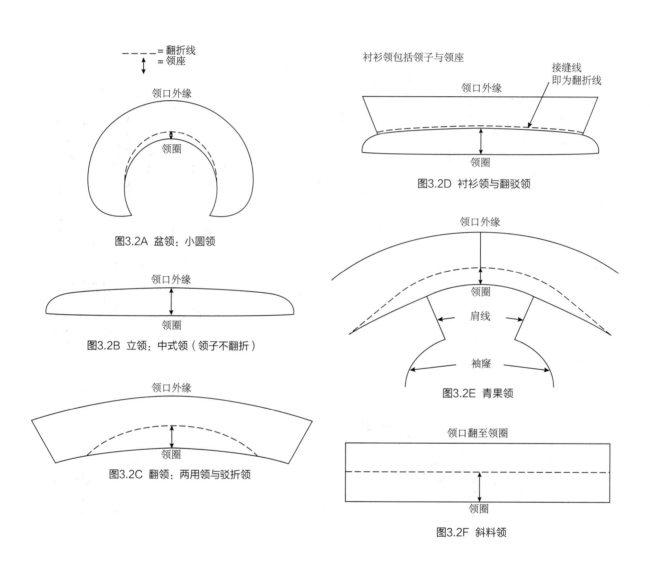

图3.2A 盆领：小圆领

图3.2B 立领：中式领（领子不翻折）

图3.2C 翻领：两用领与驳折领

图3.2D 衬衫领与翻驳领

图3.2E 青果领

图3.2F 斜料领

图3.2 领子的特点

盆领（小圆领）

盆领是种平贴于领窝的领子，且有一个几乎与领窝形状相同的领型。虽然领子看上去是平的，其实不然（见图3.2A），一个小领座在衣领样板中结合使得领子在缝制好后可以翻折到服装正面，图3.1B中的盆领通常不需要加定型料。

翻领

当翻领绱缝至后领圈，会立起一个固定的高度（这取决于样板中领座的大小），然后翻折。外领线比服装领圈宽，这使得翻领远离领圈。特征款式中有四种翻领（见图3.1C～图3.1F）。

正确的缝制由正确的样板开始，应准确地缝制领子，尤其要使两面看起来一样。缝制粗糙的领子会破坏一件完美的衣服，所以应花些时间小心准确地缝制。

制作领子由正确的样板开始

领面、领底样板

成功缝制领子离不开领面、领底样板。当两片布料放在一起并翻折时，上片会比底片略小。正如两片领子缝合并翻折后出现的情况，领面会变得比领底小一些。为了抵消这个差异，需要两个不同的领子样板，其中一个略大。

只有翻领与盆领需要领面、领底。即使盆领贴合领圈，但也会翻折。立领不需要领面、领底，并且可以用同一样板剪裁，如图3.4A所示。

- 领面样板，在剪的时候在宽度中略宽。
- 领底与领面在接合线下方缝合后，领底会显得略小。当衣领翻起时，穿上衣服，衣领与衣服的结合线是看不见的。
- 在领底的中心两边剪出两个刀眼，有助于区分领面与领底（见图3.4B与图3.4C）。一般上领圈加出的平均放量为1cm，领角放量0.5cm。当然需要强调的是，这仅仅是平均数据（见图3.4B～图3.4F）。

- 面料厚度会影响上领圈的放量。例如，较厚实的面料领圈可能需要比0.5cm更多的放量，而轻薄的面料可能只需要0.25cm。为了确定这些放量的大小，可以取两片实际面料的领片（裁成相同大小）置于手中然后卷起。比较这两片领片卷起与平放时的区别。

制板提示

领圈测量

无论领圈是什么形状，应先测量服装领圈得到准确的领长，因为领子要缝制于领圈上，领子与领圈长度应一致。这对准确缝制衣领至关重要。如果领子相对服装领圈太大或太小，都无法很好立起且看上去会畸形（见图3.3）。

用卷尺，测量前后上衣领圈，记下前后领圈的测量数值。在测量领圈前需要先确定领子位置，这须在样板结构设计图中指明，领子会重叠、相扣在一起。如图3.1A所示。领子也可以正好在前中、后中重合，如图3.1B所示，领子不必在领圈重合或相扣，重合点可以置于前中与肩膀中间的任何位置。这取决于设计，注意3.1D中的领子，它没有在前中重合，中间有空隙。样板设计时应在领圈开刀眼，标出衣领位置，这是相当重要的。

当设计样板时，必须将所有领子绱缝到领圈所需的刀眼标明，这些刀眼可以保证缝制准确。

- 服装领圈——领子起始位置，前中、后中以及服装肩膀的位置。
- 衣领领圈——后中、前中（如果有延伸）以及肩膀，所有在衣服上要剪开的刀眼位置如图3.3所示。这些刀眼位置确保领子可以与服装领圈对齐，且当衣服穿上身时也不会扭曲。

根据"制板提示"的内容，来确定所绘制的领底与领面的样板。做领面与领底样板时，可将图3.4作为参考。在样板上标注"领底"与"领面"作为说明。同时，记录下每种样板的片数用于裁片。

要点

注意在图3.4所示的领型中，领面与领底的领圈线必须等长，不需要增加任何额外长度，这是极其重要的。

缝合领子与领圈

当领子与领圈缝合时，领子贴边可有可无。而穿衣时领子是否开口是决定性因素。衣服的款式与穿法会确定选择何种缝制方法。例如，衬衫立领不需要领贴边；但由于夹克与皮衣的门襟可以敞开或闭合，这种立领就必须需要前领贴边或者前后领贴边。

无领贴边

当无领贴边领圈与领子缝合时，领子一般设计为保持闭合而不是开口，因此领贴边是不需要的。唯一的例外是衬衫领，既可以开也可以闭。这是因为衬衫的领子位于领圈的上方很多，狭窄的领座已经足够，并且当领子开口时，不会看见面料反面（见图3.1C）。

仅前领带贴边或前后领贴边

领子可以开闭的衣服，必须有前领贴边或前、后领贴边。当衣服门襟打开时，可以看见领贴边。对于夹克与皮衣，缝合领贴边尤为重要。在图3.1E与图3.1F中的夹克有翻领，翻领翻出的面就是领贴边（上领面）。

正确选择黏合衬

对于大多数领子，黏合衬是必不可少的，但是并非所有领子都需要。加黏合衬有助于维持领型，同时也可以增强结构、韧度、稳定性与衣身对于领子的支撑，所以领子既可立起也可卷起。当然，黏合衬必须能够支撑起领子的款式与面料的重量。例如，与轻薄的丝绸纱领需用的黏合衬相比，羊毛花呢的大立领需用完全不同厚度的黏合衬。即使领子是相同的款式，黏合衬可能会用不同的种类。款式设计、面料、黏合衬这三个元素对于领子是必不可少的。在上册第3章定型料部分内容中，建议黏合衬厚度与面料厚度应相似。这是一个很好的出发点，然而，在做领过程中还须考虑其他的重要因素。

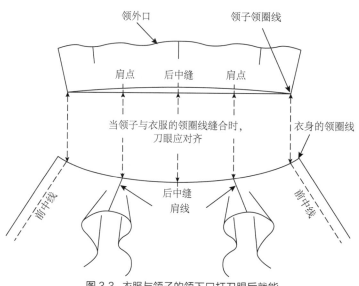

图3.3　衣服与领子的领下口打刀眼后就能完美地缝合在一起

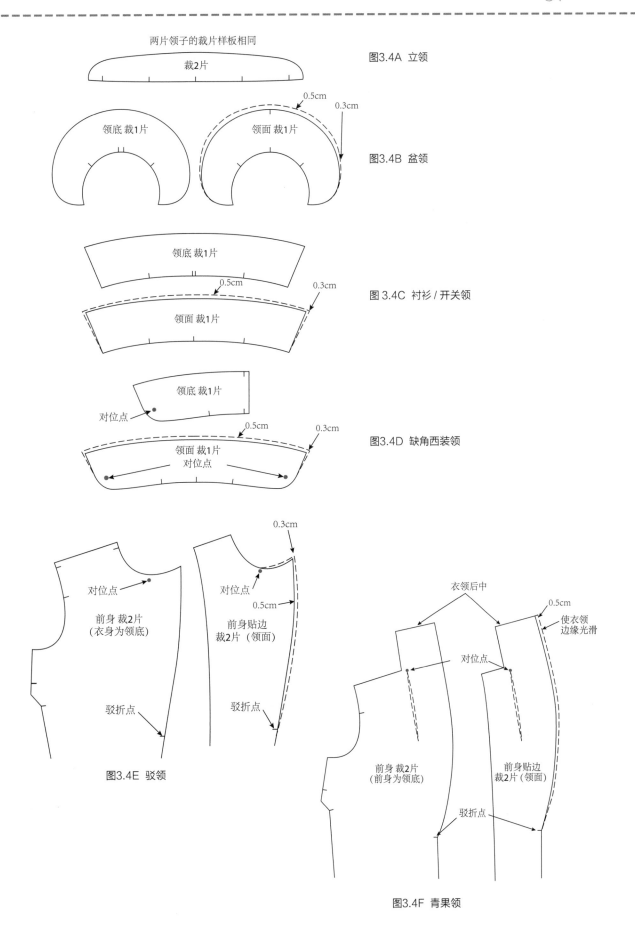

两片领子的裁片样板相同

裁2片

图3.4A 立领

0.5cm

0.3cm

领底 裁1片

领面 裁1片

图3.4B 盆领

领底 裁1片

0.5cm

0.3cm

领面 裁1片

图 3.4C 衬衫／开关领

领底 裁1片

对位点

0.5cm

0.3cm

领面 裁1片

对位点

图3.4D 缺角西装领

0.3cm

对位点

对位点

0.5cm

前身 裁2片
（衣身为领底）

前身贴边
裁2片（领面）

驳折点

驳折点

图3.4E 驳领

衣领后中

0.5cm

使衣领
边缘光滑

对位点

前身 裁2片
（前身为领底）

前身贴边
裁2片（领面）

驳折点

图3.4F 青果领

无论是只有前贴边，或是前、后贴边，衣领车缝时没有太大差别，有以下几点需要说明：

- 每种缝制的工时都差不多。
- 后贴边可以为后身增加稳定性与结构感。
- 后贴边也为车缝品牌与尺寸标签提供位置。面料成分以及洗涤说明的标签通常缝在侧缝部位。
- 如果衣服没有后贴边，标签会被缝在里布或领缝里，这可能会使脖子感到不适。

设计分析

首先须提示的是：在选择黏合衬时，应先分析想要设计的领型。确定领子是柔软的、硬挺的，或是中等硬度，然后选择相应的黏合衬。有时应选择比袖克夫、过面部位黏合衬更厚重的黏合衬。可以在上下领面加贴了黏合衬后，再在领面下加入一层帆布衬，这可以使领子的造型感更佳。用于领子与腰身、过面与里布所用定型料未必需要一样。彼此可以单独分开。之所以这样做的目的是选择最适用于领子的定型料。选择黏合衬很重要的一点就是能使其充分发挥作用。更多关于如何选择黏合衬与定型料的知识可见上册第3章相关内容。

- 各种部位，如：衬里、省道、口袋、肩缝（侧缝分烫开）、塔克褶与贴袋、后中拉链、褶皱与荷叶边的缝合次序各有不同。因为每种款式有不同的设计要求。关键是服装前后身合拢后，所有部件必须协调统一。然后就可以准备绱领。领子有不同的形状，缝制方法没有唯一不变的。可以用相同的方法缝合圆领与尖领。例如，平驳领的缝制方法如图3.1E所示，注意它是尖领的形状。若领型与驳头都是圆形的，也并不会影响缝合次序。

领子与无贴边领圈缝合

领子与无贴边领圈缝合的缝制方法与之前衣领与领圈缝合的方法相同。具体信息可见该部分内容。

盆领（小圆领）

盆领是立在领圈部位的领子。设计师可以改变外领边缘的形状。图3.1B是传统的盆领。盆领可以与斜裁滚边的领圈缝合在一起。用这种方法车缝可以减少接缝厚度。第4章中关于斜料滚边内容也可以作为一种领圈边缘的处理方法，替代贴边。

制板提示

图3.4B中的领面与领底的制作。由于盆领会翻折，所以领面与领底的样板需要分开。与在衣身与领子的边缘打刀眼一样，领口外缘的中间与两边也需要打刀眼（见图3.3）。

衣领定型处理

可根据需要，将定型料置于领面。真丝欧根纱是种良好的定型料，可以使得领子平直。

要点

加入定型料后，领子可以更好地保持形态。熨烫时，定型料可使得衣领不露出裂缝。当然也会有例外：平直衣领的领面、领底可能都无需定型料。在选择领面、领底的定型料时，衬的厚度应与面料厚度接近。

- 当领子只有一面需要定型时，通常都是领面部位。
- 定型料可以用于领底、领面。

缝制衣领

1. 领面、领底正面相对，刀眼对齐。沿着领子外缘用珠针固定。不用在意领底的外领线比领面小，仍须对齐两面领线，当领子缝合、修剪时它们会自然完美对齐。

2. 领底正面向上，在外领线缝制1cm宽的缝份；从后中开始，径直往前中缝合；在后中1.5cm处重叠（见图3.5A）。领底在缝制时应稍拉伸，这是正确的缝制方法，不必担心。

3. 平放领子并分烫缝份。这比较费时间，切勿匆忙地完成这一步。将前领部位置于烫袖板上分烫缝份（见图3.5B）。

4. 检查衣领形状是否对称。如果衣领形状不齐，就必须重新缝制，使其两侧看起来一致。衣领形状不对称会很影响服装的外观（见图3.5D）。

5. 将领底缝份修剪到0.5cm宽后暗缝。暗缝后，领面缝份也要小心地修至0.5cm宽（见图3.5C）。

6. 沿领圈用珠针或手缝将衣领与衣身两侧刀眼对齐，只有刀眼对齐领子才能做得完美。

领子绱缝到领圈

1. 服装领圈车缝固定线。

2. 将领子放置在服装领圈正面；刀眼对齐领圈，并将领子以珠针固定到服装上后缝纫机粗缝（见图3.5E）。

3. 剪一条宽约2.5cm的布条，比领圈略长；沿着一边向反面扣烫一道1cm宽的缝份（见图3.5E）。斜丝缕滚边裁剪与接合的方法如上册图4.16与图4.17所示。

4. 在刀眼位置将正面翻过来，使贴边与衣身正面相对（见图3.5E）。

5. 围绕领圈以珠针固定斜料；从前中刀眼处放置斜料开始，缝合1cm缝份。接下来的步骤十分重要，因为要减少接缝厚度。将领圈缝份修剪至0.5cm。服装缝份宽度为1cm，对领圈部位缝份打剪口，这样缝份翻转后可以放平整（见图3.5E）。

6. 暗缝斜料。

7. 将斜料翻转向服装；用手缝处理斜料，使领圈部位弧线平整。记住，斜料易拉伸！在缝制前可用粗缝固定到位并整烫。

8. 将斜料以车缝止口的方式缝到服装上；起针与收针时应回针。在服装前襟一侧开始缝纫一整圈，然后达到另一侧。应避免超出这点，否则服装正面就会露出线迹。缝纫线迹只能在领子翻起时看到（见图3.5F）。

9. 修剪线头并熨烫衣领。

斜丝缕翻领（翻领）

斜丝缕翻领可以增加服装精致与优雅感。因为领子是斜丝缕，它翻折时会很漂亮并完美地围绕脖子立起。这种衣领的宽度须比最终领子的高度增加一倍的量。衣领翻折时有四层布料重叠（见图3.2F）因此布料必须很轻薄。用轻薄面料或绸缎制作的衣领是最精致的。

翻领可以立得很高，包住颈部，也可以缝得很低、仅在领圈处。不管哪种款式都会很优雅，尤其是在女上衣中；然而，这并不会限制它在设计中的使用。注意图3.1F，在不同款式中，乔其纱制作的斜丝缕翻领是如何绕着领圈完美地垂坠与西装相衬的。

要点

如果领子高于领圈很多，那么必须有一个开口；这样领子才可以套过头。这是种功能性设计。

斜丝缕衣领/翻领可以与飘带相搭配，飘带可以系成柔软的蝴蝶结。如何缝制扎领结翻领也会在这部分中概述。

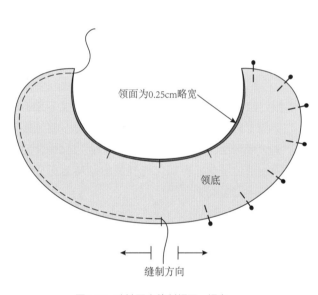

图3.5A 珠针固定缝制领面、领底

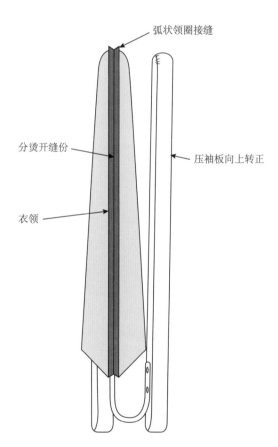

图3.5B 固定弧状接缝

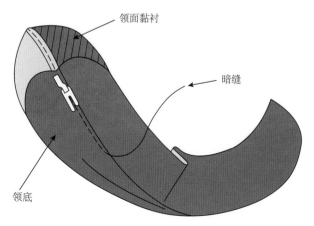

图3.5C 暗缝领子

制板提示

如果样板已经做好,应再检查一遍,因为衣身与领子的颈圈线必须要等长才能确保顺利缝合领子。如果长度不相等,应在缝合前调整样板,否则无法准确缝合衣领。同时,检查并确保领子与衣身领圈线相应处打了刀眼,这样它们才能完美地匹配,见图3.3。

缝合领子

1. 翻领无须贴黏衬。

2. 沿领圈向背面扣烫1cm宽的缝份(如图3.6A所示),领圈线应打刀眼。

3. 将领子正面相对后对折,但无须烫出折痕。在领子的每一边都留1cm的缝份。沿领子领圈线准确地车缝至对折线。当其他的缝份平铺时,领子的领圈缝份必须折到背面(见图3.6A)。

4. 将缝线熨烫平整,并烫开缝份,用镊子夹住领角,将领子翻到正面。

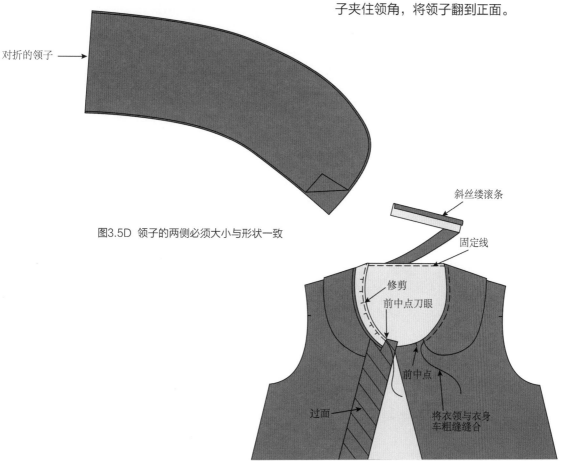

对折的领子 →

图3.5D 领子的两侧必须大小与形状一致

斜丝缕滚条

固定线

修剪

前中点刀眼

前中点

过面

将衣领与衣身车粗缝缝合

图3.5E 用斜料将领子缝到颈围线上

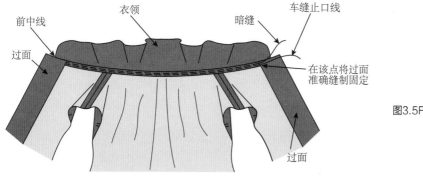

前中线

衣领

车缝止口线

暗缝

过面

在该点将过面准确缝制固定

过面

图3.5F 最终的领圈线

将领子与领圈缝合

1. 前身贴边贴黏合衬，领圈线部位车缝固定线。缝合肩缝。留侧缝部位不缝合，并将服装平铺（见图3.6B）。

2. 在刀眼处将前身过面翻到反面，使过面与衣身正面相对，沿叠门宽度方向车缝并打剪口，剪口深度不可超过缝份。然后修剪尖角，翻转并熨烫。这样过面就在衣身的反面（见图3.6B）。

3. 领子与衣身的领圈线正面相对，所有刀眼对齐。第一步，将领子边缘与正面两侧缝份突出部分对齐（前一步所做的）。用珠针别合领圈线，对齐刀眼。从领角部位开始，以1cm的宽度车缝。领圈缝份不需要修剪，因为翻领可用轻薄面料制作。将缝份熨烫并小心地塞入衣领中（见图3.6C）。

4. 领子可用两种方法车缝收口：在正面以漏落缝车缝，或在反面以手工包缝。两种方法如图3.6C所示。为了做好漏落缝，领子的折边应盖过领圈接缝线，领圈线刀眼对齐后，以手工粗缝定位。这是十分关键的，因为斜丝缕衣领很容易拉伸变形，如果缝合不准确会使衣领扭曲。从正面车缝漏落缝时须将翻折线与接缝线以手缝固定，车缝线与领圈接缝线重叠（见图3.6）。

要点

手缝包缝经常用于服装制作中。

斜料/扎领结（翻领）

这种款式的领子可以搭配不同的衣身，如图3.7A所示。

缝制扎领结翻领

1. 扎领结翻领无须使用任何定型料。沿着领圈，向反面扣烫1cm宽的缝份。

2. 将领子正面相对折起，领结两头留1cm的缝份。先熨平接缝，并分烫缝份，然后对领结弧线部位做剪口，并翻转熨烫。

3. 领子切勿熨烫出折叠线，这样的领子看起来自然飘逸。具体步骤如图3.7B所示。

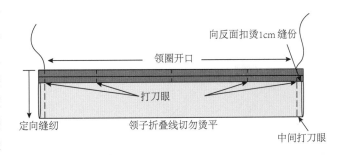

图 3.6A 领子缝制

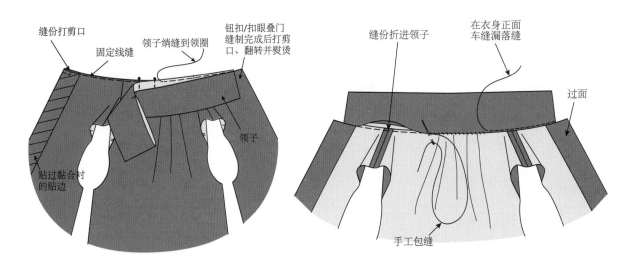

图 3.6B 领圈准备好后可以绱缝领子

图 3.6C 领子收口

制板提示

翻领任一端可以加缝领结，如图3.7A所示，这可以设计在男女衬衫或连衣裙子上。翻领可以做成圆形或V形、领圈可高可低。领圈上，领结的起始位置距离衣身中线向内2.5cm，这个间隔用于系扎领结。

将领子缝到领圈线上

按图3.6C所示的顺序，将领子绱缝至领圈线。V形领上前领贴边的车缝方式如图3.7C所示。这个间隔空间用于系扎领结。注意：图3.7C中是如何留间隔的（左半衣身两个剪口的中间部分），以及它完成后的样子（见右半边衣身）。

立领

这种领子是中国传统服饰的一部分。立领通常边缘呈弯曲的，在前中线重叠，它也可以延伸并加钮扣，如图3.1A所示。

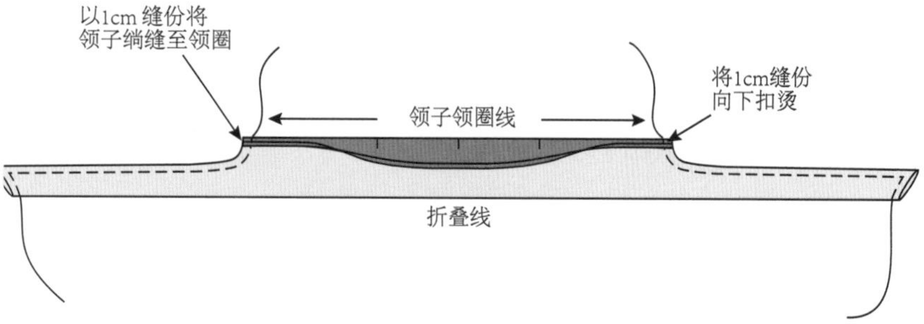

图 3.7A 翻领领结可以设计在男女式衬衫与连衣裙上

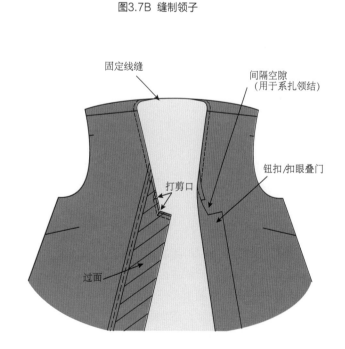

以1cm缝份将领子绱缝至领圈

领子领圈线

将1cm缝份向下扣烫

折叠线

图3.7B 缝制领子

固定线缝

间隔空隙（用于系扎领结）

钮扣/扣眼叠门

打剪口

过面

图 3.7C 准备领圈线

领子加贴黏合衬

在两个领片反面加贴黏合衬。

缝制领子

1. 将一片领子的领圈缝份向反面扣烫, 这片就是领底(见图3.8A)。

2. 将两片领面的正面相对外缘放在一起, 对齐前领边缘与后中线的刀眼, 用珠针固定。领底正面向上, 沿领子边缘车缝1cm宽的缝份, 确保领底缝份折向背面, 同时领面缝份保持平整(见图3.8A)。

3. 熨平接缝后再分烫缝份。将弯曲的领子放在烫袖板末端烫平缝份(见图3.5B)。

4. 弧线接缝部位不宜打剪口, 而是将缝份修剪到0.5cm。如需要, 可修剪余下部位的缝份以减少接缝厚度(见图3.8A)。若使用薄料, 缝份会在正面透出, 应将所有缝份宽都应修至0.5cm。

5. 将领子翻到正面并压烫平整, 确保接缝线在中间, 没有翻到正面。

领子绱缝至领圈

1. 在领圈缝份内车缝固定线, 如需要可对缝份打剪口, 这有助于领子贴伏在衣身领圈线上。

2. 领面与衣身领圈正面相对, 所有刀眼对齐并以珠针别合。关键是前领片与领圈边缘应准确合拢, 如果领子装得太前或太后, 效果就不理想。如果领子与衣身领圈大小不一致, 则必须调整样板。与其后期重做, 不如事先调整。留1cm宽的领围缝份, 起针与收针皆要回针(见图3.8B)。

3. 从衣身内侧, 用珠针固定领圈, 折边恰好盖过领子接缝线。确保领尖部分的缝份向下做出匀势, 如果接缝厚度过大可以修剪缝份宽度。珠针别住并手工粗缝下领片, 使其立在对的位置。这种领子可以用多种方式制成, 车缝漏落缝或止口缝, 或手工包缝, 如图3.8C所示。

衬衫领(翻领)

衬衫领通常用于男女式衬衫。尽管领子的大小、展开量(领点之间的距离), 还有形状(尖的、圆的、方的)各有变化, 通常单独的领子可以加到立领上形成衬衫领。连接领子的缝线会成为领子的翻折线(见图3.2D)。图3.1C中衬衫领尖部份与图3.1A中的立领相同。

领子的定型处理

衣领最好全部贴黏合衬, 也可只在一层领子与立领部位贴黏合衬, 如果整个领子贴黏合衬, 则宜选用轻薄衬料(见图3.9A)。

缝制领子

1. 将上下衬衫领片正面相对放在一起。下领片反面向上摆放，用珠针将后中线与外领边线的领点别合。尽管下领片稍小，将所有的点准确别住（见图3.9A）。

2. 将下领片正面朝上，留1cm缝份。从领边开始缝起，然后继续定向车缝到后中心线。车缝时须稍拉紧下领片。

3. 在距领点1.5cm的部位停止车缝，减少针距，稍偏向上车缝至贴近领点部位停车，机针插入领子后转角，再车缝两小针（这两针加起来应小于0.5cm）；再将针落下再转角，车缝余下缝份至后中线结束（见图3.9B）。

4. 修剪领角以减少接缝厚度，并修剪较厚的缝份（见图3.9B）。

5. 烫平接缝并分烫缝份，熨烫应使用熨斗尖头部位，以避免弄皱领子（见图3.9C）。

6. 将领子翻到正面，用镊子或锥子顶出领尖。在领子正面可以用珠针尖点轻轻推出领角尖。切勿用拆线器这样做。

7. 整烫领子较费时；但这是成功制作领子的关键。因为下领片裁得小些，所以领子接缝线会出现稍靠下领片的里外匀势；这确保领子翻下时不会看到接缝线。

8. 折叠领子比较一下领尖，如果不对称就应重缝。尽管图3.5D中的领形是圆的，但对所有领子而言制作过程都是一样的。

9. 将衬衫领的领片置于一片立领（领座）上，领面朝上并用珠针别合；后中线与衬衫领的刀眼对齐并用珠针别合。将领子车缝粗缝，粗缝线不可超出缝份，车缝时要绷紧领面（见图3.9D）。

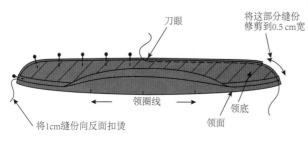

图 3.8A 缝制立领

刀眼
将这部分缝份修剪到0.5cm宽
领圈线
领底
领面
将1cm缝份向反面扣烫

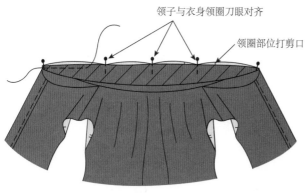

图 3.8B 将领子绱缝到衣身领圈

领子与衣身领圈刀眼对齐
领圈部位打剪口

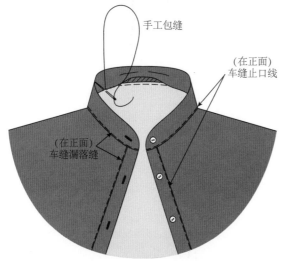

图 3.8C 领子的三种收口方法

手工包缝
（在正面）车缝止口线
（在正面）车缝漏落缝

10. 在另一片领座上，向反面扣烫1cm缝份，此时这片领子是领底，另一片领子是领面（见图3.9E）。

11. 将领座放在衬衫领子上，这样衬衫领就夹在两片领座之间了。将领子边缘用珠针别合在一起。领底正面向上，沿着立领边缘车缝1cm宽的缝份，确保领底的缝份翻向另一个缝份，两者相对且平齐（见图3.9E）。

12. 如图3.5B所示，将缝份打开沿着领座前片的弧线部分烫平。将弯曲的缝份修剪到0.5cm，修剪缝份时应避免剪入缝份。修剪领子的四层缝份（缝份宽度大于0.5cm），完成后将领子烫平（见图3.9F）。修剪的接缝可用暗针车缝。

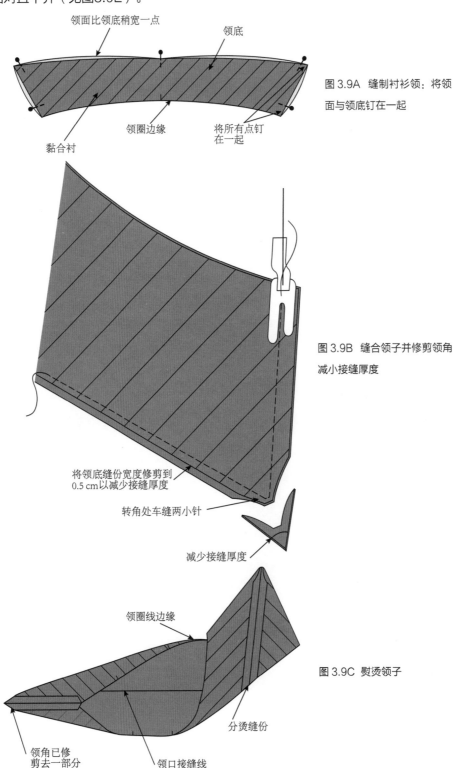

领面比领底稍宽一点　领底

图 3.9A 缝制衬衫领：将领面与领底钉在一起

领圈边缘　将所有点钉在一起

黏合衬

图 3.9B 缝合领子并修剪领角减小接缝厚度

将领底缝份宽度修剪到0.5 cm以减少接缝厚度

转角处车缝两小针

减少接缝厚度

领圈线边缘

图 3.9C 熨烫领子

分烫缝份

领角已修剪去一部分　领口接缝线

衣领绱缝至领圈

1. 在领圈缝份内车缝固定线。

2. 将领座面与衣身领圈边缘正面相对并以珠针别合，前部边缘必须准确对齐，然后根据后中心、肩缝部位的刀眼别合领子与领圈。领座底正面朝上，在领圈线处车缝一道1cm宽的缝线，起针与收针应车缝回针并剪掉线头（见图3.9G）。

3. 从衣服反面将领座缝份扣烫入领座内部，然后沿领外口折边将领座与领圈的接缝线别合。保证前领角缝份匀势向下。接缝可能比较厚，如有必要可修剪缝份。在这个部位用珠针别合并用手工粗缝到位（见图3.9H）。

4. 将领底沿着边缘从一侧门襟车缝止口缝到另一侧门襟。如果整个领子边缘都用明线车缝，如图3.9H所示，则应从领子的后中开始车缝，并且接着沿领子边缘车缝一圈，最后在领子后中相同的地方收针结束。

5. 剪掉所有线头，烫平领子。

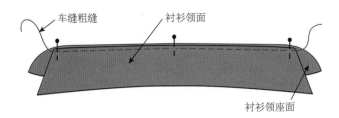

图 3.9D 将两片领子缝起来形成一个衬衫领

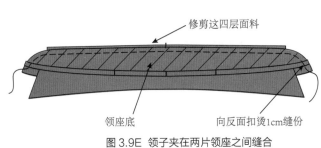

图 3.9E 领子夹在两片领座之间缝合

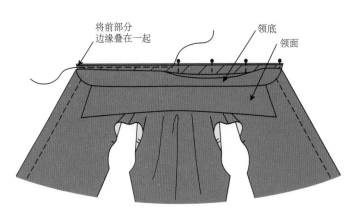

图 3.9G 用珠针别合且缝合领下口与服装领圈线

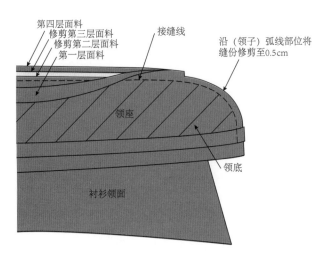

图 3.9F 修剪缝份以减少接缝厚度

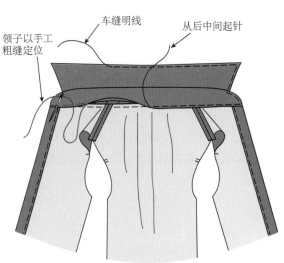

图 3.9H 领圈线车缝边止口线封口

领子与前领圈过面缝合

这一节将介绍半过面的缝合技术与后整理方法。为了回顾何时需要运用这项技术，可以参考本章前面的部分将领子绱缝到领圈部分内容。

要点

无论何时将过面车缝到领圈线上，应先将领子绱缝到衣身上，然后再绱缝过面。

两用领（翻领）

两用领是另一种衬衫领。在结构上，两用领有前领圈过面，因此这种领子可以打开或合上穿。这也是将其称作"两用领"的原因。这种设计给了顾客在穿时有两种选择。图3.1D展现了领扣扣上时的样子。

制板提示

如图3.4C所示裁剪领面与领底。保证衣身与领子上的所有刀眼都标记在样板上。领底用两个刀眼标记以区分领面（见图3.4C）。

领子的定型处理

领子两面与领子过面都要贴黏合衬（见图3.10A）。

1. 领子正面相对放在一起。对齐后中刀眼与领角，即使领面稍微大一点，也要将它们对齐别合到一起，使它们恰好对上（见图3.10A）。让领底正面朝上，只缝翻领边缘。以1cm宽的缝份车缝，拉紧衣领缝边（正确的车缝方法是领底要稍微拉伸）。

2. 烫平线迹，分烫缝份。如果面料因厚重出现堆积则需修剪，只剪领底处的缝份。缝份修剪方法如图3.9F所示。

3. 将缝份向领底领围一侧翻转，然后暗缝领子（见图3.10A）。

4. 将领子正面沿缝线折叠。将较短的领子边缘用珠针别合，以领底为标准，车缝一道1cm宽的缝份。车缝方向应从折叠线到领圈线，起针收针时要回针（见图3.10B）。

5. 修剪领角来减少接缝厚度（见图3.9B）。

6. 将领子翻到正面，用镊子或者锥子将领角翻尖，然后烫平领子。

7. 将领面的领圈边缘从领子的门襟止口到肩部刀眼用机器粗缝（见图3.10C）。

8. 在肩部将全部1cm宽的缝份打剪口。这对于领子是否能从这个点开始正确车缝非常重要。将领面向反面扣烫1cm的缝份（见图3.10C）。

将领子与领圈线缝合

1. 在缝份里按固定线缝衣领圈线（见图3.10C）。

2. 修剪肩部缝份至1cm宽（见图3.10C）。

3. 将领底固定到衣领圈线上。将领子对到前身片刀眼处来确定领子的位置，然后将领子上修剪过的肩部与服装的肩缝线对合。

抬起领面背面，将服装与领底领圈线缝合。按1cm宽车缝领圈线。从前片边缘到背面中心的方向车缝，然后在另一边重复这个过程（见图3.10C）。

将前身过面缝到领圈线上

1. 将肩部缝份向反面扣烫。

2. 将前身过面在前中刀眼处向后折叠，使正面相对，然后将前领圈线与肩缝珠针别合。从前领圈线到肩部车缝1cm宽缝份，起针与收针须回针（见图3.10D）。过面留1cm宽的缝份，修剪服装与领子部位缝份以减少接缝厚度。具体方法如图3.9F所示。

3. 领子翻到正面、烫平。

4. 将领面折叠线与肩部过面稍微盖过接缝线，珠针别合并手工粗缝。在正面以漏落针将领子与过面车缝到位（见图3.10E）或用手工包缝。

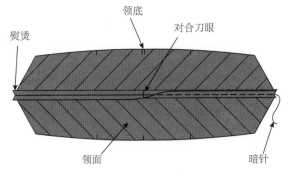

图 3.10A 两用领缝制

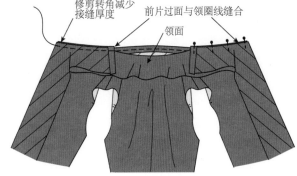

图3.10D 将前片过面与领圈线缝合

图3.10B 完成领子的缝制

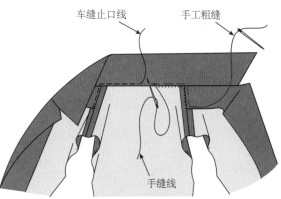

图3.10E 后整理领子

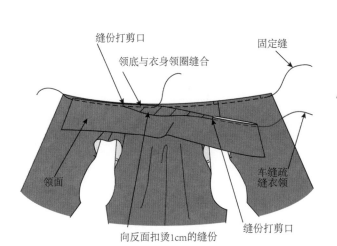

图3.10C 领子与领圈缝合

青果领（翻领）

青果领在服装前有驳头，服装与整个领底是分开的（见图3.4F）。青果领可以设计成很多不同的造型。图3.1F中夹克便装为一窄青果领。领子可设计成与这套衣服完全不同的颜色或面料。

制板提示

平面裁剪领面与领底的样板时，可参考图3.4F。注意：过面相当于领面，衣身是领底。衣身肩部与过面标出对位点，裁剪时应将刀眼转拓到面料上。

领子的定型

青果领的定型方式取决于面料厚度。如果是夹克与外套，最好领子两面都定型。这就意味着要加贴黏合衬，使服装与领子像一个整体。但对女式衬衫或裙子而言，可能只需定型前领面与过面（见图3.4F）。

准备领子

完成以下衣身与过面上的缝制。两者步骤相同。缝制步骤如图3.11A与图3.11B所示：

1. 后领圈车缝固定线。在肩线/领圈线处转角，在肩缝线上以3/4的针距车缝固定线。

2. 车缝前省道并烫平（省道有助于领子的塑型）。

3. 缝合后中缝并分烫。

4. 在领角对位点处打剪口（固定线可起到强化作用），如图3.11A所示。

5. 肩缝与后领圈向反面扣烫（见图3.11B）。

缝合领子

1. 以珠针别合领圈线，领子后中置于衣服的后中领圈线上，使肩线/领圈线交接点重合。领圈线缝份宽1cm，肩缝宽1.5cm，定向缝合。从后中缝向肩线车缝，在角部转角，并车缝1.5cm宽的肩线缝份（见图3.11C）。

2. 后领若没有贴边，应将肩部与领圈线缝份合并向一边烫倒。后领贴边与前身过面缝合后，分烫缝份。缝份分烫与烫倒的方法如图3.11D所示。

3. 将两边的领围别合。任何需分烫的缝份都应打剪口。按一个方向缝合。从距离后中缝1cm处开始车缝，缝至领前部，向下直到下摆收针。

4. 在交叉缝处须修剪缝份以减少接缝厚度，图3.11D中后中缝就是这样做的。详细内容可见上册图4.29A。

5. 烫平缝线，将领子接缝分烫开。由于领子边缘是弯曲的，将衣服至于烫凳上分烫弯曲的接缝，弧形省道熨烫如上册图6.3B所示。

6. 为了分烫缝份，将衣身缝份宽修剪为0.5cm并暗缝，距离领子驳折点1.5cm处开始暗缝。（记住领子驳折点是领子翻折的位置。）如果暗缝超出该点，当领子翻过来时会被看见。暗缝领子的方法如图3.5C所示。

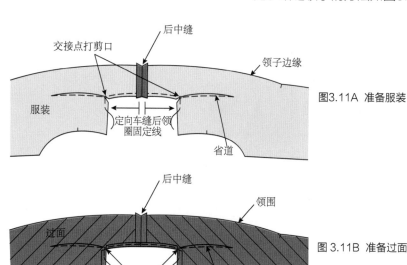

图3.11A 准备服装

图3.11B 准备过面

7. 将领子向正面折叠并整烫。

8. 无贴边衣领应从后领处收口，用珠针将领底折边线固定在接缝线上，并将省道别合。用手工缝合领圈线将领子定位。过面翻转后用手工暗缝将省道缝合。再将过面折边与肩线手工暗缝缝合（见图3.11E）。暗缝方法如图3.11F所示。也可以在合适的位置用漏落针车缝领子（见图3.6C）。

9. 对于带后领贴边的青果领，可将衣身后片领圈接缝分烫开。用珠针将分开缝的边别到接缝线上。从一侧省道开始手缝暗缝，经过后领到另一侧省道，如图3.11F所示。

10. 如果服装不带里布，先将过面折光后再将其用手工与肩缝缝合。

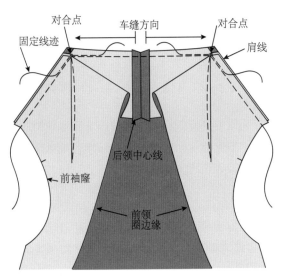

图3.11C 肩部接缝线与衣领缝合线

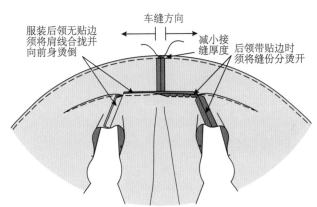

图 3.11D 没有露出背面时合并后领

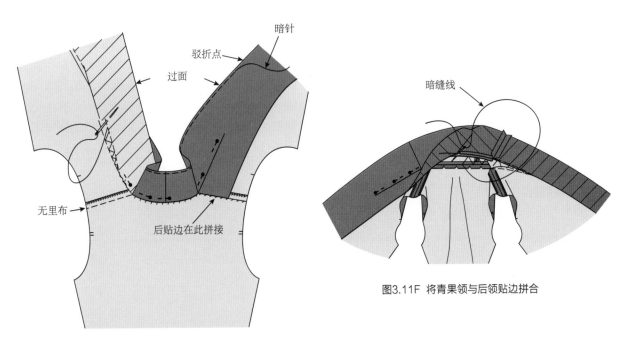

图3.11E 将领圈折边缝合

图3.11F 将青果领与后领贴边拼合

领子与前后领圈缝合

有些外套有完整的前、后过面与贴边。西装驳领就是通过制作过面提升服装品质的例子。

驳领（翻领）

驳领主要用在西装与外套上。图3.1E特征款式中有这种领型。驳头是将前片一部分翻折形成的翻边造型。领子缺口部分在领子与驳头缝合时形成一个"L"形状。领圈与造型是设计师的自由发挥，它们可以是圆的而不是尖的，或者可以一个是圆形另一个是尖的。驳头也可以比上领宽，反之亦然。如果服装要加底衬，应该在面料裁片缝合前进行。

制板提示

按图3.4E所示方法裁剪上下领片。由于驳头须与衣身连成一体，注意：驳头面是领面，衣身上的驳头部分是领底。领底沿后中缝斜裁成两片，如图3.4D所示。斜丝缕的领底可形成平滑的领口。使用对位点缝合（共四个）有助于领子与驳头操作更容易。注意对位点在样板上的位置（图3.4D与图3.4E）。将这些标记须转拓到面料反面。确保缝合前，面料上已打好所有刀眼。

衣领定型

上下领片与过面定型处理。

衣领缝合

1. 过面肩线接缝与衣身缝合（见图3.12A）。

2. 衣身与过面领圈车缝固定线（见图3.12A）。

3. 缝合领底的后中缝并分烫（见图3.12B）。

4. 将领底与衣身的领圈线缝合，驳头与过面缝合。

5. 将其正面相对，用珠针将驳头与领子根据刀眼对位别合；将领圈肩部刀眼对齐衣身肩线。用1cm宽的缝份定向缝纫。从对位点起针（先回针），缝至后中线。在另一边重复此操作（见图3.12B）。

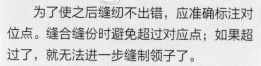

要点

为了使之后缝纫不出错，应准确标注对位点。缝合缝份时避免超过对应点；如果超过了，就无法进一步缝制领子了。

6. 分烫两侧领圈线；如需要可用珠珠别住衣身与过面领圈线，使接缝能打开并摊平（见图3.12C）。

7. 将上下领片准确对齐，缝纫领子的领圈部分。缝纫应按从对位点到后中线定向缝纫。将机针对准放到面料的对应点上，起针时回针，然后车缝至后中线。另一边重复此操作；在后中线部位车缝重叠1.5cm（见图3.12C）。

8. 将衣身与过面驳头的对位点对齐。在面料的对位点上准确落下机针并回针，然后缝向驳头一角，车缝衣身时确保驳折止点对齐（见图3.4E）。对于尖领，按图3.9B所示的同样缝纫技法缝制。沿领边缝纫两道窄道缝线，做出美观的领尖。

9. 用图3.5D所示方法确保领子与驳头两侧形状对称。如果并非完全一致，则需要重新缝制，调整领尖使之对称。

10. 减少领子与翻领角厚度（见图3.9B）。将缝份压平并分烫；将衣领转向面料的合适位置，然后用压线器或锥子处理边角。

11. 为了使领子固定到位，先将后中线暗缝缝合（暗缝线不能在露出的那一面显现出来）。

12. 缝合领子，将两边领子缝合。该缝纫步骤必须是从驳头接缝的一点到另一边，如图3.12D所示。

13. 领子也可以车缝明线或手缝（见图3.15）。

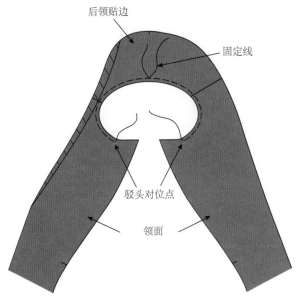

图3.12A 衣身与过面领圈部位的定型与准备

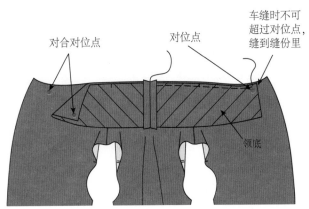

图3.12B 领底与衣身缝合，领面与过面缝合

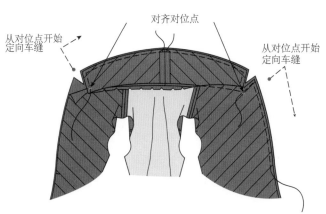

图 3.12C 缝合领子与驳头缝线

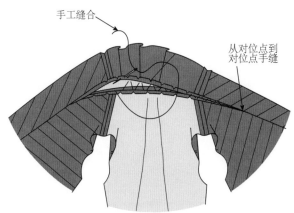

图3.12D 将领子接缝线手工缝合

棘手面料的缝制

纤薄面料

缝制纤薄面料领子时应选用正确型号的机针。

应用本身料对纤薄面料领子作定型处理。欧根纱也是理想的薄料定型材料。

应将领子的缝份修剪到0.5cm，使领子能平整。在纤薄面料的服装表面会看到缝份。

设计纤薄面料领子时要多加注意；应考虑领子上缝多少条线迹，因为这些都是能看到的。如纤薄面料青果领的线迹应该比驳角西装领的缝线少。

轻薄欧根纱服装上可缝制几个单层翻领，塑造如图3.13A所示衬衫领。应考虑：三到四层轻薄衣领的接缝不仅不会太厚，反而会有极好的形象。将这些领子绱缝到领座之前，沿着每个领子外缘缝一道卷边的方式收口。具体方法可见第7章下摆部分相关内容。然后缝合这些领子如图3.13B所示。纤薄面料领子应避免使用黏合衬，因为黏合衬上的胶黏物可能会从领子表面渗出。

蕾丝

缝制蕾丝领子时应使用定型料。欧根纱与网眼布都是理想的定型料。

领子或袖口部位使用欧根纱或绸缎能与大身部位的蕾丝面料形成鲜明的对比效果。

可以将蕾丝按单元花型裁开后镶在领子的边缘。

避免用很厚的蕾丝面料缝制领子。

避免在蕾丝衣领上车缝明线。

图3.13A 纤薄的欧根纱领子

绸缎

由于黏合衬会影响绸缎的外观，缝制领子时应使用缝入式定型料。

当缝制绸缎衣领时，应选择匹配面料厚度的衣领设计。

在绸缎衣领上车缝明线时必须仔细，因为它会直接影响整件服装的外观。

缝制绸缎领子时应选用合适型号的机针；机针型号选择不当或针头毛会导致衣领部位出现勾丝，使服装整体外观出现瑕疵。

珠片面料

应将缝份部位的珠片去除，因为珠片会损坏缝纫机针。

应使用适合于面料厚度的衬布。

在衣领部位使用如乔其纱，欧根纱或查米尤斯绉缎花边一类与珠片面料对比明显的面料作为点缀前，必须谨慎考虑。

避免用珠片面料缝制复杂的领子。

牛仔布

可以缝制各种形态的牛仔布衣领；较厚的牛仔布不需要使用定型料，而薄型牛仔布需要定型，所以应以试样效果为准。

若要在牛仔布衣领上车明线，用同样颜色或撞色的双线或明线。牛仔布适合车缝明线。

丝绒

缝制丝绒的领子时应谨慎。丝绒很难缝纫与熨烫，而领子又需要熨烫工艺才能产生美观效果。

应选择简单的领型，例如旗袍立领或开襟领，这些领子不需要像西装驳领那么多的缝纫与熨烫工序。

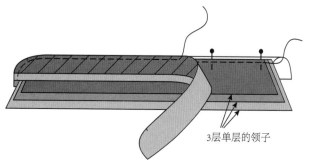

3层单层的领子

图3.13B 领子缝合

必须使用缝入式定型料，丝绒易受到熨烫的影响，黏合衬会给面料留下烫痕，也会挤压出隆起。

丝绒衣领裁剪排料时，裁片应避免不同的裁剪方向，因为丝绒是毛绒面料，所以通常应按同一方向裁剪领子。

皮革

可用皮革对领子进行缝纫，剪切与翻折。

车缝明线时应沿着领子外缘，因为它们不易熨烫。

必须使用皮革缝纫机针来缝纫皮革。

事先必须试缝领角，确认是否会出现缝份堆积不平的问题。

必须用皮革黏合剂固定领片，减少因皮革厚重导致的不平整问题，并用橡胶锤子敲打领子将它们固定在一起；然后在领子上车缝止口线。用圆盘刀剪切领子边缘，使领子完美地对齐（见图3.14）。

在固定皮革面料的领子时，要用牛皮纸保护皮革表面，然后用熨斗低温熨烫黏合衬。

皮革不宜制作柔软的翻领。翻领的制作要用斜料才能产生柔和的效果，但皮革没有斜料的特点。

人造毛

对于冬天的夹克与大衣而言，用人造毛来缝制领子非常温暖舒适。

考虑在领子上面用毛皮，然后用绸缎或里布之类的薄料作领底，以减少厚度。

应根据皮毛厚度，使用缝入式定型料。

修剪整个领子与领圈接缝处的皮毛以减少接缝厚度。如果这样不起作用，那就是领子没有缝好。

当人造毛不平服时，接缝部位可用手工三角针。具体方法如上册图4.46B所示。

不可忽略人造毛接缝部位的厚度，这对减少领角的拱起非常重要。

厚重面料

用厚重面料时应谨慎选择领子款式；这些面料尤其适合那些缝在夹克与大衣上的宽大有造型的领子。

避免用厚重面料缝小巧、精致的领型。

融会贯通

设计师可以从设计不同款式领子中找到乐趣。理想方法是使用人台创作新款衣领造型。无论衣领造型如何，应学会应用各种裁剪与缝纫知识。以下是一些可供参考的技术方法：

- 领子可以车缝或者手缝明线。看一下接缝处可不可以再加缝一道线迹，见上册图4.42与图4.47。图3.15中车缝明线与手缝线迹勾勒出V形翻领的边缘。
- 图3.15中的领子可以加缝装饰性的斜丝缕钮袢。半圆形钮袢的具体缝纫方法可见第9章。
- 沿着领子边缘车缝斜料滚条。用异色斜丝缕滚条处理的领子非常引人注目。上册图4.33D说明了滚条可以用车缝或手缝的方式固定在适当的位置。
- 褶皱可以插入领子缝里，如图3.16所示。褶皱可以裁剪成上下两层（沿中间折叠）或者作为单独的一层（单层褶皱应在绱缝之前完成卷边，详细内容可见第2章褶皱与荷叶边相关部分内容）插入领子接缝。

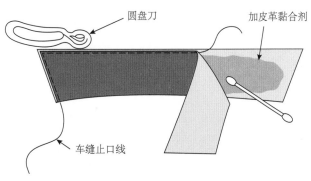

图 3.14 皮革领

1. 先在领子的边缘车缝一道粗缝线迹; 推动褶皱使之聚集在领角, 领子车缝翻转后, 褶皱看上去不能很紧。

2. 将领底与领面合上, 这样褶皱就在中间了。车缝1cm宽的缝份; 沿之前的粗缝线再车缝一道。

3. 修剪缝份以减少接缝厚度; 整烫并翻转领子, 然后再车缝领圈线。图3.16中, 注意褶皱是衣领的一部分, 确保在领子样板宽度中包含褶皱量。

4. 可按照相同方法, 在衬衫领子部位车缝一斜丝缕饰边。如图3.17所示。

5. 如图3.17所示, 在领子缝到领圈线之前, 斜丝缕饰边应该已经缝到了领子表面。注意斜料已经在领角堆积了褶裥, 这是一个非常好的在一个角上扭转斜料的方法。事实上, 如果设计师愿意, 滚条可以以任意形式包裹在领子边缘。记住, 由于斜料不脱散, 所以边缘不会毛糙。

6. 在领缝中插入滚边, 无论是圆弧、或转角领型的缝制方法是一样的, 如上册图4.19~图4.21所示。可根据领子形状, 结合各种缝制技术。

创新拓展

设计新颖且有趣的领子是表达创造力的一种方式, 特别是在做上装与大衣时。领子可以是衣服的亮点, 穿着一件领型特别的服装极易吸引人们的目光。以下内容为设计领子提供一些想法。这些条目无法面面俱到, 但是提供了更多的可能性:

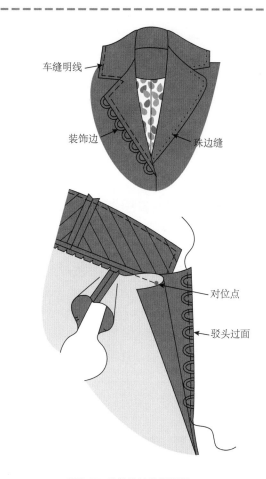

车缝明线

装饰边

珠边缝

对位点

驳头过面

图3.15 带装饰边的翻驳领

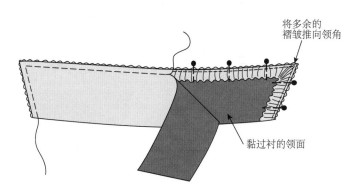

将多余的褶皱推向领角

黏过衬的领面

图 3.16 带褶皱的开襟领

- 将两种领子结合起来。图3.18A中的大衣领就是立领与翻领结合。
- 斜裁翻领可以长过领圈线；两边领子可以随机打褶（并不完全）然后缝在衣服的领圈线上。这种领子的外观如图3.18B所示。面料厚度的选择非常重要；面料过于厚重会使设计看上去会很膨胀。
- 图3.18C的领子是V型翻领的变形。注意翻领的剪裁与制板中的分割。所以，过面不能与夹克的前片裁成一片。过面是领子独立的一片，缝在领圈线上。注意领面要覆盖住领子。
- 图3.18C温暖的冬季夹克领是领面更宽的翻领，然后贴上轻薄的涤纶衬。大衣的重量是非常重要的，因为大衣或者夹克穿起来或者拿起来太重是不适合的，这会影响衣服的销量。

疑难问题

如果领子的形状不平坦或两边不对称该怎么办？

如果领子已经缝在领圈线上，小心拆下偏大的那一边，将其烫平，照着偏小的那一边重新修剪。然后将领子重新装回去。

领子围着领圈线太紧了并不能扣住？

将领子拆下来，重新剪裁，将衣服整体的领圈线变低。将领圈线降低0.5cm，以便增加一些长度。也可以只将领圈线前边降低。测量新领圈线尺寸。然后打一个新的领子板型去符合新领子尺寸。重新将新领子缝在衣服领圈线上。最后，你会很高兴地发现你为创造一个新领子付出了努力，并获得一个非常有经济效益的领子，而不是一个功能失调的领子。

领衬太厚了怎么办？

如果布料足够，重新裁剪并缝制一个领子，加贴更轻薄的黏合衬。如果面料不够，尝试拆除领子一侧的定型料。如果用的是黏合衬，拆起来会非常困难。缝线外的黏合衬可以被裁掉。如果不能购买更多的面料，也许可以买代用面料制作衣服。可以将这当成一次学习的机会。

不喜欢衣领造型怎么办？可以改设计吗？

当然可以。然而，如果衣服已经缝好扣眼就会很困难。还可以与导师讨论解决方法。如果可行，多画一些草图，这样可以从中选择。最重要的是，所选择的新领设计必须与衣服的领圈一致。先用坯布做，看看是否喜欢新领子的形状与尺寸。然后车缝新领子。

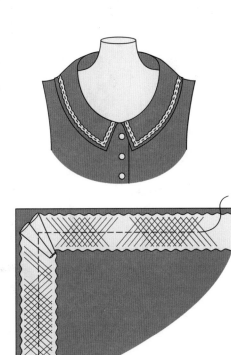

图 3.17　有滚边的领子

图 3.18A 立领与翻领的结合　　图3.18B 针织圆环领的变形　　图3.18C 翻领的变形　　图3.18D 披肩领的变形

图3.18 创新拓展设计

自我评价

这是确定领子细节的时间。问你自己以下问题: "将装好衣领的服装放在人台上后效果是否令人满意?"

以下问题可以用来评价做好的领子:

√ 领子置于人台上后的效果是否理想? 是否能按设计所预期的那样挺立、平整或翻卷?

√ 定型料、黏合衬是否能让领子达到预期的结构?

√ 缝份是否未作修剪而导致缝份过于厚?

√ 衣领是否能伏贴脖子? 设计领子时, 是否将功能性与时尚性结合?

√ 领外口缝份线是否偏向领底, 领底有无外露? 是否用了领面与领底的样板?

√ 领子上车缝的明线是否与领外口边缘平行?

√ 当后退观察整件衣服时, 领子设计是否与整体设计相融合, 是否会影响整体服装的设计?

√ 是否做了足够多的样衣, 领子是否使用了合适的定型料与接缝方法?

复习列表

√ 是否理解了三种领型: 盆领、立领、翻领。

√ 是否理解了所有领子必须有领座? 是否理解领座可以有不同高度?

√ 是否理解了正确制板的重要性? 包括衣领与领圈长度应同等, 用刀眼确保车缝准确。

√ 是否理解了使用薄型面料时, 领子两侧都要加定型料?

√ 是否意识到领面与领底的重要性? 是否理解了两者的区别?

√ 是否理解了缝制过程中, 固定线迹会阻碍领圈的伸展?

√ 未来, 什么样的方法可以提高领子缝纫的技巧?

第4章

贴边与过面：服装边缘的收口

图示符号

 面料正面

 衬布反面（有黏合衬）

 面料反面

 底衬正面

 衬布正面

 里布正面

 衬布反面（无黏合衬）

 里布反面

缝制顺序

缝制中，贴边可对各种有领或无领的衣领边缘做专业的收口处理，如上衣的前中边缘与无袖衣的袖窿。腕部边缘、连衣裙或外衣下摆，裤子同样可以用贴边来完成收口处理。各种造型的贴边可形成有趣的设计，如扇形饰边。

　　贴边兼具装饰性与功能性。贴边总体上可分为三种类型：延长型、本身料与斜料。这章将介绍贴边的制作方法，同时结合黏合衬的应用与服装收口处理方法，使贴边成为与其他服装构造同等重要的构成元素。

关键术语

连体

连体式贴边

袖口贴边

衣袋

斜丝缕贴边

暗袋

斗篷

装饰贴边

本身料延长贴边

功能性贴边

扣眼贴边

斜丝缕窄贴边

领圈贴边

口袋

异形（特殊形状）贴边

剪口贴边

腰线贴边

特征款式

这些特征款式是带贴边的领圈与袖窿，通过学习这章介绍的各种贴边，读者将会理解如何缝制贴边。

特征款式列举了一些贴边的基本制作方法，如黑色连衣裙。

工具收集与整理

本章学习需要用到黏合衬、面料记号笔、缝纫用摹写纸、滚轮、剪刀、圆盘刀与厚垫，合适的针与线，制作滚条、镶边的绳芯与双股涤纶线。

通常缝纫用品店里的黏合衬、定型料、欧根纱、针织织带或滚条与装饰边的种类有限。在确定设计所需的贴边类型后，就可以购买合适的材料。如何选择正确的材料可见上册第3章定型料相关内容，并参考黏合式或缝入式定型料选择清单。

制作贴边（或过面）前，应该完成所有基础准备工作。

- 省道应车缝并整烫好，准备好拉链并完成口袋制作。
- 如果设计包括领子、褶裥或者其他装饰，应该在贴边定位与缝制之前将其粗缝至接缝位置。
- 是否缝好肩线或侧缝取决于贴边类型，应根据要求按步骤进行制作。

现在开始

贴边是什么？

贴边性能可分为功能性与装饰性两种。

功能性贴边连接在服装毛边部位，翻到服装里面用以包光面料。贴边宽度取决于贴边形状与面料厚度。贴边通常宽度是0.5cm左右，这可以防止其翻出服装正面。服装正面不可外露贴边。

贴边可用于很多部位，包括：领圈、无袖连衣裙的袖窿，服装前、后开口部位。边缘部位同样可以加贴边，甚至一些形状特殊的部位。图7.1A中的大衣下摆加入了贴边。

贴边可用于支撑缝纫完成的部位，而选择合适的定型料极其重要。贴边应该做得平整，而不是笨重或皱巴巴的。

制作贴边的步骤：修剪缝份宽度以减少厚度，弧线部位应打剪口，修剪掉多余缝份。更重要的是，用暗针缲缝贴边，防止其翻出到服装正面。设计专业学生经常会因节省时间而忽略这个步骤，这会导致贴边不断翻到服装正面。这个缝纫细节技巧应引起初学者的注意。随着不断的练习，你的工艺水平会逐渐完善、更趋于专业化。

装饰性贴边是一片连接在服装边缘，用来修饰边缘的布料。它要翻到服装正面，在体现装饰的同时也是一个贴边。由于其要翻折到服装正面，因此这类贴边应超出外缘0.5～1cm或更多。在决定贴边宽度时，应考虑好装饰性贴边面料的厚度、体积与质地。合理地掌握好缝份修剪量有助于贴边翻折平服。

当不需要贴边与里布连接时，所有贴边都应该有美观的收口处理。边缘收口后贴边应保持平整。一些可供考虑的选择有锯齿型缝合（见图4.1A）、包缝（见图4.1B），或者加衬作贴边（见图4.1C），车缝止口缝（图4.1D），或滚边缝（见图4.1E）。根据不同布料，尝试不同的方法，进而决定哪一种方法最合适。更多技法可见上册第4章接缝相关内容。

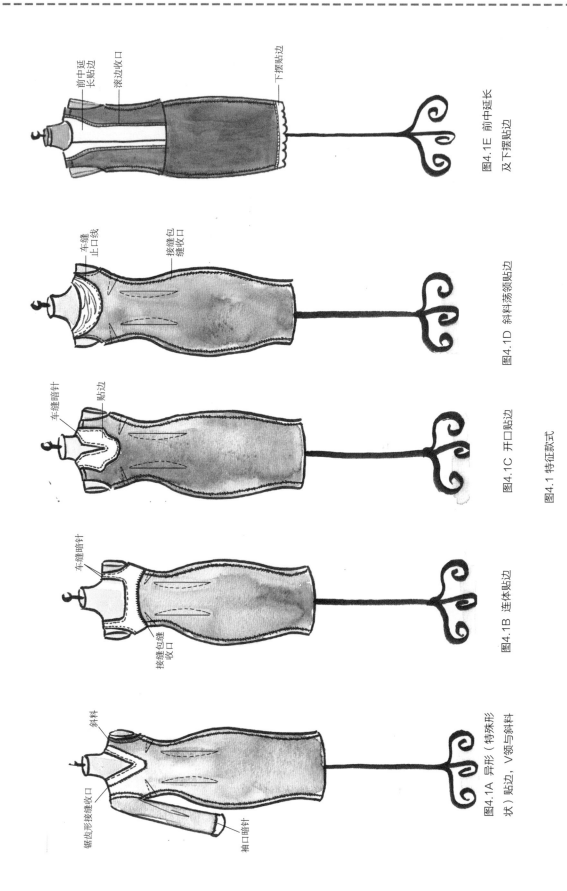

图4.1E 前中延长及下摆贴边

图4.1D 斜料荡领贴边

图4.1C 开口贴边

图4.1B 连体贴边

图4.1A 异形（特殊形状）贴边，V领与斜料

图4.1 特征款式

贴边的三种类型：异形（特殊形状）贴边，连体贴边，与斜料贴边

　　不同种类的贴边应该用在哪些部位？用什么类型的贴边取决于：服装的设计与款式，服装用途与目的，服装的保养与护理，服装面料类型与厚度，还有服装缝制方法。服装决定了应该用什么类型的贴边：无袖服装需要用连体贴边，反之有袖服装只需要用领圈贴边。

　　异形贴边（见图4.2）按所在部位形状加以裁剪，成为车缝需要的贴边，通常会缝在领圈（见图4.2A），无袖袖窿（见图4.2B）。连体贴边用于领圈与袖窿部位。带有开口的领圈贴边（见图4.2E）在领口有一个剪口。通常撞色、斜料贴边可用于领圈部位，有时可用于装领。异形贴边，如贝形贴边（见图4.2F），或者其他贴边形状必须与覆盖部位形状相符，如图4.3A中的袖子。连衣裙或者裤子的腰线也可以用异形贴边完成（见图4.2G）。

　　本身料延长贴边是种与衣身一起裁剪的贴边。其边缘部位的布纹裁剪成直丝缕方向，然后贴边会被翻折到服装里面（见图4.3B）。利用布料正反面的差异，附加贴边可以翻折到服装正面，这种情况下服装的正面也要使用定型料。必须将标记准确地转到衬布上，以便制作各种式样的门襟。延长贴边可以用于服装的前后中心部位（见图4.1E）。重叠开衩作为延长贴边的部分可以开扣眼、做门襟等用途。在T恤衫袖口开衩部位，以及衣身前中用于钉扣的门襟部位，或宽松女式衬衫上可以发现延长贴边（了解其他款式的口袋，可见第5章中袖克夫与其他袖口制作方法相关内容）。夹克会用一片或者两片式开衩（见图4.19A与图4.19B）。

　　斜丝缕贴边易做出造型。可以通过样板上的布纹线方向裁剪出斜丝缕贴边，再整烫出各种形状。斜丝缕贴边可以替代那些体积大或令人体感到不适的布料。在弧形部位，尤其是轻透的薄料上，由于贴边变得可见，因此斜丝缕贴边格外好用。斜丝缕贴边可以用在任何边上，而且初学者可以决定最适合这件服装的贴边宽度。斜丝缕贴边翻折到正面，而且有许多附加装饰时，可以变成服装的重点。修剪毛边、镶边、滚条或是镶缀，都可加到贴边上去。这是种带有明显香奈儿风格特征的设计。

　　带有连贴边的荡领是种很流行的设计（见图4.3C）。它可以裁剪成斜料后，再悬垂在衣身上。整个衣片可以按斜丝缕裁剪，像宽松衬衫的前片，或者一部分可以按斜丝缕裁剪，就像连衣裙的荡领。

> **要点**
> 　　卷边、且支撑充分、平整光滑的贴边有助于服装制作取得成功。关于如何确定贴边厚度与支撑的具体方法，可见上册第3章定型料相关内容。

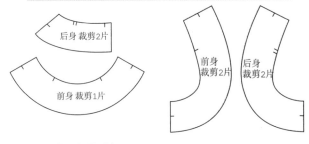

图4.2A 前后领圈贴边　　　　图4.2B 前后袖窿贴边

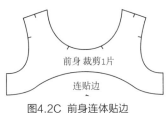

图4.2C 前身连体贴边

图4.2D 后身连体贴边

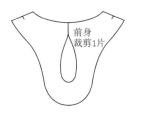

图4.2E 前身钥匙孔贴边

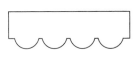

图4.2F 服装下摆贝形贴边

图4.2G 前后腰线贴边

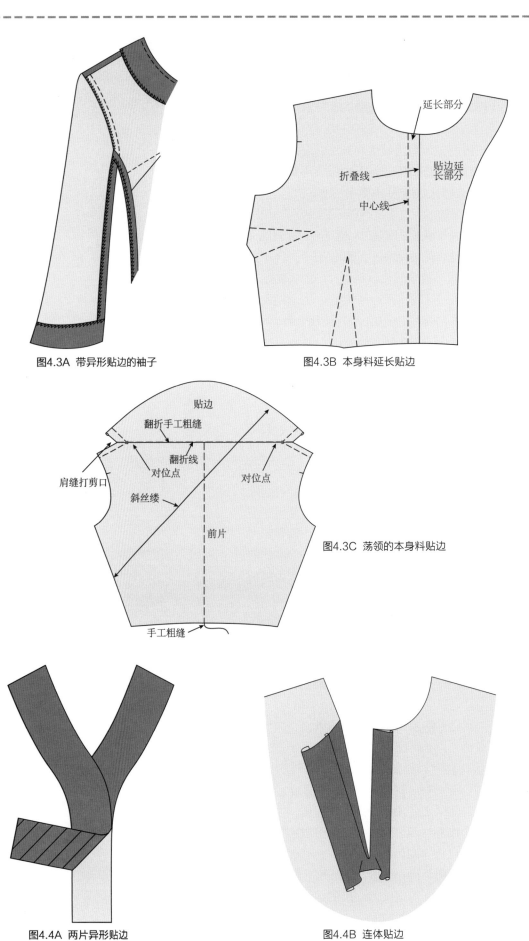

图4.3A 带异形贴边的袖子

图4.3B 本身料延长贴边

图4.3C 荡领的本身料贴边

图4.4A 两片异形贴边

图4.4B 连体贴边

缝合贴边

贴边缝合到服装上之前，贴边应缝合在一起，先准备好合适的定型料，无论贴边是要缝纫还是黏合，都应准备好合适的定型料，边缘必须收口。

缝合步骤

1. 将标记转拓到贴边面料与定型料上。

2. 贴边缝份应车缝固定线（见图4.5A），用样板确认贴边边缘的形状与尺寸。

3. 贴边缝合线应小心对齐。尤其重要的是弧形边缘应连续、光滑。

4. 将缝份缝在一起，并熨烫。

5. 缝合黏合衬的缝份，用手指拨烫开。缝份宽度裁剪到1cm。

6. 若用缝入式定型料，在车缝之前应将缝份小心修剪至1cm，如上册图3.15所示。

7. 用烫布，在贴边上烫黏合衬。

8. 用合适的方法对贴边边缘作收口处理。

贴边边缘收口

在考虑如何对服装收口时，首先应考虑如何制作贴边（或过面），然后考虑使用何种方式定型。贴边与过面缝合应平顺。因此无论采用何种方式收口，都应符合上述标准。

要点

如果面料过于厚重，整烫时面料正面会出现印痕。若边缘部位有包缝线也会出现印痕。遇此情况，可在熨烫时，在贴边（或过面）与衣身之间夹张牛皮纸，以此改善上述情况。如果印痕仍无法得到改善，可考虑改变边缘收口方式。

要点

在加入衬布后，所有接缝须缝合。

- 若面料过于厚重，可直接剪去缝份部分，用直线或锯齿线迹车缝至距离边缘1cm处收针。

- 如果边缘部位有线头，可用包缝机将边缘切割光洁。注意：若贴边是弧形，应检查包缝机刀片是否锋利，以确保切割效果理想（见图4.1B）。

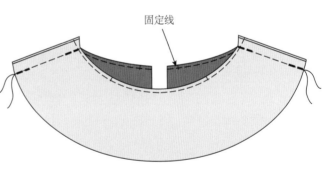

图4.5A 缝份加固

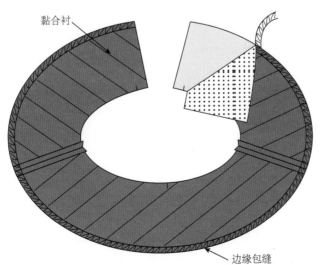

图 4.5B 贴边包缝处理

- 贴边部位再加贴边是种保持贴边平整的理想收口方法。缝制方法如图4.1C所示。
- 轻薄面料贴边适合采用车缝止口线的方法收口。但是在处理弧线部位时，这种操作方式会有困难，车缝时应仔细。由于斜料不会脱散，因此不需要作收口处理，但仍可车缝止口线（见4.1D），或作滚边处理。
- 若服装无里布，可用包边的方式处理贴边与所有外露的接缝（见图4.1E）。对那些高档面料而言，采用对比强烈的滚边料可产生有趣的效果（见上册第4章图4.33A与图4.33B）。滚边处理包边的方法适用于局部加里布的服装，如图8.26C与图8.26D所示。
- 由于斜料不脱散，因此边缘不需要收口，但也可用车缝止口、包缝或滚边的方式收口。

加黏合衬贴边收口

若贴边部位加黏合衬，可采用这种贴边收口方式处理，以产生平顺的边缘效果。

1. 将贴边、黏合衬分别缝合。
2. 将正面相对，沿外缘将贴边与黏合衬以1cm宽的缝份缝合。车缝应顺滑平整。将黏合衬颗粒面朝上放置（见图4.6）。
3. 将贴边与黏合衬翻转相对后，熨烫0.5cm宽的缝份部位，将其黏合在一起。

4. 在贴边反面将黏合衬边缘修剪光滑，黏合衬只能超出上层0.5cm，应将多出部分修剪去。

5. 用烫布将黏合衬与贴边烫合在一起，熨烫时切勿来回搓动熨斗，同时确保黏合衬熨烫后无起泡。

带里布贴边收口

带里布贴边的边缘不需要收口，其边缘与里布缝合，见第8章中图8.14A与图8.14B。

贴边（或过面）与衣身固定

有三种方式可将贴边与衣身固定在一起：车缝暗针、车缝明线、车缝漏落针。

车缝暗针

这种方法有助于防止贴边翻出衣身正面，同时还能使边缘部位熨烫后平挺。这种车缝技法必须掌握，它可以产生理想的制作效果。在对贴边车缝暗针前应先修剪缝份并打剪口，以减小接缝厚度，见图4.7。保留紧挨着服装最宽处的边缘。按如下步骤进行车缝暗针：

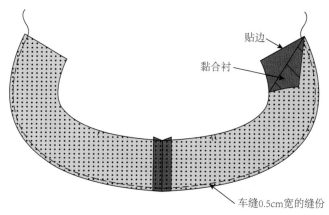

图4.6 将贴边与黏合衬分别缝合，以此作为贴边加贴边

1. 每1.5cm打一个剪口；如果面料厚实，剪口密度可增加至每1cm一个剪口。

2. 将缝份向贴边方向扣烫（即两片缝合后，再将缝分开烫平）。

3. 在面料正面，距离双针线0.5cm处将贴边与缝份缝合。

4. 在距离边缘0.5cm处，慢慢车缝暗针（见图4.7）。

5. 将贴边翻至服装里面，轻轻将缝份折向贴边一侧后熨烫。

6. 将贴边与缝份手工缝住，注意：缝合时只缝面料缝份与贴边（见图4.7）。

车缝明线

车缝明线是种代替暗针的固定贴边，或者固定装饰物与异形贴边的技法。这种缝纫技法的应用与服装款式和面料直接相关。明线是种非常重要的服装设计元素，必须准确车缝才会产生理想效果。车缝明线能吸引人们的关注，如果无法控制好车缝质量，那就将车缝明线技术留到以后的设计作品中去使用。更多关于车缝转角、折线、弧形与圆形等明线线迹的方法可见上册第4章接缝部分内容。

车缝漏落针

漏落针是种固定贴边并对边角进行处理的缝纫技术。如在制作滚条时，就可以用漏落针车缝。

肩部或侧缝用漏落针车缝制时需要将贴边与服装车缝部位抚平。否则，缝份错位会导致贴边扭曲，在服装表面产生难看的皱痕。

- 用拉链压脚会使针离缝线位置更近，而且可以更方便地看到线迹正在走向的位置。
- 确保机针穿过接缝线，将贴边与服装面料缝合在一起。
- 车缝效果要求隐形，所完成的新车缝必须准确地落在原有接缝线上。

异形贴边

异形贴边必须与服装车缝部位形状相同，裁剪时要确保布纹丝缕方向一致。贴边的宽度与服装边缘及开口的形式相关，通常比缝份宽5cm，同时还应根据面料与造型加以调整。非常窄的肩带连贴边的宽度最小到2.5cm，这样制作起来会有难度。设计专业学生可自己决定贴边的理想宽度，同时要注意当服装翻开时看不到贴边（或过面）。作为一种重要的设计元素，服装表面的装饰型贴边的宽度变化范围较大。

贴边的面料可以与衣身一致（取决于面料厚度），也可以用里料。

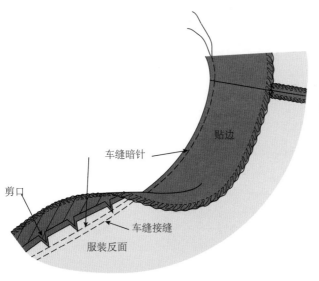

图4.7 将缝份暗缝到贴边里

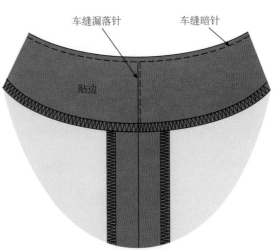

图 4.8 车缝漏落针

领圈贴边的缝合

　　在裙子、短裤、连衣裙、或者上衣上缝制贴边之前，应该完成拉链绱缝（见图4.9）。在烫好贴边黏衬、做光毛边后，可将贴边车缝到领圈上。

　　1. 正面相对，将烫好黏衬的贴边的剪口对准领圈与肩缝，用别针固定（见图4.9A）。

　　2. 将贴边置于领圈部位的荷叶边下，先将荷叶边粗缝到领圈上，然后将贴边对齐到领圈（见图4.9B）。

　　3. 接缝熨烫平整。

　　4. 修整缝份。

　　5. 在弧线部位，距离车缝线0.5cm打剪口，确保贴边翻折时弧线部位可以展开。

　　6. 如图4.9A所示，在尖角部位修剪缝份以减少厚度。

　　7. 将缝份与贴边暗缝在一起（见图4.9C）。

　　8. 将贴边翻到服装里面，并整烫平整。

　　9. 用手工针将拉链布带与后中部位的贴边缲缝固定（见图4.9C）。

　　10. 用漏落针在肩缝部位将贴边固定。

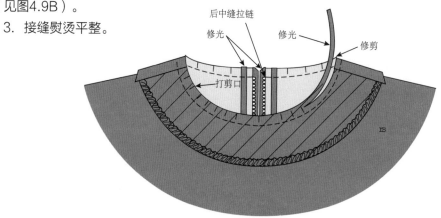

图4.9A 贴边与领圈缝合

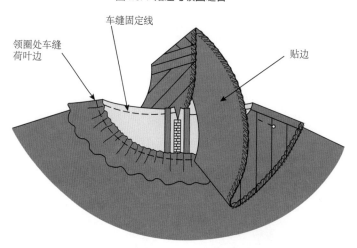

图 4.9B 荷叶边定位并车缝到领圈

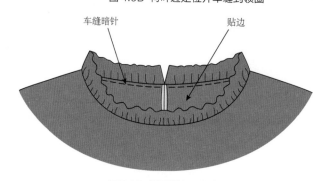

图4.9C 领子嵌入双层荷叶边

缝合贴边到袖窿

车缝袖窿贴边前，先车缝肩缝。除了以下内容，其他步骤与之前列出的相同：

- 可将贴边放平缝纫（须在侧缝未缝合条件下，将贴边缝到服装上）（见图4.10A）。
- 缝合贴边后，将贴边与侧缝缝合成一条缝。
- 或将服装与贴边缝在肩缝与侧缝（见图4.10B）。

连体贴边

这是种只需要一片就可以完成领圈与袖窿贴边的做法。这种连贴边也可用拼接式贴边方法制作，但接缝部位会产生厚度。连贴边常用于背心裙或其它无袖、低胸服装设计上，也可用于高领服装上。缝好的贴边在未缝合的肩缝处翻进服装里面（肩缝未缝合就是为了这个）。缝合连身贴边：

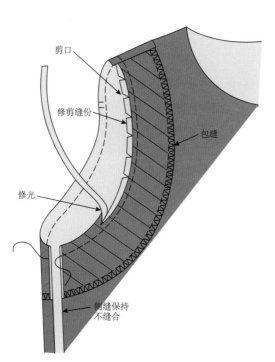

图4.10A 放平处理

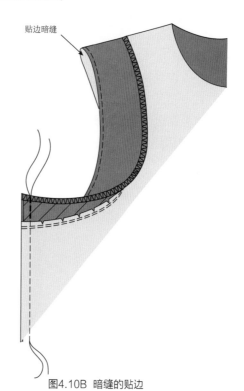

图4.10B 暗缝的贴边

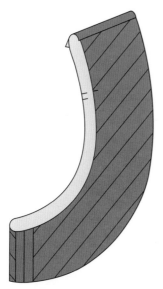

图4.10C 圆弧处

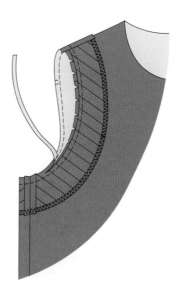

图4.10D 袖窿贴边的车缝，修剪，打剪口

图4.10 车缝袖窿处贴边

1. 贴边烫黏合衬。

2. 车缝服装腋下缝；并熨平接缝（见图4.11A）。

3. 对贴边进行同样的处理（见图4.11B）。

4. 在距离袖窿0.5cm处修剪缝份，使肩部更小（见图4.11B）。

5. 保留肩缝不缝合（见图4.11A与图4.11B）。

6. 翻折肩缝处贴边后整烫平整（见图4.12）。

7. 将贴边与衣身正面相对并车缝。在贴边折线处，即距离肩缝尾端1.5cm处，起针车缝并在同一位置收针，这必须准确。对齐服装边缘并修剪贴边边缘（见图4.12）。

8. 修剪缝份，使边缘紧贴服装最宽部位；在袖窿有弧度部位打剪口（见图4.12）。

9. 向贴边方向分烫平缝份。

10. 将贴边与缝份暗缝在一起，有弧度部位仍可车缝，因此缝纫需要认真仔细与耐心。

11. 拉紧贴边与服装之间肩缝两端，将贴边从中间空隙翻进服装里面。领圈与腋下部分的贴边会自动翻进反面（见图4.12）。没错，这是种有效方法！

12. 正面相对，缝合服装肩线。

13. 缝份宽度修剪至1cm。

14. 将贴边边缘手缝到肩缝部位，或者小心地用漏落针车缝（见图4.13）。

腰线

贴边腰线，将边缘置于自然腰线位置。腰线贴边可能有5cm那么宽，与腰线形状一致。缎带，也叫罗纹丝带，可用作装饰腰线。

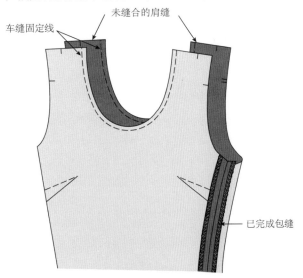

图4.11A 服装袖下缝的缝合

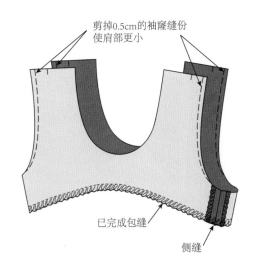

图4.11B 袖下缝贴边缝纫

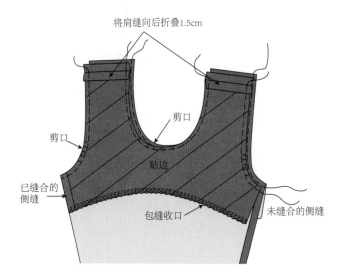

图4.12 将修剪过的贴边边缘与服装边缘对齐

要点 ✂

使用化纤牵带可以防止车缝中出现面料拉伸变形,并减少缝份厚度。这种斜丝缕牵带可在商店与网上买到。使用斜丝缕牵带前可用蒸汽去除因包装产生的褶痕。

1. 腰线部位要车缝固定线防止出现拉伸变形(见图4.14A),或在腰上车缝斜料牵带防止其拉伸(见图4.14A),在腰线处使用斜丝缕牵带可以产生比包缝更结实的边缘(如何只在缝份里面车缝斜料牵带见上册图3.20)。

2. 用合适的黏衬固定贴边(见图4.14B)。

3. 将各个部分缝合,并熨平接缝。

4. 除非有里布,贴边边缘应包光(见图4.14C)。

5. 正面相对,用别针将贴边与服装边缘别在一起,对齐侧缝与刀眼(见图4.14B)。

6. 烫平面料,就像被车缝过。

7. 修剪并对缝份打剪口。

8. 将缝份向贴边方向翻折,烫平并车缝暗针(见图4.14D)。

9. 将贴边翻到服装里面,轻轻向内卷边并整烫。

10. 将贴边边缘折向接缝、省道。

11. 将贴边两端缲缝至拉链码带,保证贴边边缘与拉链齿之间有间隙(见图4.14D)。

袖子的贴边

用本身料的翻贴边也称为假卷边(见图7.25)。即使是异形贴边也会产生平整光滑的边缘,无论是连体的还是拼接的(见图4.3A)。总之,在绱缝袖子之前完成袖子贴边的制作会更容易些。更多关于边缘处理的信息可见第7章相关内容。

斜角剪口

车缝暗针

手缝肩缝

将贴边与拉链缲针缝合

车缝漏落针

图4.13 缝合服装肩缝

外露的装饰性贴边

　　翻到服装外面的贴边仍具有普通贴边的功能。这种制作方法给设计师提供了多种装饰可能。使用这种方法时,贴边变成重要的设计元素,设计师可以充分发挥想象力。装饰性贴边可以用差异明显的面料,比如在毛呢面料上使用麂皮绒或皮革,或在牛仔布上使用缎面。它可以由人造革制成、或者面料的反面,这样的例子数不胜数。在服装表面制作异形贴边的步骤与之前列出的步骤相同,但是切记:它们缝合时须按相反方向。

- 翻到服装外面的贴边需要稍大些(0.5~1cm),使其可以塞到缝份里,尤其是当贴边与服装两者的面料在厚度或质地上不相同时。
- 当贴边面料比服装面料厚时,就要重新考虑黏合衬的种类(见上册第3章)。

- 修整贴边边缘,并将贴边缝到服装上。
- 贴边部位提供了无数种点缀装饰方法,如嵌边、编织、剪边、荷叶边等。
- 贴边可以利用面料的特点,如印花布作为设计元素;也可采用其他造型,使其成为服装的亮点。

钥匙孔领与一字领领口

　　领圈是服装是否合身的关键。理想的领子应平整地贴在颈部,不可产生拧拽、凸起。

匙孔领贴边

　　匙孔领是种更贴合颈部的领型,它适用于套头式服装。

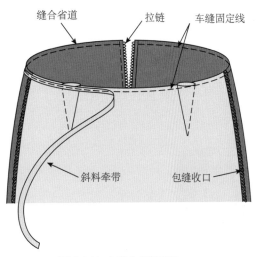

图 4.14A 车缝的斜料牵带

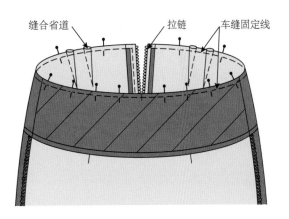

图4.14B 将腰线处的贴边放好并固定别住

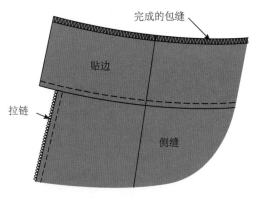

图 4.14C 暗缝贴边

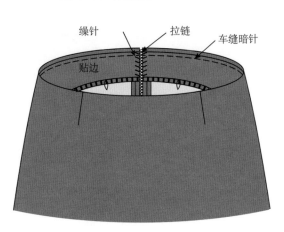

图4.14D 用缲针法固定贴边与拉链

要点 ✂

衣领开口底部车缝两针，可将开口做成直角，并让贴边平整贴服在开口端点下方。

对于这种衣领开口，有两种常用制作方法，一种如图4.15A与图9.19所示，用本身斜料或缝线制成钮襻。设计师可将匙孔开口置于服装前片或后片。匙孔开口可用在装饰性袖子上（见图4.30B）。匙孔开口贴边制作方法如下：

1. 将所有标记拓转到加贴了定型料的前后片贴边上，并在前中线车缝贴边部位加刀眼。

2. 在背部开口部位的贴边车缝固定线。

3. 沿着之前的缝线车缝斜料钮襻并车缝（如图4.15A与图8.18C所示，钮襻车缝方法见图9.18）。

4. 将服装的前后肩缝制在一起并熨烫。

5. 在肩线处缝制前、后贴边，熨烫。

6. 贴边边缘包缝或卷边，面料正面相对，用珠针将贴边与服装别在一起，同时对齐肩线、前中心线与后中心线的刀眼。

7. 从肩线沿着后领圈车缝，缝线处于之前领圈线附近，前领孔所缝的固定线上，车缝至肩线的起点处（见图4.15B）。

8. 修剪前领孔、后领圈部位的缝份，并打剪口（见图4.15B）。

9. 将贴边暗缝在缝份余量中，再将其翻到服装里面，并熨烫。

10. 绕前领孔车缝止口线（如图4.15A所示）；在另一侧领圈部分缝制一个钮扣。

11. 用车缝（见图4.13）或手工针（见图9.20与图9.21）将贴边固定在肩线。

开衩贴边

开衩贴边是服装上包光的开口，它兼具功能性与装饰性。当贴边翻到服装里面时，其体现功能性。当贴边由对比明显的面料构成，并且翻出服装外面时，它兼具功能性与装饰性。开衩贴边可用在衣袖、领口等没有接缝设计的部位。服装的开衩会靠拢而非重叠，在女式衬衫、短裤与裤子下方的边缘，这样的开衩可增加松量，或作为装饰性的设计细节。贴边平整地贴在服装开衩部位，并可以通过车缝明线添加设计元素。功能性的开衩贴边缝制如下：

1. 在服装的反面于贴边上标记出车缝线与开衩线（见图4.16）。

2. 将服装肩线车缝在一起。

3. 在肩线处将前、后贴边车缝在一起。

4. 将贴边边缘包光。

5. 正面相对，将刀眼对齐并且用珠针将服装与贴边的边缘别住（见图4.16）。

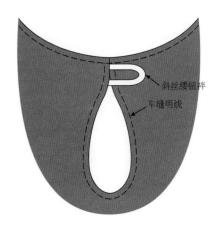

图4.15A 斜料钮襻定位

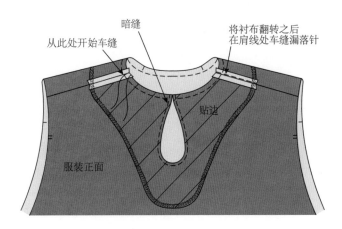

图 4.15B 匙孔领贴边：车缝贴边

6. 从肩缝开始,沿领圈车缝止口线至开口线,至转角处将针距调至1.5。

7. 车缝至开口线终点转角,开口底部车缝两针后转角,继续车缝另一侧直至领圈止口线起点。

8. 剪开领圈开口,并在转角部位打剪口。

9. 在开口底端别珠针,防止剪断车缝线。

10. 修剪领圈部位缝份,将贴边翻转到服装里面,再熨烫。

11. 将贴边暗缝至领圈缝份,如图4.17所示。在剪开的部分可能无法固定。

12. 在肩线缝份处车缝,或者手工针固定贴边边缘(见图4.16B)。

装饰性开口

装饰性开口是在服装门襟正面的各种装饰性变化。贴边面料与大身反差明显的反面,如果是条、格、图案面料,贴边可以裁剪成与大身不同的方向。制作方法如下:

• 车缝顺序与之前的开衩车缝顺序相同。

• 将贴边翻转到服装正面,并且尽可能用暗缝,熨烫。

• 将烫过的贴边边缘,用撞色或配色线车缝止口(见图4.17)。

开衩

开衩是种衣身开口部位的包光处理方法。开衩可在前后领圈代替拉链。开衩由两条同宽的包光边条组成,可以用于任何服装开口(见图4.4A)。这两个边条相互重叠,服装正面可以看见在上方的边条。如图4.4B所示,连体贴边也可以用同样的方法处理。前暗开衩也可以用这种方法制作,开衩常用于高档服装前后中心部位作开口。

在需要对条、对格部位制作明显的扣合部件会破坏面料原有纹理与图案设计。领圈部位制作的开衩可以选择是否装领子,是否具有开合部件。开衩可以是功能性的,如开口部位的包光处理;也可是装饰性的,如用撞色、反差面料或形状来强调开口。开衩可应用于袖子与领子部位,也可应用于衬衫、裤子与短裤。袖克夫以及其他腕关节具体处理方式见第5章图5.4。

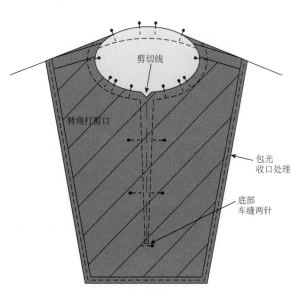

图 4.16A 带贴边开口:贴边包光加止口缝

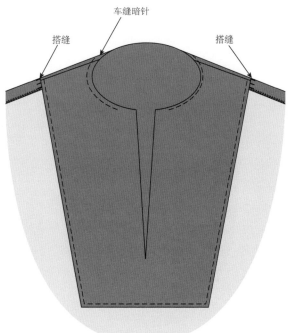

图 4.16B 贴边切开翻转

要点

扣眼应垂直车缝在衬衫门襟、袖口与袖衩上，如图4.19A与图4.19所示。

连身开衩

1. 使用不易脱散的面料，或者制作前包光缝份。

2. 准备贴边与衬；将所有的标记转拓到贴边上，标出服装的前中线（见图4.18）。

3. 扣烫贴边两侧缝份，宽度为1.5cm。

4. 将贴边与服装正面相对，将贴边别在服装前中部位，并对齐贴边与服装的领圈边缘与前中线。

5. 用2.0或1.5针距，沿着车缝标记线从领圈上端开始车缝（见图4.18A）。缝至转角点后旋转，在底部车缝两针后再旋转，向上车缝到领圈上端（见图4.18A）。

6. 沿缝线中间剪开直至转角（见图4.18A）。

7. 将贴边翻转到服装的反面（见图4.18B）。

8. 熨烫后将缝份翻转到服装里面。

9. 折叠并熨烫贴边，使其两侧沿前中线对齐，每条贴边宽为2.5cm（见图4.18C）。

10. 在右侧贴边内侧，沿熨烫过的贴边边缘车缝止口线（见图4.18C）。

11. 按图3.5E所示方法包光处理领圈边缘；车缝。

12. 贴边正面相对，将延长部分折叠起来，超过领圈边缘，将其车缝于此（见图4.18C）。

13. 将贴边翻转到服装的里面并且熨烫。

14. 左侧贴边车缝止口缝，背面正好固定住熨烫过的边缘，或车缝漏落针（见图4.18C）。

15. 将绱缝好贴边的前片重叠，并熨烫。

16. 从服装正面，沿下端车缝所有面料，在贴边尾部适当位置构成方形。

17. 提起服装前身，将贴边缝份宽修剪至1.5cm。

18. 将开襟下端长出部分仔细地车缝或包缝在一起（见图4.18D）；避免在包缝时意外缝住前身衣片，或出现漏洞。

前暗开衩

前暗开衩位于服装前片右面，由两层折叠、延长的贴边构成。应在贴边的延长部位加衬。在将贴边与衬折叠到服装反面前，先要在延长部分开好扣眼。扣眼隐藏在折叠部位下，以车缝固定到位。

1. 在延伸面料处标记出扣眼并车缝，如图4.19A所示。

2. 将延伸的面料向后折叠，车缝领圈线与下摆，然后修剪、翻转、熨烫。

3. 将肩线缝份车缝在一起，熨烫并车缝领圈线贴边（见图4.19A）。

4. 修剪缝份，暗缝并熨烫。

5. 将领圈贴边折叠至服装反面。

6. 将前中翻折并熨烫折叠部分（见图4.19B）。

图 4.17 开口的装饰性贴边

7. 沿着贴边的中间粗缝暗门襟；将所有面料层缝合，以此固定贴边与下摆（见图4.19B）。

8. 熨烫前中有扣眼侧的贴边。

9. 将贴边缲缝到领圈上（见图4.19B）。

要点

缝合延长的贴边时，如线迹凌乱会严重影响服装外观，如果开衩两侧有长短也很容易看出来，因此缝纫应准确仔细。

10. 将扣眼部分的贴边手缝在服装前片。应避免缝线过紧，并保持贴边平整。

连体贴边

连体贴边剪裁时与服装衣片连成一片，通过翻折形成贴边。连体贴边可以减少直料接缝。避免在前中部位接缝过厚。这种贴边常用于上衣，或有领、无领服装上，也可以用于处理女式衬衫的前片开口，如图4.1E所示。后领圈的贴边需要整理领圈边缘。

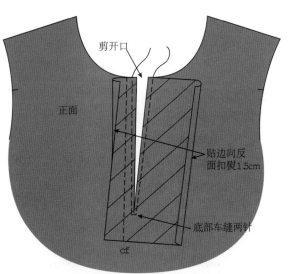

图 4.18A 车缝贴边并剪开

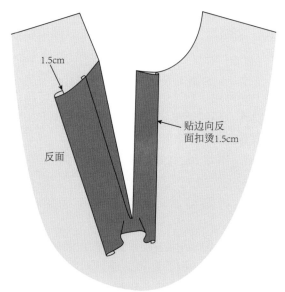

图 4.18B 贴边向反面扣烫 1.5cm

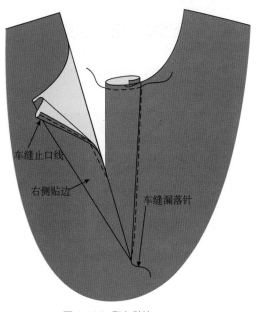

图 4.18C 翻入贴边

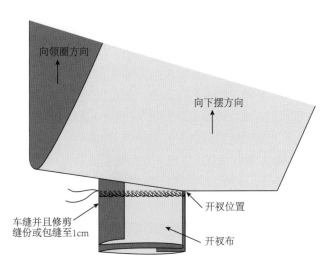

图 4.18D 缝合开衩底部

1. 将前身延长贴边与后领圈贴边缝合：服装贴边加定型料（见图4.20A）。

2. 前中心复制折叠线标记。在服装车缝贴边前，切勿熨烫贴边上的折叠线。

3. 服装车缝贴边前，加上附加贴边，比如后领圈贴边。

要点

扣眼滚边必须在装贴边前完成，在贴边上开出扣眼，贴边扣眼开口应耐用、平整与顺滑。开口尺寸取决于扣眼大小与所使用钮扣的形状，详细内容可见第9章部分（见图9.13）。

4. 对贴边边缘进行包光处理，使用包光、滚条或贴边，这应由设计师选择。

5. 扣眼滚边应在贴边被翻转前，车缝至服装正面。车缝扣眼应在上好贴边后车缝。

6. 车缝领口接缝线，修整领角，修剪缝份，弧形接缝应做剪口。

7. 将缝份暗缝在肩线之间成形的后领贴边上，一直缝到前中线（见图4.7）。

8. 在修剪前中领角前，将贴边翻到服装反面，确认前片边缘长度，左右两侧对称，长度一致（见图4.20B）。如长度不一，修剪领角之前是修改车缝线的最好时机。服装前中左右长度不一是种劣质缝纫。

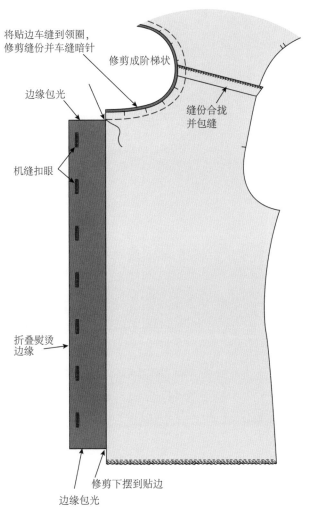

图 4.19A 暗开衩

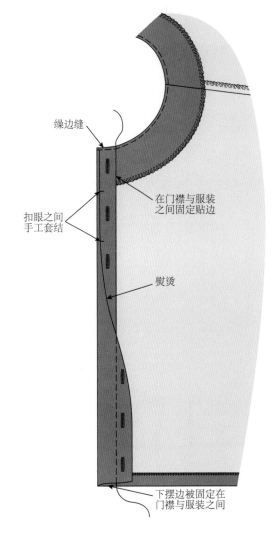

图4.19B 暗开衩

9. 沿着折叠线将贴边翻到服装正面。

10. 熨烫，在边缘用同色或撞色线车缝止口线。

制板提示

连贴边也可按分离贴边方法剪裁，用原样板裁剪贴边。当从原样板裁出延长部分面料时，切记在服装与贴边部位加缝份。然后将分开的贴边与后领圈贴边在肩线处缝合，沿整个边缘车缝至服装上（见图4.20C）。

剪裁分离贴边：作为连贴边的一种替代方法。

使用分离贴边的原因如下：

• 更节省面料用量。

• 作为设计，贴边会用对比面料，或在服装正面边缘车缝上滚边或嵌条。在不同情况下，分离贴边衣片可能需要设计在前中上（图4.20C是前贴边的情况）。

• 贴边翻转到正面作为装饰，如使用撞色或是布料材质。如图4.20C所示贴边，车缝后显示出面料的布纹线。

制作分离贴边步骤如下

1. 设计衣片样板，在前中片与贴边上加缝份。

2. 服装领圈做固定缝。

3. 贴边加定型料。

4. 缝合肩线贴边。

5. 如附加的东西（比如嵌条或者褶边）是放置在前中线的，将其手缝或缝纫机粗缝在缝份上。

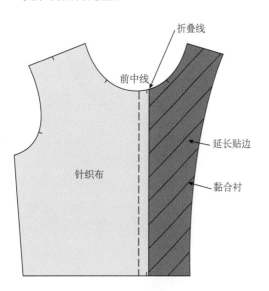

图4.20A 延长贴边定型

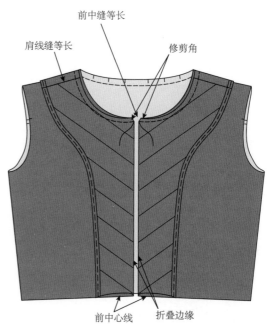

图4.20B 比较延长贴边上口边缘长度

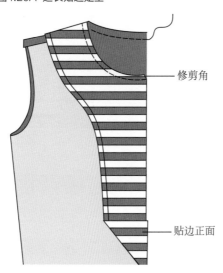

图 4.20C 两片延长贴边的变化

6. 如贴边翻到服装正面（见图4.20C），那么贴边外边须包光。究竟是用修剪还是其他方式包光可由设计师决定。

7. 贴边正面与服装反面相对；将贴边车缝到服装上。

8. 修剪缝份；将缝份向贴边方向烫倒，并尽量在后领圈用暗缝并整烫。

9. 将贴边翻向前片，并确定如何将贴边车缝至服装前身：究竟是用手缝还是车缝。这由设计师决定。

要点

荡领下垂效果直接与其接缝部位的贴边处理方式有关。虽然斜料不易脱散，但是毛边会降低整件服装品质感，并影响外观。理想的方法是用手缝或车缝制作伏贴的窄贴边。这种边缘包光处理可以用手缝窄边或包缝的方法完成。

荡领领口

荡领是通过面料折叠产生褶皱。在样板设计阶段，设计师应决定褶的多少，以及褶的折叠宽度。褶的数量与宽度受到面料特点的影响。有两种荡领：斜料，即45°斜丝缕方向裁剪的面料悬垂性最佳；延长贴边，这种式样的荡领与其贴边是一整片（见图4.1D）。

许多服装用荡领设计。典型式样是从肩部领圈与袖窿部位，裙子、衬衫、裤子与外套的腰部下垂。荡领基本与衣身是一整片。但为了节省布料，也可以单独裁剪，成为服装的一部分。在垂下部位上加省道，可能会让荡领看起来僵硬，这需要根据面料特点而定。详见上册第4章车缝直料与斜料接缝部分内容。

分开式荡领的悬垂效果由领圈部位控制。荡领看起来像是缝在面料反面的贴边，就像衬里。因为工时与面料成本因素，荡领常用于高档服装。在荡领贴边上附加一小重珠或重片可以增强悬垂效果，其能准确地由领圈下垂。柔软宽松的梭织面料，如绉纱、丝绸、薄纱、人造丝，以及一些针织面料的悬垂效果最好。荡领缝制：

1. 用45°斜丝缕面料，并用划粉画线做标记。

2. 为了避免在描样板与裁剪时面料滑移，可先用珠针将它与薄纸别在一起。详细内容见上册第2章的图2.18。

3. 在面料上按照样板拓描标记与刀眼（见图4.21A）。

4. 粗缝，标出荡领贴边上的折叠线，如图4.3C所示。

5. 加2.5cm缝份供调节用。

6. 斜料易于拉伸，拉伸量取决于面料不同的特点，比较裁片与样板。

7. 如车缝加固定线，应缝于衣身与荡领结合处。

8. 制作服装前，先包光荡领贴边边缘。

9. 粗缝荡领折叠的褶皱，避免缝制时褶皱移位。

10. 距对位点2.5cm处做固定线。对位点部位须打剪口，以便于车缝时转角。肩缝用珠针固定在一起。（在肩膀处）将对位点与后领领圈对齐，缝合肩线（见图4.21B）；然后烫开省道，并将贴边与肩缝手缝在一起。

带边

　　带边是服装边缘最后的收口工序：作为服装边缘的延伸，比如夹克、宽松上衣、袖子、裙子或裤子贴边；或作为服装表面的装饰。带边可以用直料或斜料制作，包括缎纹面料、无纺布、皮革与麂皮。针织带边按长度出售，将管状针织布裁成特定宽度，此类针织布可用于梭织或针织服装的领圈、袖窿、袖子、腰身部位。详细内容见上册第5章缝制针织物部分内容。带边宽度取决于其在服装上的部位，服装的款式与设计师的观点。

　　带边可以车缝明线、止口线，漏落针。这取决于所需带边的宽度。

- 根据服装上带边的位置定出合适的宽度。比如，腕部带边宽是10cm，在领圈或前中部位带边宽为4cm。
- 对于前中与后中部位的门襟，带边宽度按实际需求确定。
- 确定带边所用的定型料及其功能。具体内容可见上册第3章。
- 如果未作定型处理，梭织带边会因出现变形而无法实现设计目标。但是针织带边因为需要保持弹性，所以不需要加定型料。
- 在带边上加镶边前，应该先假缝好再车缝。

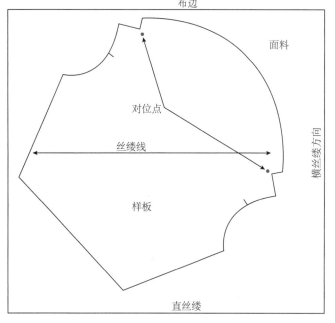

图4.21A 斜料荡领裁剪

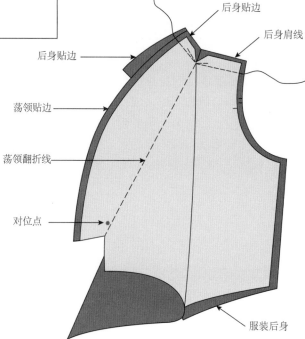

图4.21B 荡领肩线缝合

异形两片式加缝止口线带边

　　在领圈弧形部位带边是由两条带边缝合而成（见图4.22A）。在缝合到服装前，前后领圈带边应先缝合，再一起车缝到肩线上。车缝异形领圈带边：

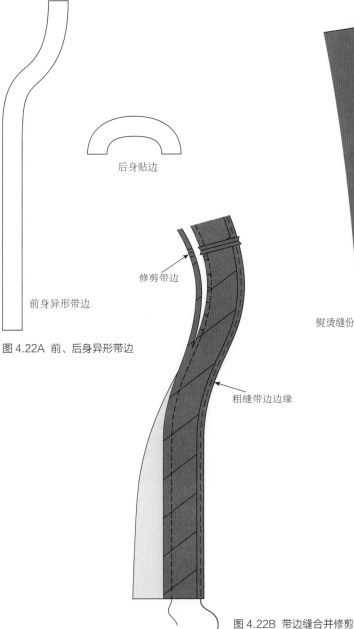

　　1. 带边上部加贴定型料（见图4.22B）。

　　2. 带边外缘扣烫1cm后粗缝。

　　3. 正面相对，将前门襟与后领圈贴边用珠针别住并缝合（见图4.22B）。

　　4. 修剪、整烫缝份（见图4.22B）。

　　5. 将带边翻到正面；整烫。

　　6. 将带边反面与服装正面用珠针别住。

　　7. 缝合并修剪缝份。

　　8. 将缝份朝着带边整烫。

　　9. 车缝带边下摆、翻转并整烫（见图4.22C）。

　　10. 在缝份上，用珠针别住带边边缘；粗缝（见图4.22C）。

　　11. 在带边里、外缘车缝止口线（见图4.22C）。

　　12. 在完成服装后，将余下边缘部位车缝明线或做手缝针。

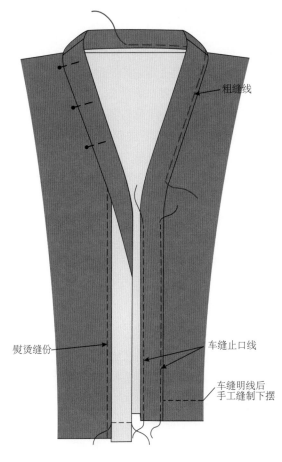

后身贴边

前身异形带边

图4.22A 前、后身异形带边

修剪带边

粗缝带边边缘

图4.22B 带边缝合并修剪

粗缝线

熨烫缝份

车缝止口线

车缝明线后手工缝制下摆

图4.22C 以珠针别合后车缝止口线

一片式带边车缝漏落针

1. 将带边与衣身正面相对，带边下层长出0.5cm，包缝（见图4.23）。

2. 用珠针将带边与衣身别合。

3. 车缝，将带边翻折到衣身内后整烫。

4. 从衣身正面，沿接缝线车缝漏落针（见图4.23）。

5. 车缝过程中，应经常在机针插入面料时停下来检查是否所有层都车缝在一起。

皮革与麂皮带边

皮革与麂皮带边不需要特别包光处理。这两种材料适合做异形与直形带边。

1. 确定服装上镶边的宽度。

2. 如果用皮革或者麂皮，将带边对叠，或在两片未缝合前，用尺与圆盘刀修剪缝份，这可将带边对折后处理，或两片分别处理。

3. 皮革的定型处理方式见上册第3章。

4. 带边反面加贴定型料（见图4.24A）。

5. 将反面相对，沿其中一条边缘车缝成带身（见图4.24A）。注意：麂皮与皮革的边缘不需要包缝。

6. 将下摆翻转到前片反面，用珠针别住。

7. 将衣片边缘慢慢靠住带身。

8. 别住衣片与皮革或麂皮；如担心破洞，可用胶带暂时固定（见图4.24B）。

9. 慢慢将带边两边以止口线方式缝合，带子上应避免出现褶皱。

斜丝缕贴边

斜丝缕窄贴边是弧线部位异形贴边的最佳替代品。斜丝缕窄贴边比传统贴边更窄，适用于薄料。

斜丝缕贴边兼具功能性与装饰性，可包光毛边。斜料拉伸形成各种形状，如领圈或袖窿的弧形。作为装饰，用斜料包光的边缘，如滚边，其效果很明显。作为表面装饰，斜丝缕贴边也可做成嵌条、包绳管或毛边荷叶边。斜料不易脱散，也不会增加接缝厚度，边缘不需要作包光处理。斜丝缕贴边可用手工针、车缝明线，或车缝漏落针的方法处理。

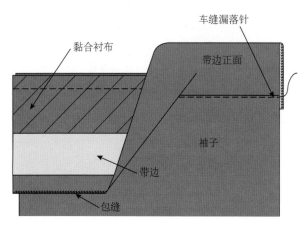

图 4.23 带边车缝漏落缝

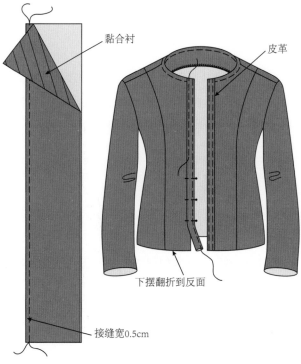

图4.24A 皮革与麂皮带边加定型料并车缝　　图 4.24B 皮革带边定位与车缝

用衣身面料（本身料）裁剪的斜丝缕与服装整体效果完全相配，这样的斜丝缕贴边不会那么明显。使用斜丝缕贴边的另一好处就是省料。只需不多的面料就可以制作大量斜丝缕贴边。一次无法用完的还可以留作下次使用。斜丝缕贴边可以分开一段一段使用，或缝成连续一条。

要点 ✂

车缝斜丝缕面料是种高级缝纫技术，如果尚未掌握这项技能，可将其留到之后的设计中使用。

准备斜丝缕贴边

斜丝缕贴边必须使用45°方向的斜料，具体裁剪方法可见上册第2章图2.5。避免使用不足45°的斜料，虽然这样可以节省面料，但无法将表面做平整。按上册图4.16所示方法剪裁斜料，裁剪与缝制连接斜料方法可见图4.25。

- 确定斜料带宽度，包含缝份宽度。这种斜料的缝份标准宽度为1cm。
- 例如：2.5cm宽的斜料，需要加1cm的缝份宽，另外1cm作折边：2.5+1+1=4.5cm宽的斜料。这是理想宽度，但是成功的关键是事先试样。
- 设计师可根据面料的特点确定斜料宽度，但是对于易滑脱的棘手面料，可以裁剪5cm宽的斜料，以确保足够的宽度。
- 确定做贴边所需斜料的总长，在此基础上多加5cm用作包光边缘。
- 例如：袖口周围一圈的袖窿开口需要44cm，同时需要多加5cm用来包光边缘。
- 裁斜料时尽量用大块面料，使每段斜料长度最大。使用小块面料时就必须拼接斜料。

斜料制作的方法有两种：裁剪拼接法与连接斜裁法。前者适用于小块零碎布料，如上册图4.17所示方法操作。后者需要整块面料。

1. 用50cm长、110cm门幅宽的面料，先确定45°斜料方向。
2. 剪掉边上的三角形。
3. 根据所需宽度测量并标出裁剪线。
4. 剪掉另外一边的三角形，使其成为45°斜料。
5. 将面料正面相对，沿长度方向将两段斜料在顶端用珠针别合，将车缝部位对齐后，斜料两端边缘部位的面料会有错位（见图4.25）。
6. 小心地将各条裁剪线端点对齐，以珠针固定。
7. 车缝1cm缝份，做成斜料圆管。
8. 如果斜料管很窄，用烫袖板分烫缝份。
9. 沿着裁剪线裁剪斜丝缕贴边。

制作斜丝缕贴边

斜丝缕贴边可以做得很窄，服装边缘用斜丝缕贴边可以做出不显眼的包光边。斜丝缕贴边应根据弧形边缘做包边。通过整烫使斜料能够与弧形边缘的形状相符，当服装的边缘部位较宽时，需要拉伸斜丝缕贴边的外缘并收缩内缘，使其能与相应部位形状相符合。

图4.26A是领圈部位加荷叶边，先将斜丝缕贴边按领圈形状烫出造型，然后将领圈包光收口（见图4.26B）。荷叶边反面与服装反面相对，以手工针固定。再将斜丝缕贴边车缝在领圈毛缝部位，完成后将贴边翻到正面，加缝止口线（见图4.26B）。将荷叶装饰边翻到正面后，盖住止口线车缝。斜丝缕牵带包光领圈的具体方法可见第3章衣领部分内容，如果用斜料贴边去包光45°角边缘，则应先拼角，详见第7章的图7.22D。

要点

　　由于中型与薄型面料上手工针线迹会外露,因此车缝止口线是休闲款式服装的斜丝缕贴边部位最佳的包光方法。

　　在图4.26C与图4.26D中,圆形领圈部位加了一层斜丝缕贴边。

　　1. 将反面相对,沿长度方向,将斜丝缕贴边对折整烫。

　　2. 展开贴边,分别将两边折叠出缝份宽度,其中一侧应比另一侧宽0.5cm。

　　3. 将斜丝缕贴边与衣身正面相对,用珠针别住。缝份部位留1.5cm超出边缘(见图4.26C)。

　　4. 车缝时稍稍拉紧斜料,使其表面平整(见图4.26C)。

　　5. 修剪、整理缝份并烫平(见图4.26C)。

　　6. 将斜料用暗针缲到缝份上;将缝份向斜丝缕贴边一侧烫倒。这样使衣片正面边缘显得平挺。

　　7. 将斜丝缕贴边翻到衣身里面。

　　8. 在实际生产中,会用止口线车缝斜丝缕贴边,在前片正面形成一道止口线(见图4.26D)。由于斜料不易脱散,因此不需要包缝;通常边缘部位采用包缝或者折光车缝方式收口(见图4.27A)。

　　9. 以手工缝制风钩与扣眼,完成后中边缘部位的斜丝缕贴边收口(见图4.26E)。

要点

　　应在实际面料上做斜丝缕贴边试样。在裁剪大块的斜丝缕贴边前制作试样,确定其宽度是否足够包住边缘。包光缝份的宽度取决于所用面料宽度。对于厚重型面料,为了边缘做平整,斜丝缕贴边的宽度可能需要增加;而对于薄料,其宽度需要变窄。

包光斜丝缕贴边

　　在完成贴边制作时,可在以下方法中选一:

- 将贴边边缘修剪,并沿接缝车缝漏落针(见图4.8)将贴边固定在服装内部。
- 用装饰线迹车缝贴边与服装所有层,将贴边固定在服装上。

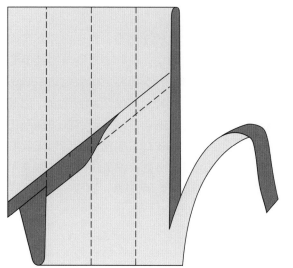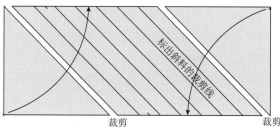

*按对角方向折叠形成45°方向斜丝缕后熨烫并裁剪

图 4.25 车缝接缝形成连续的斜料并裁剪

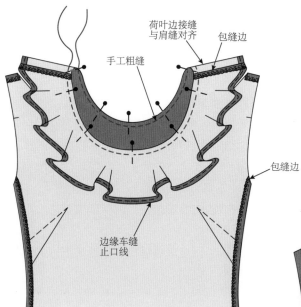

图4.26A 将荷叶边手工粗缝到领圈

荷叶边接缝
与肩缝对齐
包缝边
手工粗缝
包缝边
边缘车缝
止口线

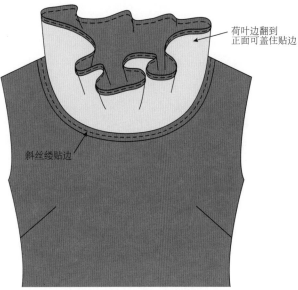

图4.26B 斜丝缕贴边车缝与翻转

荷叶边翻到
正面可盖住贴边
斜丝缕贴边

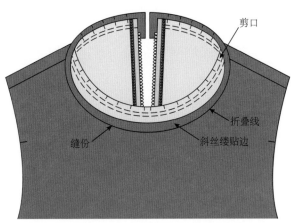

图4.26C 斜料贴边车缝、修剪与剪口

剪口
折叠线
斜丝缕贴边
缝份

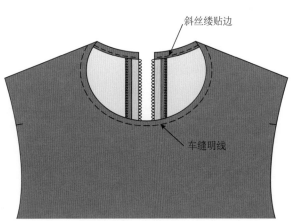

图 4.26D 车缝明线

斜丝缕贴边
车缝明线

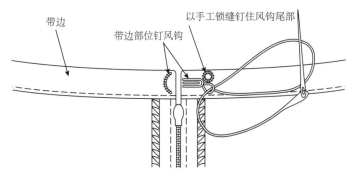

图 4.26E 带边部位钉风钩

以手工锁缝钉住风钩尾部
带边部位钉风钩
带边

斜丝缕滚条

斜丝缕滚条能包住边缘两面，只有一边可见斜丝缕贴边，通常在服装内部。滚条还可对边缘起到加强与突出作用。斜丝缕滚条可手工固定在服装反面，同时与面料、贴边缝在一起。斜料滚条尤其适用于弧线边缘部位，也可用于直线毛边包光。直丝缕滚条只能用于直线毛边。

双针可以用于车缝斜丝缕贴边。它可同时车缝两条平行线迹。其面线两排平行线，底线是锯齿型线迹。须谨慎调节底线，使底线线迹不外露。

单层斜丝缕滚条

缝制单层斜丝缕滚条

1. 修剪缝份。

2. 滚条宽度应允许其两边折叠，服装面料边缘包在折光边缘的滚条中间（见图4.27A）。

3. 在服装边缘下面的滚条宽度应略宽（近0.5cm），以便于车缝时可以固定住底部滚条。

4. 手工粗缝斜丝缕滚条，将各层面料同时固定。

5. 用拉链压脚，紧贴着滚条边缘缓慢地缝制。车缝中须时常停止，确认上下两层滚条同时车缝在一起。

双层斜丝缕滚条

双层斜丝缕滚条最适用于纤薄型面料。

- 裁4.5cm宽的滚条，并根据需要决定长度。
- 将滚条沿长度方向对折，手工粗缝或整烫按压。
- 将滚条放置在服装正面，保证滚条边缘与服装毛边平行。
- 根据滚条宽度车缝缝份，然后将折好的滚条向内折（见图4.27B）。

在手缝领圈滚条前，先确定如何包光滚条边缘。按以下步骤完成滚条的包光处理：

1. 在服装的边缘为滚条留出足够的余量。

2. 在服装开口前大约5cm的位置停止手工粗缝滚条。

3. 展开折好的滚边，将正面相对。

4. 在滚条末端，距离边缘0.25cm处车缝一道（见图4.28）。

5. 修剪滚条缝份至1cm。

6. 将滚条正面翻出，并重新折叠好。

7. 将折边手缝缲在缝份上。

8. 此方法也可用于单层滚条。

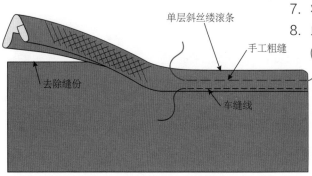

图 4.27A　单层斜丝缕滚条

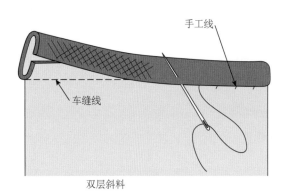

图4.27B　双层斜丝缕滚条

如何拼接贴边与里布

车缝1.5cm宽的接缝，将贴边与滚条缝合。详细内容可见第8章图8.12，应遵循缝制顺序。

其他边缘处理方式

毛边

脱散的毛边是种处理服装边缘的方式。尽管毛边看起来随意，但为了更好地强化边缘，应谨慎处理毛边。

- 试样：毛边应避免用斜料。毛边应产生蓬松的边缘效果，而斜料因布纹方向变化会导致其松散后效果不均匀。使用直丝缕面料可以产生理想的毛边效果。
- 在靠近毛边边缘部位车缝一道直线，起加固作用，防止织物进一步脱散。
- 缝纫前，在车缝部位加贴斜料或黏合牵带定型。
- 用锥子或拆线器谨慎拨开纤维，应防止损伤面料表面。

斜丝缕面料

虽然斜丝缕面料不易脱散，但容易磨损。用锥子或拆线器，也可用牙刷使服装边缘起毛。

两条斜丝缕边的应用

稍厚实的面料，如羊毛、棉麻、花呢、仿羔皮都适合这种处理方式。

两条斜丝缕边制作

1. 服装制作下摆，除非毛边也用斜料处理。
2. 转角部位应做成45°斜接角，见图7.22。
3. 用风格相匹配或是明显反差的面料裁剪为2.5cm或更宽的布条。
4. 长度是实际所需长度的2倍。
5. 用两条布条夹住服装边缘。
6. 缝纫两行间距0.5cm的线迹，确保三层全部车缝在一起。
7. 梳理面料纤维，产生边缘起毛的效果。

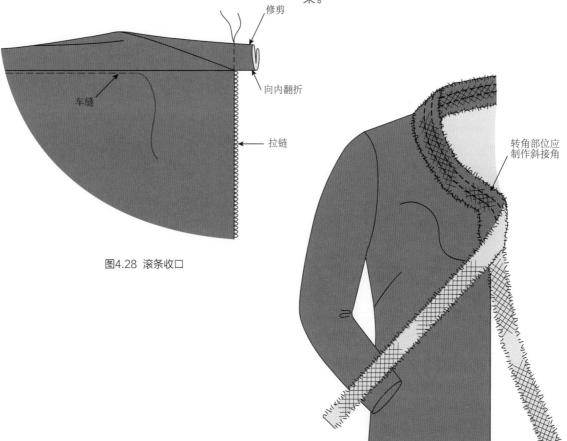

图4.28 滚条收口

图4.29 两条斜丝缕面料车缝至服装毛边

棘手面料的缝制

条纹、格子、花型图案与循环图案

根据对条对格与花型的方向与位置，放置裁剪样板并裁剪。否则服装外观会不协调，就像是被切断了一样。

如果花型图案很难对，可以用其他风格反差较大的面料搭配作为补充。

可以使用与衣身面料图案花型一致，但大小不同的面料。如果是格子面料，可以搭配条纹，产生对比效果。

纤薄面料

此类面料贴边宜窄，且手感轻薄，如雪纺或丝绸。否则贴边会在正面产生阴影。理想的效果是贴边平行于服装边缘。

斜丝缕贴边是种理想的边缘包光方法。

在前中与后中部位，可使用本身料，经对折后形成贴边。

在制作此类对折贴边时，应事先制作试样。

贴边部位需要加定型料，如真丝欧根纱之类。通过加厚的方法，可以使贴边更加有形。具体内容详见上册第3章。

避免使用会改变面料手感的定型料。

蕾丝

蕾丝适用窄的斜丝缕贴边，或者斜丝缕滚条（由轻薄梭织面料制成）。

可用服装贝壳边的制作方法完成，具体内容见上册第6章省道部分内容。

若用嵌条，可在服装衣身与贴边之间嵌入嵌条，这种方法可加强那些易破损蕾丝服装的边缘。

蕾丝不宜制作较宽大的、异形贴边，这会使服装显得太笨重了。

绸缎

绸缎服装忌使用定型料，这会破坏服装的整体效果。僵硬的贴边会贴在服装上，产生不美观的造型。过软的黏合衬，由于自身重力会导致贴边下坠。如果贴边车缝或暗缲针不当，则会引起贴边外翻，以及接缝外露等问题。

事先应先制作试样，从中选择贴边效果最隐蔽的，且能支撑服装，又能保持平整光洁的贴边制作方法。

整烫时应在贴边部位垫放牛皮纸，防止熨斗直接接触面料留下烫痕。

如果服装完成时，贴边部位可见，则接缝部位可以用滚边方法完成。

不宜手缝服装的贴边，除了接缝部位，应避免将贴边固定在服装上。

不宜用熨斗直接整烫绸缎的表面。

珠片织物

车缝珠片面料之前必须将接缝部位的珠片拆除。

对于挺括的梭织珠片面料，宜采用真丝欧根纱、绉绸等风格相配，或反差明显的面料做贴边。

珠片面料必须加衬布起支撑作用（见上册第3章图3.16）。

珠片面料的里布应该将面料背面完全覆盖，从而可以省略贴边。

珠片面料不宜用本身料作为贴边。

牛仔布

异形贴边、延长贴边与斜料贴边需要车缝。

在牛仔夹克的前中门襟部位应加牵带，既可以起到门襟加强作用，又可以边缘包光。

牛仔布应做不同的衬里小样，以确定衬里的合适厚度。

缝份应作修剪、剪口处理，以减少缝份厚度。

缝制贴边时，尽可能采用使其平整的方法完成。

在贴边一侧加缝止口线，防止其外露。

丝绒

鉴于丝绒的绒毛与体积，不宜作为服装内部的贴边使用，如服装的延伸贴边、领口、袖窿、前中、后中等部位用丝绒作为贴边的效果皆不理想。因为绒毛会在穿戴时被损坏。丝绒作为服装外侧的装饰贴边时，应仔细考虑其放置的部位。丝绒会因绒毛方向变化发生颜色改变。此外，丝绒面料宜破损，应避免斜料裁剪。

应使用缝入式的内衬。

贴边外侧加定型料，距离边缘1cm，以直线车缝；在加缝里布时，以此缝线作为对位标记。

应小心地对缝份做修剪、剪口处理。

在服装的边角部位，以用1.5的针距做加强车缝。

由于丝绒在车缝时易发生滑动与拉伸，压脚压力应作调整。

丝绒整烫时应加垫烫布保护，避免蒸汽在丝绒表面留下印痕。

不要用熨斗直接接触丝绒，以免面料表面出现烫痕。

避免在丝绒上缝明线，一旦发生拆线，面料表面会留下针孔。

厚重面料

对于厚重面料贴边缝制平整的关键是减少面料厚度。

谨慎选择衬里与定型料。

缝份在做修剪与剪口处理时，应尽量修得窄一点，避免接缝部位出现突起。

尽可能使用暗缲针。

翻折线顶端缝份应加以修剪，以便于驳头部位自然翻转。

多喷蒸汽，并结合木槌敲打使缝份平整。

如果面料过于厚重、僵硬，可以通过试样，选择反差明显的薄料作为贴边。

反差明显的薄料贴边在减少厚度的同时，还可以起到装饰作用。

在使用反差较大的薄料制作贴边之前，应对面料与定型料加以试样。

如贴边不外露，可用里料做贴边。

如果本身料过于粗糙或太厚，则不适宜作为贴边使用。

融会贯通

- 如果设计师已掌握了车缝异形贴边的方法，可将该方法应用于表面装饰性贴边的缝制，这些部位可以用各种不同的方法处理。
- 从裁剪与缝纫斜料贴边中学到的知识，可以应用到斜料滚边，斜料嵌条制作中。
- 在掌握了服装领口开口制作后，可将开口制作方法应用到袖克夫部位。
- 设计师可以将延长贴边的缝纫知识拓展到服装表面装饰性延长贴边制作中，尤其是当反面风格反差的面料能产生有趣的效果时。

创新拓展

- 服装使用醒目的花卉印染面料。风格差异明显的贴边可成为服装设计焦点所在，可在设计元素的周围用色彩反差明显的面料做一圈嵌条。
- 在加贴边所对应的衣身正面车缝多道缝线，突出贴边造型的作用（见图4.30A）。
- 匙孔领领圈可改为其他类似形状，如：曲线、菱形、三角形或更多，以突出其他设计元素（见图4.30B）。
- 服装边缘或者其他部分可车缝多条斜料滚边，用以突出与本身料风格的反差（见图4.30C）。
- 那些单独的异形服装部件可考虑做满身贴边，或仅在边缘部位作贴边（见图4.30D）。

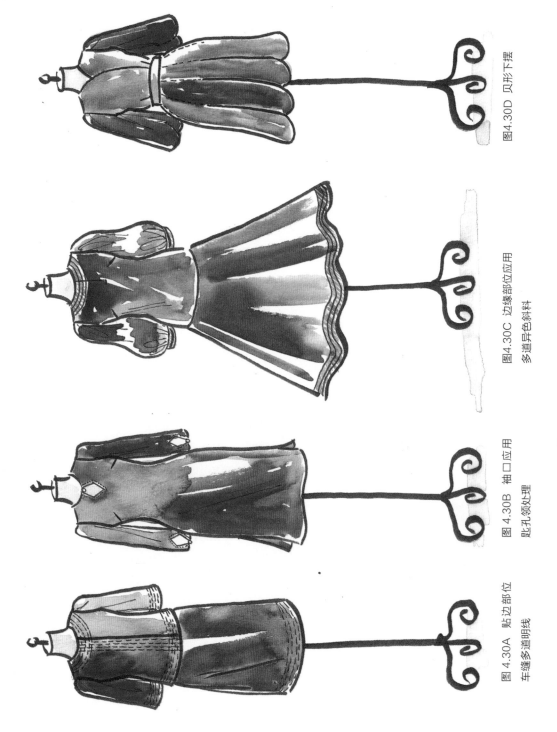

图4.30D 贝形下摆

图4.30C 边缘部位应用
多道异色斜料

图 4.30B 袖口应用
匙孔领处理

图 4.30A 贴边部位
车缝多道明线

图 4.30

疑难问题

贴边已经车缝至腰身，但是事后想加入里布该怎么办？

沿着里布接缝部位车缝一道直线.将贴边与里布正面相对，并以珠针固定。沿贴边将里布放平，并根据需要打剪口。 再根据里布车缝线与贴边上端的包缝线作为标记缝合后加以整烫。将里布暗缲在贴边上，最后以手工或车缝的方法收口。

斜丝缕滚条、皮革或面料滚条车缝后出现褶痕或褶皱该怎么办？

先拆除出现褶痕与褶皱部位的缝线。由于皮革表面会出现针孔，皮革滚条需要重新裁剪。然后减小压脚压力，并增大针距。用胶水将滚条暂时固定后车缝。留出一段较长的线头，用手工针引到服装背面后打结，再将其穿入滚条内隐藏。

贴边缝份已做修剪与剪口处理，但表面仍不平整？

这个问题出现在前后中心部位时尤为棘手，因为边缘两侧如不对称看起来尤为显眼。先将不平整部位的缝线拆除。将车缝线向衣身内侧移动一点以改善不平整效果。用面料记号笔小心标出车缝线位置。用手工针固定后，翻出贴边确认效果满意后再车缝完成贴边。

贴边看起来太厚重，是否可以拆掉改用其他方法包光边缘？

可用斜丝缕滚条或斜丝缕窄贴边方法。小心地拆掉缝线并去掉贴边，烫平缝份。由于缝份已修剪，因此车缝线位置应稍稍向外，重新车缝后整烫完成。

自我评价

√ 服装贴边是否平整没有褶痕？

√ 贴边部位是否用里布加强处理过？

√ 暗缲针是否贴近接缝？线迹是否平整？

√ 是否在服装合适部位使用了合适的贴边类型？

√ 缝份是否做了修剪与剪口处理？

√ 车缝明线是否平整？

√ 服装正面是否有手工针线外露？

√ 装饰性贴边是否增加了服装美观效果？

√ 夹在贴边与衣身的嵌条是否贴近服装边缘？

√ 服装前后中心部位左右长度是否一致？

复习列表

√ 贴边缝合的形状是否与服装形状相同？

√ 布纹与衣身的布纹方向是否一致？

√ 贴边的形状是否适合服装的设计？

√ 定型料与黏合衬厚度是否能对服装表面起到加强作用？

√ 加贴边部位的缝份是否都做过修剪与剪口处理？

√ 贴边制作是否平整？

√ 贴边车缝是否均匀，有无扭曲现象？

√ 服装贴边的固定技术方式是否合理？

√ 表面装饰性贴边有无扭曲或扯开，缝合方式是否与服装设计款式相符？

√ 斜丝缕贴边是否按45°角裁剪以使其平整？

√ 在使用分离贴边会引起重叠的部位是否代之以连体贴边？

第5章

袖克夫与袖口：袖口细节处理

设计中每个细节都很重要。虽然袖克夫与其他袖口的收口处理只是袖子的细节，但其与口袋、接缝、拉链或衣领同样重要。袖克夫可使袖口极具吸引力。克夫既有装饰性，又有功能性，比如袖克夫能使服装穿着更加便捷、保暖。

　　这章将介绍袖克夫设计，包括直线型、弧形袖克夫与翻边袖克夫。通过观察更多式样的袖克夫，可以从中获取灵感，并运用于实际设计。在指导教师的帮助下，还可考虑其他的袖克夫创新制作方法，运用所学的知识，形成自己独特的袖克夫制作方法。

　　其他袖口收口方式可增加衣袖的趣味性。如今，各种带弹性的袖克夫，结合斜丝缕滚条的边口处理方法成为一种时尚元素。

　　特征款式中有各种设计构思，包括袖克夫与各种袖口收口方法，在设计中考虑袖克夫与其他的想法。希望通过学习袖克夫的缝制，能够激发更多令人感到惊喜的设计创意。通过各种缝纫实践，学生能够积累更多经验，探索更多实现新设计的可能性。

关键术语

无袖衩袖克夫

弧形袖克夫

袖克夫

无叠门量袖克夫

全衬

抽褶袖克夫

半衬

加叠门袖克夫

一片袖克夫

开袖衩袖克夫

袖衩

开口

带褶裥袖克夫

两片式袖克夫

袖口处理

特征款式

特征款式展示了两类袖克夫设计，以及两种不同的袖口收口方法。其他袖口处理方式，本章也将加以说明。

图5.1A中的条纹T恤曾在上册图4.28A中作展示。带贴边的袖克夫是最常见的袖克夫处理方式。

图5.1B是种合体式袖克夫，在袖克夫周边镶嵌了一圈荷叶边，荷叶边不仅为袖克夫增添色彩，也可与荷叶边领产生呼应。

图5.1C中袖口加松紧带的装饰处理方法为薄纱上装增添柔与细腻的触感，弹性装饰褶带也可用于领圈部位。这两种处理都用了同样的制作方法。

图5.1D体现了三部分内容：抽褶的、带荷叶边真丝乔其纱女式上衣。袖口以斜丝缕滚条收口。这款女式上衣可搭配牛仔裤，再搭配束腹紧身胸衣。

虽然袖口收口方式各不相同，但其共同点是都具有功能性。衣袖袖克夫是为了方便手的进出，通过钮扣扣合可将袖克夫固定、不滑移。弹性装饰褶带袖克夫可通过伸缩，扩大袖克夫以方便手的进出。斜丝缕滚条是通过系带方式开合。所有袖口处理应满足袖克夫的功能与舒适性需求，袖克夫不宜过松或过紧。

工具收集与整理

应准备好要以下工具：卷尺、别针、针线、衬布、滚轮、钮扣、开扣眼刀、烫袖板，还有拆线刀与纱剪。

现在开始

袖克夫很精细，缝制较费时，但这些时间花得值得，因为袖克夫对任何服装而言都是种重要的细节，它给服装增加了有价值的细节。袖克夫可分为有袖衩与无袖衩的两类。

袖克夫是什么？

袖克夫是缝在短袖、七分袖、定制袖长袖口部位的面料。长袖的边缘称为袖口。图5.2中为有袖衩与无袖衩的袖克夫。裤子也可有克夫，更多信息见第7章。

袖克夫环绕在袖口或手臂上，可有不同的款式、形状与尺寸。如袖克夫可以是直袖克夫，也可以是弧形的合体袖克夫，或是翻边式袖克夫。在特征款式中展示了两类袖克夫。直袖克夫的克夫比合体袖克夫要窄。合体式袖克夫从手腕一直到手臂位置，其宽度由设计师确定。

有袖衩与无袖衩袖克夫

袖克夫可以缝在袖口处，因此这种袖克夫需要做袖衩（带钮扣与扣眼），或全面缝合，这种情况下不需要开衩。

有衩袖克夫上可选择装或不装钮扣，以手掌能否进出袖克夫为准（见图5.2A）。开袖衩有以下几种原因：服装穿脱的方便与舒适。有衩袖克夫，在袖克夫后侧有开衩使袖克夫可开合。图5.2展示了袖开衩的位置。袖衩应缝制成一条开口。

无衩袖克夫是将袖克夫两条缝份缝合后分烫缝份。袖克夫封闭后与衣袖缝合在一起成为环形。袖克夫与袖底缝刚好在一起，因此将它们对齐（见图5.2B）。

制板提示

有衩袖克夫应将克夫延伸部分计入总袖长。克夫延伸部分用于钉钮扣。图5.3中用刀眼标记延伸部位，这将在面料裁剪克夫时打剪口。缝合袖克夫时，该剪口是指导车缝的重要标记。图5.3展示了三种袖克夫：两片式袖克夫（见图5.3A）、一片式袖克夫（见图5.3B）与弧形袖克夫（见图5.3C）。

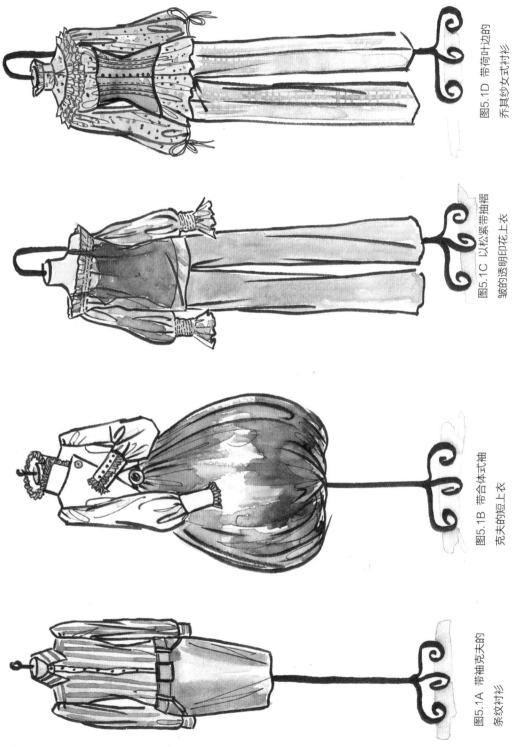

图5.1A 带袖克夫的
条纹衬衫

图5.1B 带合体式袖
克夫的短上衣

图5.1C 以松紧带束袖褶
皱的透明印花上衣

图5.1D 带荷叶边的
乔其纱式女衬衫

图5.1 特征款式

一片式袖克夫与两片式袖克夫

开衩袖克夫有一片式袖克夫与两片式袖克夫。一片式袖克夫折线部位代表克夫的边缘部位（见图5.3B）。两片式袖克夫沿着克夫底边缝合。两片式袖克夫可裁成直线形袖克夫或弧形袖克夫（见图5.3A与图5.3C）。

弧形袖克夫属于合体式袖克夫。之所以要裁成弧形是因为其宽度比直克夫宽（直袖克夫宽度不超过7.5cm）。如希望袖克夫宽度比这个尺寸要宽，袖克夫就应用弧形，贴合手臂。由于袖克夫边缘形状是弧形因此无法对折裁剪。袖克夫的弧形造型使得上缘比下缘长，其底边应贴合手腕，详见图5.3C。任何特定形状的袖克夫都必须分两片裁剪。

袖开衩

加开衩袖克夫都需要从手腕处开始沿衣袖做一个袖衩。袖衩的位置尤为重要——袖衩应在衣袖后片、手肘下方。袖衩位置详见图5.4衣袖后片。

本章介绍三种袖衩：塔克袖开衩，抽褶开衩与加收省袖开衩。这些袖开衩款式见图5.4与图5.6A。

衣袖车缝袖克夫前，袖克夫边缘部位应先抽褶或车缝塔克，形成理想的袖身廓型。袖身围绕在手腕周围勾勒出手臂外形。褶的车缝方式将在本章后半部分讨论。从图5.4中可见衣袖袖口褶。

确保袖克夫舒适合体

卷尺绕手掌，而非手袖口位，准确测量制作袖克夫所需尺寸。该长度是袖克夫尺寸。对于开衩袖克夫，须加上克夫叠门延伸宽度。图5.5中袖克夫总长度，包括延长量与缝份宽度。

图5.3A 两片式袖克夫

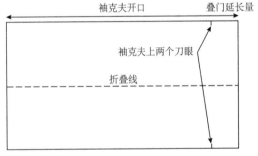

图5.3B 一片式克夫

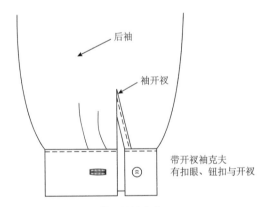

图5.2A 带开衩袖克夫

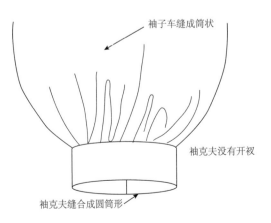

图5.2B 无开衩袖克夫

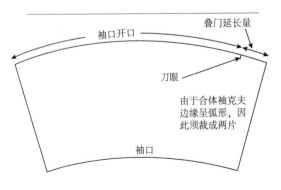

图5.3C 弧形袖克夫

无开衩袖克夫不需要延伸量; 但袖克夫需要加2.5cm松量以满足手部活动的舒适性。

> **要点**
>
> 　　设计师的责任是确保服装各部件能发挥作用。我们重视功能性设计。无论袖克夫有没有加袖开衩, 舒服性是关键, 太紧或太松都不适合手掌进出。

如何选择合适的袖口处理方式

　　选择合适的袖口处理方式对服装而言十分重要。袖口处理应与整件服装的设计相协调, 从而形成令人赏心悦目的外观。如何应用各种不同的袖口处理, 对设计专业的学生而言是项挑战。总之, 应不断地尝试与检验各种想法与设计。

- 选择袖克夫处理方式时, 袖口处理应与面料厚度、质地与透明性相适应。实用的经验是拿捏面料, 通过用面料小样做褶裥或抽褶观察面料的厚度与垂感。

- 舒适是重点, 袖口开合方式是种功能性设计。这对定位目标消费群相当重要。虽然翻边式袖克夫很好看(见图5.15C), 但是忙碌的母亲或老人可能无暇, 也无力收拾好这样的袖克夫。

- 设计通常预算有限。袖克夫与袖口处理只是整体服装中的一个小细节, 不能耗费太多制作工时。在生产制作中, 应避免因袖衩与袖克夫缝制过多增加整体服装的成本。

- 流行趋势会影响设计师对袖克夫款式的选择。例如, 在一个系列中的一件衬衫袖克夫宜选简单的直克夫, 而不是翻边袖克夫。

袖克夫定型处理

　　袖克夫可用贴衬的方法定型, 袖克夫上下两层都需要贴衬(见图5.5A)。袖克夫可仅在其表面一层用贴衬的方法定型(见图5.5B)。

　　袖克夫加衬的多少应由面料特点决定。因此可根据不同厚度面料, 通过制作试样, 从单层或双层加衬方法中选择理想方案。衬布的作用是对袖克夫定型, 并维持钮扣与扣眼扣合。在车缝前应先加贴衬布。

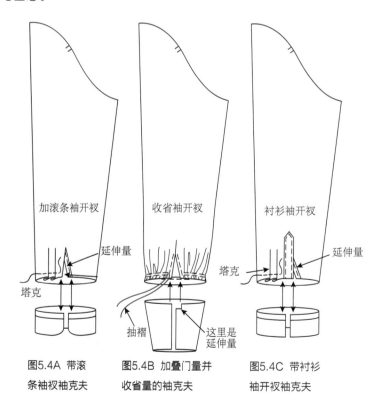

图5.4A 带滚　　　图5.4B 加叠门量并　　图5.4C 带衬衫
条袖衩袖克夫　　　收省量的袖克夫　　　袖开衩袖克夫

通常厚料只需表层加衬，薄料需要双层贴衬。弧形袖克夫适合双层加衬，确保其能在袖口形成理想的廓型。图5.5中是直袖克夫，无论克夫形状是直的还是弧形的，其原理是相同的。

开始缝制

正确的缝制是由正确的样板开始的。检查所有刀眼是否已剪好，袖克夫是否已作定型处理。准备好后，将卷尺、珠针、剪刀之类的工具放在边上备用，然后就可以开始缝制袖克夫了。

带开衩袖克夫

带袖衩克夫，袖衩在袖口，长度为几厘米。先在袖子开个口，再将袖衩缝入开口。加了袖衩后，袖克夫可以打开。克夫上的钮扣与扣眼可用于开合克夫。以下是带袖衩克夫的缝制顺序：

平面车缝(带褶的袖口)

1. 将袖子放平，再将袖衩缝入袖口。

2. 袖子放平后车缝固定塔克(见图5.6A)。

3. 在车缝袖克夫前，先缝合袖底缝(见图5.6B)。

圈筒形车缝(袖口抽褶)

1. 袖子放平后，缝入袖衩。

2. 车缝袖底缝。

3. 袖子缝合成圆筒状后粗缝抽缩线(见图5.6B)。

袖开衩

每种开衩都有特别的缝制方式。准备缝袖衩时，在袖子上剪一开口，其长度以样板的标记为准。

加滚条袖开衩

留意周围的商店会发现：加滚条袖开衩是最普遍的式样。缝制一道单独的滚边来封住开口两侧毛边。开衩两侧的袖克夫应对齐，袖克夫不需加延伸量。这种款式十分实用，最适合衬衣与女士衬衫。

该尺寸包括袖口叠门延伸量与缝份

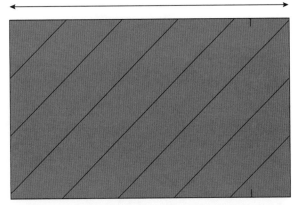

制板提示

裁剪4cm宽的袖开衩滚边，长度是开口长度的两倍略长一些。

图5.5A 一片式全衬袖克夫

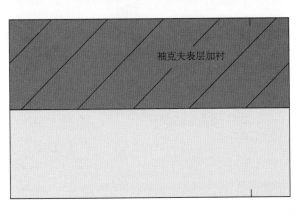

袖克夫表层加衬

图5.5B 一片式半面加衬克夫

缝制顺序

1. 将缝份两侧滚边缝份向面料反面整烫，宽度为1cm。再将滚边对折并烫压(见图5.7A)。

2. 将滚条一边展开，然后将袖衩滚条与袖衩开口正面相对，以1cm缝份宽度将两片用珠针别合，逐渐缩减缝份末端宽度，缝份由1cm沿直线减少至0.25cm（见图5.7B）。

3. 使用小针距（约2.0针距），起始缝份宽度为1cm，并以0.25cm结束缝份。将机针放下后可见开衩缝合边缘呈一个角度，不必担心，这是刻意为之（见图5.7C）。

4. 以此点为转角点，以相同方式继续车缝，完成袖衩开口另一侧的滚条（见图5.7C）。

5. 沿滚条中心整烫缝份（见图5.7C）。

6. 滚条折叠线正好盖住车缝线迹，再用珠针或手工粗缝方式固定，车缝袖衩滚条止口线，如图5.7D所示。

7. 将滚条对折，为使其能保持在合适位置，在开口上方沿对角线方向车缝（见图5.7E）。

8. 车缝腕口部位的褶，然后将褶裥一侧的袖衩滚条向内折回，这样滚条恰好隐藏在袖子内侧（见图5.7F）。

衬衫袖衩

衬衫袖衩常见于男士衬衫。衬衫袖衩制作看起来很有难度，但掌握了其制作窍门后就会变得很容易。衬衫袖衩由两片分离的袖衩片组成，一大一小。此类袖衩制作较费时，是男女装衬衫袖衩的经典结构。袖衩必须加衬，关键是标清对位点，这对袖衩缝制质量至关重要。

袖衩有两个部分：大袖衩与小袖衩。为留出缝份，小袖衩的长度是袖衩开口长加1.2cm（见图5.8A）。大袖衩（见图5.8C）对位点与开口长度等长。大袖衩上开衩超出部位需另加上额外长度，这部位袖衩通过车缝明线方式完成。

图5.6A 袖子平面车缝方法

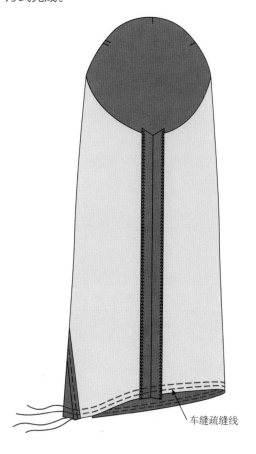

图 5.6B 袖子圆筒车缝方法

小袖衩片

缝制顺序

1. 将小袖衩片两侧向反面扣烫1cm宽缝份，再将其对折整烫（见图5.8B）。

2. 用小袖衩片包裹靠袖底缝一侧的开口，以珠针别住或粗缝方法固定（见图5.8B）。

3. 在滚条部位，从袖口开始到开口顶端，按1.2cm宽度车缝止口线，整烫小袖衩滚条（见图5.8B）。

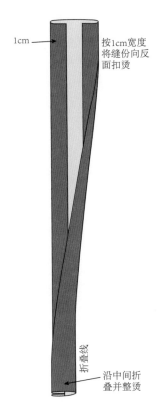

1cm

按1cm宽度将缝份向反面扣烫

沿中间折叠并整烫

折叠线

图 5.7A 制作滚条

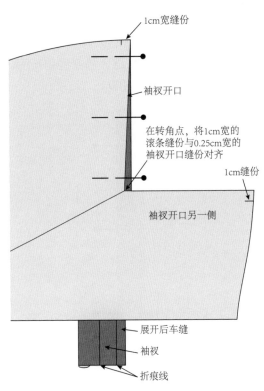

要点

在衣袖后侧开口部位做袖衩，开口长约7.5cm。将开口剪裁至离开端点1cm位置，然后向两侧斜向剪开，形成V字形，如图5.8A所示。V字部分为缝份，开口两侧1cm的缝份可车缝到袖衩上。

1cm宽缝份

袖衩开口

在转角点，将1cm宽的滚条缝份与0.25cm宽的袖衩开口缝份对齐

1cm缝份

袖衩开口另一侧

展开后车缝

袖衩

折痕线

图 5.7B 将袖衩车缝至袖衩开口

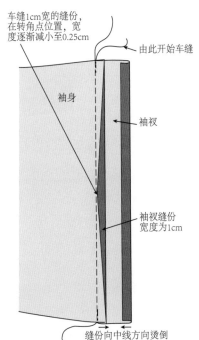

车缝1cm宽的缝份，在转角点位置，宽度逐渐减小至0.25cm

由此开始车缝

袖身

袖衩

袖衩缝份宽度为1cm

缝份向中线方向烫倒

图5.7C 车缝1cm宽的缝份

　　将袖身反面朝上放平。将后袖片折叠，使正面朝上。将小袖衩与顶部三角车缝在一起。注意，此刻小袖衩顶部正面可以看到缝份外露（见图5.8C）。

大袖衩片

缝合顺序

　　1. 将大袖衩片正面相对折叠到一起。沿边缘车缝1cm缝份，从对位点起缝至折叠线为止，收针时回针（见图5.8D）。

　　2. 边角位置剪口，将大袖衩翻到正面。尖角部位应挺括（见图5.8D）。

　　3. 将其余缝份向反面整烫（见图5.8D）。

　　4. 袖衩片正面朝上，将大袖衩包住开口另一侧。将大袖衩片对位点与小袖衩水平车缝线对齐。确定大袖衩片完全遮盖缝份后以手缝或珠针固定（见图5.8E）。

　　5. 以2.0针距，沿大袖衩片车缝止口线。车缝线由袖口开始，根据袖衩形状在转角部位转角。收针时须车缝回针。

　　6. 袖衩整烫定形。注意：车缝明线后小袖衩缝份应置于大袖衩下。在车缝明线时，可在缝线方框内车缝一个交叉十字（见图5.13B）。

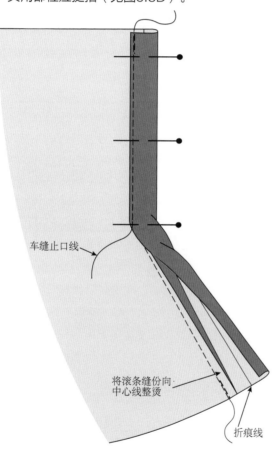

图 5.7D　翻转的滚条边缘盖住之前缝线后车缝止口线

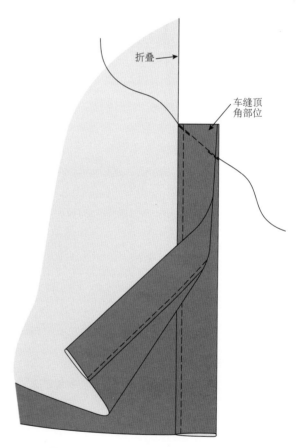

图 5.7E　对折滚条，以对角线方向车缝袖衩滚条

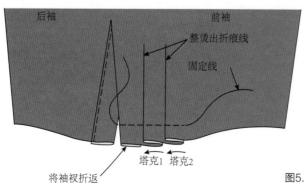

图5.7F　将袖衩向褶裥方向折叠，并车缝固定线

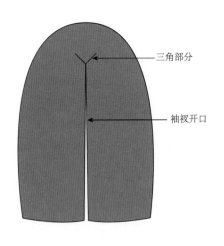

图 5.8A 剪袖衩开口三角部位

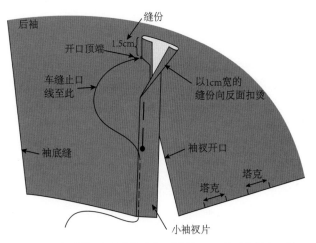

图 5.8B 将小袖衩包在靠袖底缝一侧袖衩开口上并车缝止口线

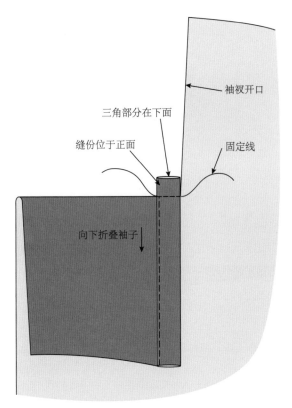

图 5.8C 将小袖衩顶部与三角部分缝合在一起

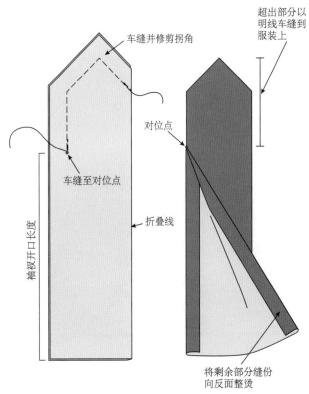

图 5.8D 准备大袖衩片

收省袖衩

这是种简便的袖衩缝纫方法。袖衩两侧都要车缝明线。袖衩顶部车缝省道, 使袖衩开口两侧合在一起。这种袖衩的生产效率高, 因为所有袖衩缝法中, 这种方法最快最简单。

缝纫工序

1. 袖衩开口两侧都向反面折烫0.5cm, 再折叠0.5cm并在两边的折叠边缘车缝。沿袖口向上缝纫到开口顶部 (见图5.9A)。袖衩开口顶端呈U型。

2. 在正面折叠袖衩使其左右对齐。车缝11.5cm长的省道。车缝应按从省道底部最宽处开始车缝到省尖部位, 起针应回针, 省尖收针后将线头打结 (见图5.9B)。

3. 将省道向同一方向熨烫, 使袖衩两边合在一起 (见图5.9C)。

完成袖开衩后, 袖克夫处就准备好了。下一步是缝纫袖克夫。有两种缝纫袖克夫的方法, 一种是塔克法, 另一种是抽褶法。袖克夫处理方法取决于袖克夫款式。

袖克夫准备过程

袖克夫可用塔克法与抽褶法处理。抽褶与塔克的差别如图5.4A与图5.4B所示。

- 在样板制作阶段, 抽褶与塔克法都要在袖克夫加入松量, 这些松量可在宽度上增加袖子空间, 使得胳膊可以舒适地弯曲。

- 通常收省袖开衩与抽褶的袖克夫结合, 看上去更整齐 (见图5.4B)。

- 衬衫袖袖衩与滚边袖衩与塔克结合应用时, 可用图5.4C所示方法调整袖口。

- 抽褶法的袖克夫处理会比褶裥法给袖子提供更多的松量。上册第4章抽褶缝纫部分内容解释了如何通过粗缝使得袖克夫缝缩, 其步骤如上册图4.23所示。

- 褶裥与抽褶都需要在装袖前缝纫完。

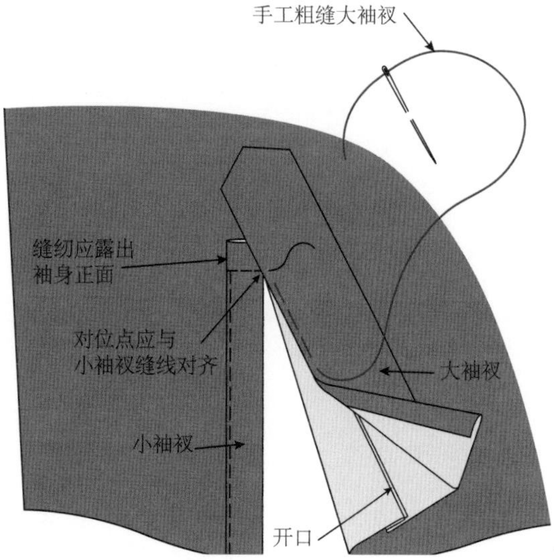

图5.8E 车缝大袖衩

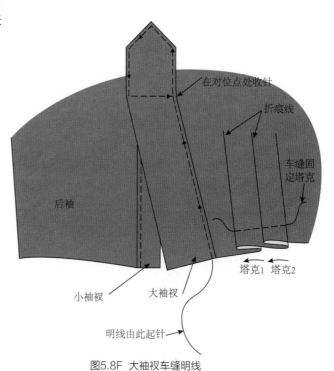

图5.8F 大袖衩车缝明线

塔克袖克夫

1. 缝制塔克时，应将袖子放平。这是种平面车缝法（见图5.6A）。

2. 每个塔克朝袖衩折叠，如图5.7F所示，并在恰当位置将塔克车缝固定线。

3. 将每个塔克烫压出一条数厘米长的折痕。在缝好塔克后车缝袖底缝。

抽褶袖克夫

1. 袖克夫抽褶前，应先车缝袖底缝。

2. 袖子缝好后就可车缝袖克夫（见图5.6B）。

3. 袖克夫粗缝2道线迹（见上册图4.23A）。拉紧缝线形成褶皱。直到袖克夫长度收缩后达到设计长度值。

4. 绱缝袖克夫前，应将抽缩量分布均匀（见图5.15A）。

袖克夫加缝装饰嵌条

蕾丝、色带、编织物或荷叶边之类都可以作为装饰嵌条，使袖克夫更加优雅美观。特征款式中的袖克夫，如图5.1B所示，袖克夫上加缝了与面料风格有反差的荷叶边，使袖克夫能更吸引人。袖克夫先加贴定型料后，再车缝嵌条，最后将克夫上下两层缝合。图5.10展示了在图5.1B中夹克的合身型袖克夫上加缝荷叶边的方法。

1. 装饰嵌条位于袖克夫内衬一侧（见图5.10）。

2. 将荷叶边包光；单层荷叶边可以车缝卷边的方式包光边缘。对于双层荷叶边，将面料正面相对，织物正面折叠安放在一起。沿边缘车缝1cm的缝份。再修剪缝份与拐角并整烫，然后将抽缩量均匀分布在袖克夫。

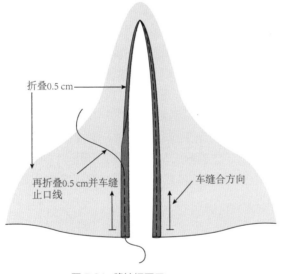

图 5.9A 缝袖衩开口

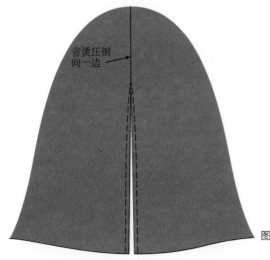

图 5.9C 完整的带省道袖开衩

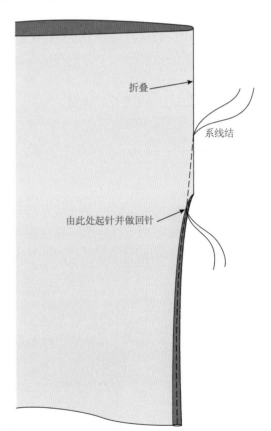

图 5.9B 缝合一个省使袖衩两侧对齐

3. 以别珠针或手工粗缝方式固定荷叶边。拐角部位应有更多的抽缩量，如图5.10所示。

4. 将袖克夫正面相对后缝合。

5. 关于荷叶边的缝合方法，详细内容可见第2章相关内容。

袖克夫缝制

袖克夫可以由两种不同的方式缝到袖口上。带袖衩的袖克夫，可采用对襟无叠门方法将袖克夫车缝到袖口上，如图5.4A与图5.4B所示，或者按图5.4C所示方法，对齐袖克夫叠门延伸量刀眼，将袖克夫车缝到袖口上。在制板时克夫应加入延伸量；当然，延伸部位可以用不同的方法缝制。

袖克夫的选择取决于袖开衩的款式。图5.4A与图5.4C中，袖开衩的一侧形成叠门延伸量。在袖开衩顶部，一侧折叠到袖身下面。

图5.4B中，收省的袖子上没有叠门延伸量。车缝收省袖开衩时，延伸量加在袖克夫上而非袖开衩。因此，在将袖克夫加缝到袖口之前，应在袖克夫上加上叠门延伸量。那部分看起来像台阶，见图5.4B。

要点

整烫对于袖克夫能否产生理想的外观至关重要。整烫袖克夫时，缝合线应在接缝中间，不可偏向克夫任何一侧。

带袖衩克夫与加叠门延伸量克夫的制作。

加袖衩无叠门克夫

加袖衩无叠门克夫的形状是直克夫，如图5.1A特征款式中条纹衬衫。图5.4A与图5.4B中，袖克夫边可以是带角或弧形的。图5.2A中加开衩的袖克夫上加了钮扣与扣眼。

一片式/两片式袖克夫

加袖开衩袖克夫长度与袖克夫长度一致。无论何种类型袖开衩，袖克夫大小应包括袖开衩量。如果开衩上加缝滚条，在缝合克夫前，袖衩滚条应向袖克夫内侧折叠(见图5.7F)。

缝制顺序

1. 袖克夫结构决定了是两面还是单面加衬(见图5.5)。

2. 一片式袖克夫，先将反面折叠在一起，并沿折叠线烫压；然后再打开。

3. 沿袖克夫上边，向反面扣烫1.5cm缝份(见图5.11A)。

4. 将袖克夫正面相对，袖克夫一侧将缝份向内折叠，沿两片式袖克夫边缘车缝1cm缝份。开始与结束应回针。另一侧袖克夫上边是打开的，这部分应车缝至袖口(见图5.11A)。

5. 修剪缝份及拐角，减小接缝厚度。

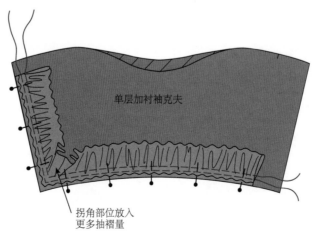

单层加衬袖克夫

拐角部位放入
更多抽褶量

图5.10 袖克夫上加缝荷叶边

6. 将袖克夫翻到正面，用翻角器轻轻推动顶角使其变得挺括。

7. 带袖衩袖克夫的缝纫、翻转与熨烫、准备与缝合过程如图5.1B所示。

加叠门延伸量带刀眼袖克夫

加叠门延伸量袖克夫有两种：袖克夫可以由一片或两片面料构成。无论袖克夫形状有何不同，其缝纫技术是相同的。叠门延伸部分缝纫后的样子如图5.4B所示。

一片式/两片式/弧形设计的袖克夫

袖克夫制板取决于袖克夫形状。一个直的袖克夫可做一片式袖克夫的纸样，但弧形袖克夫必须设计成两片。

制板提示

叠门延伸量应在裁剪前用刀眼在克夫上标出位置。缝制克夫时刀眼部位应打剪口。裁剪克夫时刀眼剪口位置如图5.3所示。图5.12中的刀眼位置已打剪口。

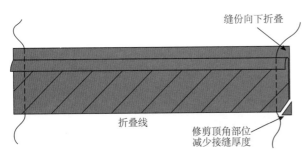

图 5.11A 无叠门袖克夫缝制

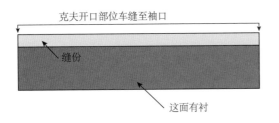

图5.11B 无叠门袖克夫缝制的翻转、整烫，以备绱缝至袖口

缝纫顺序

1. 两片袖克夫正面相对，将袖克夫内衬层置于下层。上面那片克夫不带刀眼，缝份一边向反面折叠，并以珠针别好（见图5.12A）。

2. 从刀眼处开始缝合袖克夫。起针应回针，缝合叠门延伸量后，在尖角处旋转，并缝合剩余的袖克夫，沿着袖克夫边缘形状一路车缝缝合，直至回针收针（见图5.2A）。

3. 在刀眼处，将缝份宽度修剪为0.25cm，并将缝份向克夫面层方向整烫（见图5.12B）。

4. 将缝份宽度修剪至1cm，并修剪尖角部位以减少接缝厚度（见图5.12A与图5.12B）。

5. 将袖克夫翻到正面，并用翻角器使顶角部更挺括。

6. 熨烫袖克夫。弧形袖克夫缝纫、翻转、熨烫与袖克夫缝合过程如图5.12C所示。注意：克夫上沿部位开口，这部分将与袖口缝合。

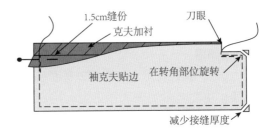

图 5.12A 车缝加叠门延伸量带刀眼袖克夫

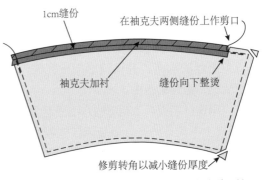

图 5.12B 两片式合体袖克夫，克夫开口处车缝至袖口

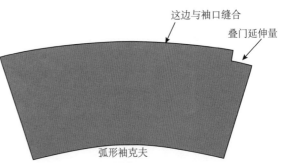

图 5.12C 车缝加叠门延伸量带刀眼袖克夫，车缝、翻转并整烫后准备与袖口缝合

袖克夫的对称

　　这部分内容相当重要。袖克夫制作完成并定型后，应将两只袖克夫对折比较，其形状与大小应完全一致，这样的克夫才算对称。衣领的对称可用同样的方法。如不对称，一侧应重新车缝，使其可以完美重合。如果袖克夫宽度不同会导致钮扣脱落。在服装制作过程中，每一缝纫细节与质量都十分重要。

要点

　　带袖开衩克夫会加有叠门延伸部分。缝制此类型的袖克夫时需要考虑是否需要刀眼，如图5.4A与图5.4C所示。

袖克夫与袖口的缝合

带衩袖克夫

各种带衩袖克夫缝合的顺序完全相同。

缝合顺序

　　1. 袖子翻到反面，将袖克夫正面包住袖口反面，袖口与袖克夫大小匹配，用珠针固定（见图5.13A）。注意图中袖克夫边缘是弯的。袖克夫无论是弯是直，或成角度都是根据设计创意来定的。

　　2. 如果需要，可通过修剪缝份、加剪口等方法减小袖克夫缝份厚度。

　　3. 正面的制作，先将缝份向袖克夫内折叠0.25cm，盖住车缝线。

　　4. 用珠针别或手工粗缝的方法固定面层袖克夫，其上下层应对齐，以免因错位导致克夫扭曲变形，因此车缝前固定是提高缝制效率最有效的措施。

　　5. 在克夫面层车缝止口线边。从袖开衩部位起针，车缝回针。如希望克夫挺括，在车缝时应将其稍拉紧。收针时要车缝回针。

　　6. 整烫袖克夫。

加叠门延伸量带刀眼袖克夫

　　袖克夫缝合到袖口后，钮扣钉在叠门延伸量部分（见图5.16）。

缝合顺序

　　1. 将袖子翻到正面。袖克夫包在袖口上，长度与袖口对齐，并将抽缩量均匀分布到袖克夫（见图5.14A）。

　　2. 将袖口与袖克夫缝合。由叠门延伸量部位起针车缝袖克夫一圈，起针须缝回针（见图5.14A）。

　　3. 如袖克夫以1.5cm缝合，应修剪缝份以减小厚度。

　　4. 为了完成袖克夫，将缝份翻入克夫内。袖克夫应盖住车缝线。

　　5. 以别珠针或手工粗缝方式固定袖克夫，以免因对位不齐导致克夫扭曲变形。

　　6. 通过缲针或暗针的方法缝合袖克夫。

　　7. 袖克夫可以车缝漏落针或明线的方法完成。若采用漏落针车缝，折边应盖住缝线（见图5.14B）。

要点

　　做好翻边袖克夫的关键是整烫。袖克夫的接缝应充分烫开。因此翻袖克夫的整烫较费工时。

翻边袖克夫

美观的翻边袖克夫是本章的重要内容。其独特之处是一半克夫翻折后扣合在一起。其缝纫方法与带袖开衩克夫相同。

- 翻边袖克夫的宽度是普通袖克夫的两倍，它缝合后应折叠（见图5.15）。

- 两倍宽的袖克夫再加0.5cm，袖克夫翻折过来后这0.5cm量可盖住接缝。

- 裁两片袖克夫，两面都全部贴衬。这样可增加其硬挺度，以便于翻折部位固定。

- 翻边袖克夫在绱缝克夫前应缝制好衬衫袖开衩。袖衩车缝方法见图5.8的缝合顺序。

缝合顺序

1. 袖口车缝塔克（见图5.8F）。

2. 缝合袖口与袖克夫前，将小袖衩翻折到袖子反面，并且车缝定位线（见图5.14A）。

3. 先缝合袖底缝，袖子形成筒状后便可以与袖克夫缝合了。

4. 根据图5.13所列的带袖开衩克夫的缝纫步骤，用同样方式缝合袖克夫与袖口。

5. 袖克夫与袖口缝合后，将袖克夫翻到正面，袖克夫边缘盖过接缝线0.5cm。沿边缘熨烫出挺括的折痕（见图5.15B）。

6. 展开袖克夫，并用卷尺测量，确定四个扣眼的位置，在袖克夫居中位置，再将克夫翻折回来。袖克夫扣合时，四个扣眼位置必须准确地对齐（见图5.15B）。

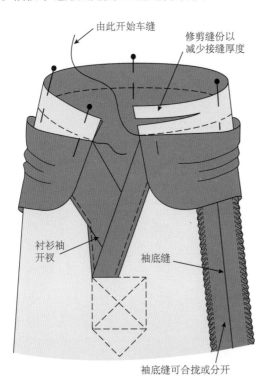

由此开始车缝

修剪缝份以减少接缝厚度

衬衫袖开衩

袖底缝

图 5.13A 无叠门克夫绱缝至袖口

袖底缝可合拢或分开

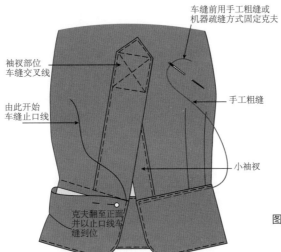

车缝前用手工粗缝或机器疏缝方式固定克夫

袖衩部位车缝交叉线

由此开始车缝止口线

手工粗缝

小袖衩

克夫翻至正面并以止口线车缝到位

图 5.13B 无叠门袖克夫封口

7. 将四颗袖扣缝在袖克夫底端一侧（见图5.15B）。

8. 袖开衩正面应缝一个扣眼。

9. 袖钮可将翻边袖克夫扣合在一起，袖钮可在超市购买或可以独创并制作个性化的袖钮。

要点 ✂

　　斜丝缕飘带与蝴蝶结可使服装更显女性化特征。飘带可车缝在比袖克夫稍紧的松紧带上（比手腕尺寸小大约5cm）然后将带子用锯齿形缝线车缝到松紧带两端。扣眼位置可设置于袖子中间，正好是要车缝抽带管的位置。袖底缝缝合前，应将袖子放平整。在车缝定型料之前，在扣眼位置下方放置一块方形的衬布。缝制方法同裙子腰身部位的缝纫，详见图1.12。

扣眼与袖钮的位置

　　对袖子而言，扣眼与钮扣的位置十分重要。设计时需要计算出袖子上钮扣、扣眼的宽度。

　　扣眼通常置于距离边缘1.5~1.8cm的位置。这可确保缝纫设备能正常锁缝扣眼。如果扣眼离边缘太近，锁眼机将无法正常车缝。

　　较宽的袖克夫上，应保证扣眼位置到两边距离相等。

　　以珠针别住袖克夫，然后标出钮扣的位置，具体方法见第9章相关内容。

　　以下图示为克夫上各种钉扣方法。

　　直袖克夫只需钉一颗钮扣（见图5.16）。

　　带衬衫袖开衩的直袖克夫可以钉两颗小钮扣。这样袖克夫可以调节松紧，有更多灵活性。但这种方式不适用于加叠门延伸量带刀眼的袖克夫（见图5.17）。

　　加荷叶边的贴体袖克夫开口部位加了三颗钮扣。应注意钮扣及扣眼位置。无论有无荷叶边，三颗钮扣应保持相等间距（见图5.18）。

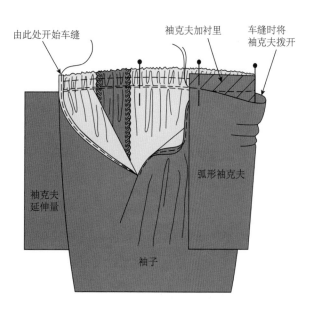

图5.14A　加叠门延伸
量带刀眼袖克夫缝制

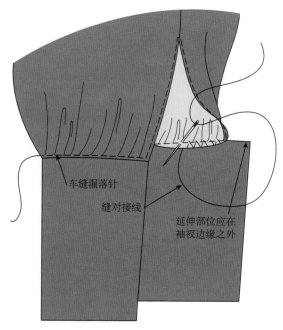

图5.14B　袖克夫以手工针、
或车缝漏落针或明线封口

无开衩袖克夫

    无开衩袖克夫呈环形，袖克夫缝在长袖或短袖上。因为其不需要剪口，所以比缝合一个打开的袖克夫更容易。无开衩袖克夫缝在长袖或短袖的底部边缘。袖克夫开口应满足手掌舒适进出，这属于功能性设计。一片式直袖适合于贴附袖口的克夫款式。如果袖口尺寸能适合手的大小，也可采用合体（弧形）袖克夫式样，这关键取决于克夫的尺寸。在制作前应先用坯布试样，以确定袖克夫大小比例是否合理。

制板提示

一般情况下，无开衩袖克夫大小是在手掌尺寸的测量基础上另加余量。

缝制顺序

以下步骤为袖克夫缝制顺序：

1. 袖克夫一半先贴衬。

2. 袖克夫对折使反面相对后再整烫。

3. 沿袖克夫上边缘（没有对接的部分），将缝份向反面整烫。

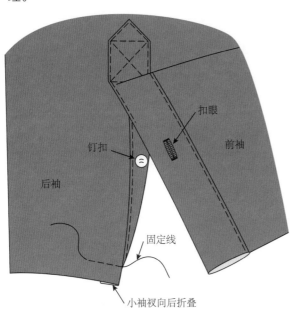

图5.15A 翻边袖克夫袖衩

标注：后袖、钉扣、扣眼、前袖、固定线、小袖衩向后折叠

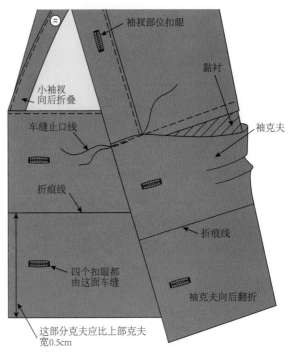

图5.15B

标注：袖衩部位扣眼、黏衬、小袖衩向后折叠、车缝止口线、袖克夫、折痕线、折痕线、四个扣眼都由这面车缝、袖克夫向后翻折、这部分克夫应比上部克夫宽0.5cm

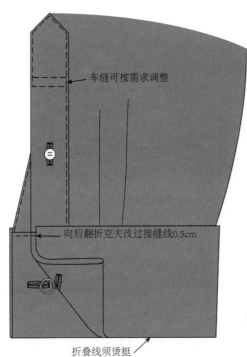

图5.15C

标注：车缝可按需求调整、向后翻折克夫改过接缝线0.5cm、折叠线须烫挺

4. 展开袖克夫,将袖克夫正面相对折叠。在克夫上车缝1.5cm宽的缝份,并烫开缝份以减少缝份厚度(见图5.19A)。

5. 缝合袖底缝,袖克夫与袖口都缝合成筒状后就可缝合了。

6. 袖克夫部位抽褶后,将袖子翻到正面。将袖口置于袖克夫内侧以正面相对。

7. 对齐接缝,袖克夫抽褶量应均匀分布,并以珠针固定。然后将袖克夫缝至袖口,在开始与结束时车缝回针。图5.19B中袖克夫以1.5cm的缝份与袖口缝合在一起。然后将缝份修剪至1cm减少接缝厚度(若袖克夫是以1cm缝份与袖口缝合的,则不需要修剪缝份)。

8. 将袖子翻到反面,缝份压入袖克夫,袖克夫折叠边缘与缝线对齐,并以手工粗缝固定(见图5.19C)。

9. 如图5.19C所示,袖克夫以手工暗缝或粗缝固定,车缝难以缝出一个小圈。

其他袖克夫制作方法

本章介绍了加松紧带的袖克夫,这是常见的袖克夫处理方法。还介绍了袖克夫带斜丝缕滚条与抽褶的处理方法,这些是流行的袖克夫制作方法。

由此开始车缝

袖克夫扣拢后无法看见扣眼下方延伸量

直袖克夫带一颗钮扣

图5.16 加叠门延伸量带刀眼袖克夫:钮扣与扣眼定位

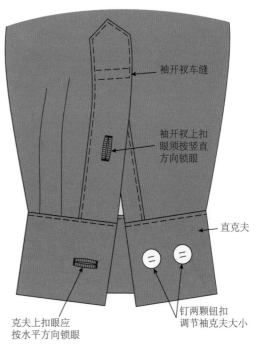

袖开衩车缝

袖开衩上扣眼须按竖直方向锁眼

直克夫

克夫上扣眼应按水平方向锁眼

钉两颗钮扣调节袖克夫大小

图5.17 带两颗钮扣的袖克夫可令袖克夫更加伏贴

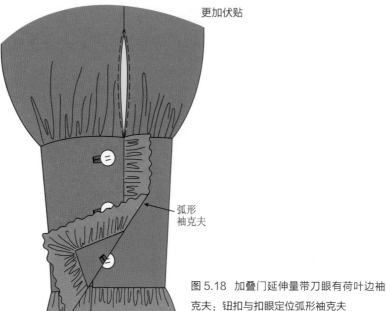

弧形袖克夫

图5.18 加叠门延伸量带刀眼有荷叶边袖克夫:钮扣与扣眼定位弧形袖克夫

抽带管

抽带管可以穿松紧带或绳带，用于收紧袖克夫。

弹性抽带管

弹性抽带管可缝在袖口或领圈部位或腰部。这些变化来自本章知识的融会贯通。袖口抽带管可形成醒目的褶，吸引更多注意。其弹性可让手进出袖口更容易。

边缘抽带管

这种抽带管在袖口边缘有卷边下摆。下摆边缘有一开口用于穿松紧带，以扣紧袖口。这种款式看起来柔软，袖子表明很整洁。

制板提示

成品下摆宽度取决于松紧带的宽度。根据松紧带宽度，增加1cm的余量，另加1cm的缝份量。抽带管比松紧带宽0.5cm。

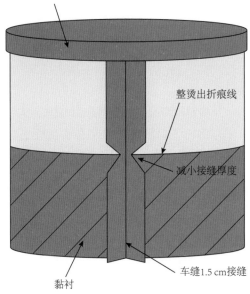

图 5.19A 无开衩袖克夫缝制

向反面扣烫1.5 cm缝份

整烫出折痕线

减小接缝厚度

车缝1.5 cm接缝

黏衬

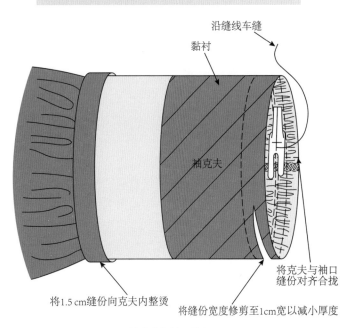

图5.19B 袖克夫与袖口缝合

沿缝线车缝

黏衬

袖克夫

将克夫与袖口缝份对齐合拢

将1.5 cm缝份向克夫内整烫

将缝份宽度修剪至1cm宽以减小厚度

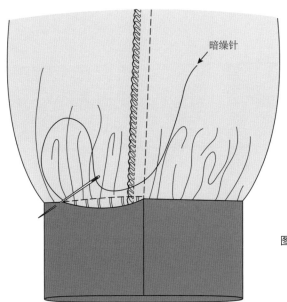

图5.19C 袖克夫以暗缲针封口

暗缲针

缝纫顺序

1. 车缝合拢袖底缝。整个袖子合成圆筒形（见图5.20B）。将缝份向一侧烫倒。

2. 车缝下摆。缝合下摆后留出一个比松紧带宽0.5cm的开口，下摆起针与收针应车缝回针（见图5.20A）。

3. 裁剪适当长度的松紧带，再加1.5cm缝份。在松紧带一端加一别针（或穿带器），将松紧带穿过抽带管（见图5.20A）。

4. 将松紧带另一端别在缝份上，以防在穿松紧带时滑入抽带管内（见图5.20A）

5. 将松紧带两头尽量拉出抽带管，使松紧带两头重叠1.5cm，以锯齿线迹缝合（见图5.20B）。

6. 缝制抽带管，将开口部位车缝封口。起针与收针需车缝回针（见图5.20B）。

斜丝缕抽带管

若在袖克夫表面缝制抽带管，应准备一条单独的斜丝缕布条用作抽带管。抽带管的位置根据设计而定。图5.21A中抽带管的位置在袖克夫上方数厘米。抽带管的位置仍可根据舒适与否作上下调整。

缝制顺序

1. 缝合袖底缝，使袖子形成圆筒形（见图5.21A）。在袖口下摆车缝一道窄卷边，或以波浪边式包光边缘。具体方法可见第7章相关内容。

2. 将斜料两边向反面整烫（见图5.21A）。

3. 将袖子翻到反面，套在烫袖板上，测出抽带管所需长度，再用手工粗缝或别珠针的方法定位（见图5.21A）。

4. 将抽带管置于之前所标记的位置，将接口部位置于袖底缝位置，并用珠针固定。抽带管一端向反面折叠1.5cm（见图5.21A）。

5. 完成抽带管，将另一端折叠，并将两端对齐，中间留一开口供穿松紧带之用（见图5.21B）。

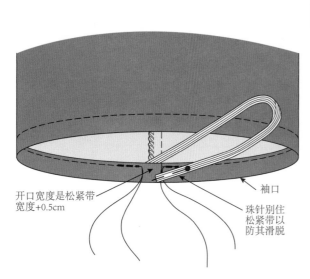

开口宽度是松紧带宽度+0.5cm

袖口

珠针别住松紧带以防其滑脱

图5.20A 缝制抽带管，并将松紧带从小开口处穿过

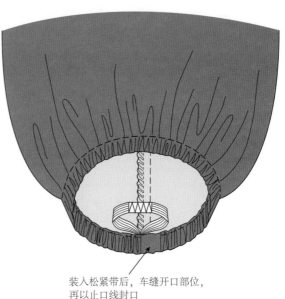

装入松紧带后，车缝开口部位，再以止口线封口

图5.20B 松紧带穿过抽带管后，拉出两头，以锯齿线迹缝合，将松紧带穿过后，以车缝止口线方式封口

6. 抽带管两边车缝止口线，如图5.21A所示。

7. 将松紧带穿入抽带管开口并将其两端缝合在一起，如图5.20B所示。

8. 穿好松紧带后，开口缲手工针封口，如图5.21B所示。

带飘带的斜丝缕袖克夫边

任何袖子或其他边缘部位都能用斜丝缕袖克夫边。在服装构造中，用斜丝缕边做边缘收口是种常用的缝纫技术。融会贯通后，斜丝缕边可用于领口、袖窿或者袖克夫，或底边部位。本节虽然讨论了带飘带的袖克夫边，当然也可不带飘带。

缝制顺序

1. 缝合袖底缝。

2. 袖克夫车缝两道粗缝线迹用于抽缩袖克夫（见图5.6B）。

3. 拉紧粗缝线使袖克夫收缩，直至其斜料袖克夫边长度一致。

4. 沿斜丝缕袖克夫的边缘，将1cm缝份向反面整烫（见图5.22）。

5. 将袖子翻到正面。将斜丝缕袖克夫边与袖子正面相对，并以珠针固定（见图5.22）。沿袖开衩车缝1cm宽的缝份（见图5.22）

使用斜丝缕袖克夫边时服装边缘部位不需要加缝份。缝好的斜丝缕袖克夫边宽度即为缝份宽度。图5.22中缝份宽度是1cm，最终的斜丝缕袖克夫边的宽度也是1cm。要制作1cm宽的袖克夫边，应裁剪一条3.5cm宽的斜料，这包括斜料的缝纫、翻转与整烫。通过在袖克夫飘带上打刀眼标出袖克夫大小。出于实用性考虑，袖克夫飘带系结后的大小应有足够量，通常两侧飘带的长度应各有22cm。飘带结不需要再次解开，因为单手是很难系好飘带结的。

6. 在熨板上将飘带剩余下的缝份向袖克夫边中央整烫（见图5.22）。

7. 飘带两侧各向反面扣烫1.2cm的缝份。

8. 将袖克夫边对折，两端各向内折叠1cm。手工粗缝然后将飘带边缘以止口线缝合，将袖克夫边与袖子缝合在一起。从飘带的一头开始向另一头车缝。车缝的同时抽缩袖克夫。起针与收针时均应回针。

9. 去掉粗缝线，整烫，并将飘带系成蝴蝶结。

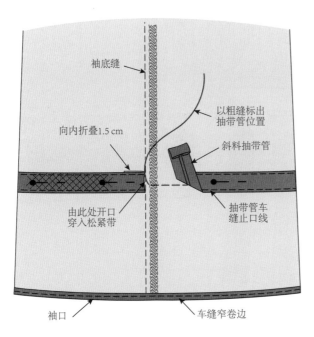

图5.21A 在袖子上缝纫抽带管

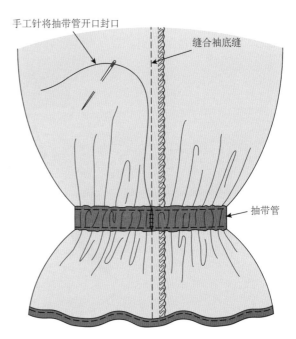

图5.21B 手工针将抽带管开口封口

橡筋线

　　特征款式中，图5.1C中印花薄料上衣的袖克夫部位与领口部位是橡筋线。车缝橡筋线能产生细腻柔和的肌理效果。车缝的道数可根据各人喜好调整。车缝橡筋线道数越多，袖克夫越紧。按图5.23所示，根据需要在袖克夫上车缝橡筋线。

- 将橡筋线手工绕在梭芯上，不宜绕得过紧，然后装梭芯引出底线。
- 针距调整为粗缝针距。
- 将袖子放平，在正面车缝橡筋线。
- 用卷尺测量，用珠针别出第一道缝线的位置。然后从袖底缝位置开始，起针与收针位置不需要车缝回针。每车缝一道，橡筋线会抽紧面料，在车缝每道松紧线时应将面料拉平整。每道车缝线迹应平行。

装袖开衩

　　西服上装的袖开衩是种经典式样，其开衩在西服袖后侧。在裙子、连衣裙与西服上装上可加开衩，这类服装的开衩具有实用性。

- 装袖开衩通常用于两片式装袖。
- 装袖开衩的边角应为45°拼角，如图5.24A所示。关于45°拼角方法详见第7章、图7.22。装袖开衩在袖子的表面钉有袖钮，袖衩可以不锁扣眼，因为装袖开衩通常起装饰作用（见图5.24B）。
- 无论是裙子、连衣裙或西上装，其开衩的缝制顺序是相同的。具体见第7章中的开衩。在图5.24A中袖衩贴边的顶端应车缝，并在转角部位打剪口以固定贴边。
- 由于不需打开装袖开衩，袖里布可以直接与袖克夫折边缝合，相关内容可见第8章里布。图8.20具体介绍了装袖开衩的里布缝制方法。

　　有许多面料在缝制时需要加倍小心与仔细。以下内容介绍了一些用棘手面料制作的袖克夫缝制方法。

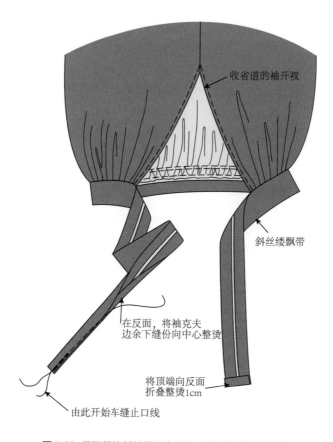

收省道的袖开衩

斜丝缕飘带

在反面，将袖克夫
边余下缝份向中心整烫

将顶端向反面
折叠整烫1cm

由此开始车缝止口线

图5.22 带飘带的斜丝缕袖克夫边：缝制前整烫袖克夫边

棘手面料袖克夫缝制与其他袖克夫制作

条纹、格子、花纹与循环图案面料

按不同的条格丝缕方向，如横丝缕方向或斜丝缕方向，裁剪袖克夫，产生强烈的对比效果。图5.1A中的衬衫袖克夫条纹方向与大身不同，从而形成反差。袖开衩可采用省道开衩方式，这种开衩不会影响面料纹理的搭配效果。如果袖底缝未对条对格，则袖开衩部分也无需考虑。

如果面料是那种大型的循环图案，则袖克夫部位可使用面料图案中不起眼的部位。

裁剪时应将袖克夫置于布边，以便于控制好袖克夫的布纹方向。

纤薄面料

中厚面料的衬衫与上衣，可用纤薄面料做袖克夫与衣领，从而产生对比效果。

纤薄面料的袖克夫与衣领部位加衬时应谨慎处理，防止这些部位露出衬布。建议使用本色面料作为衬布，以产生理想的色彩效果。具体方法详见上册第3章相关内容。

在袖克夫部位用薄料制作镶边时，宽度越窄越好、且镶边应整齐与边缘平行，尽量使其不显眼。记住：在薄料上任何缝线都会很显眼。

袖开衩应使用薄料而非厚料制作，以产生理想的效果。先制作试样以筛选最合适的面料是明智的做法。

袖克夫边缘的包光宜采用精巧手工完成，而非用车缝明线或止口线的方法制作。

在纤薄面料上车缝明线时宜采用2.0的小针距。

在纤薄面料袖克夫车缝橡筋线产生的褶皱，其外观效果十分华丽。

纤薄面料可制作斜丝缕袖克夫边，以此避免用贴边的方法在薄料正面产生印痕。

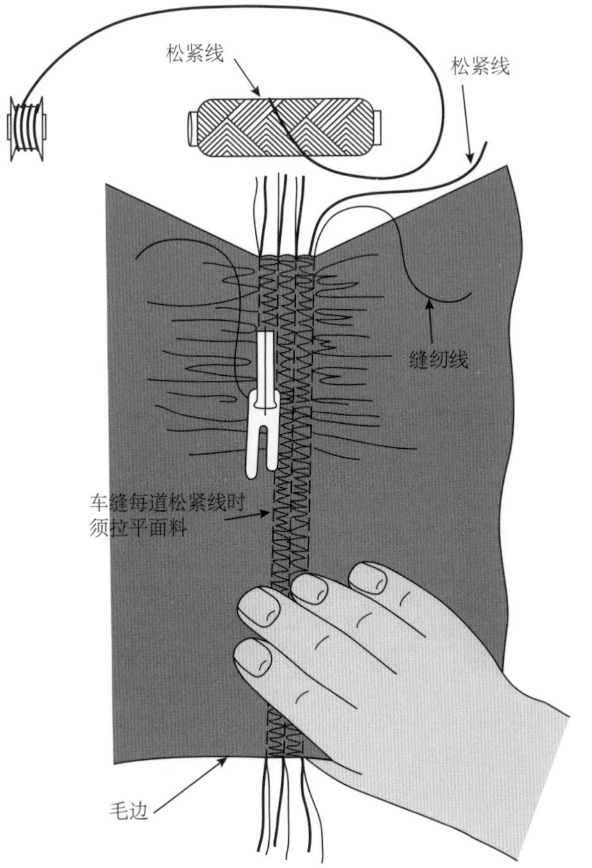

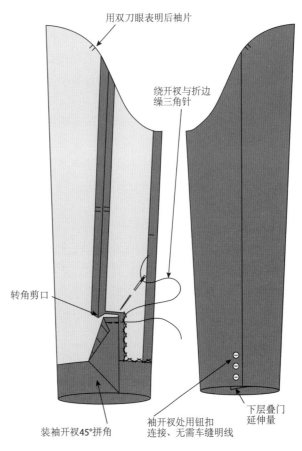

图 5.23　车缝松紧线

图5.24A　两片袖后部的装袖开衩

图5.24B　用钮扣连接装袖开衩

薄料袖克夫适宜抽褶，抽褶后产生蓬起的效果很优雅。

薄料袖克夫的线头必须清理干净，否则刺眼的线头会影响服装的整体品质。

蕾丝

推荐在袖克夫加一层蕾丝荷叶边，会使服装更漂亮。具体方法见上册第6章中棘手面料的接缝制作。

若使用蕾丝制作袖克夫，应采用无袖开衩克夫。

蕾丝面料不宜用斜丝缕袖克夫边方法制作，避免因蕾丝厚度使袖克夫过厚。

避免用较厚的蕾丝制作袖开衩，其密度会影响缝纫。推荐用绉缎制作袖开衩、袖克夫与衣领。因为其与蕾丝的搭配效果比较理想。

蕾丝面料不宜锁扣眼，可用钮袢代替。

绸缎

袖克夫可用薄型绸缎缝制，应谨慎挑选衬布的类型与厚度。最理想的材料是真丝欧根纱。先制作接缝试样，观察面料正面是否会有印痕。如果印痕明显则需修剪缝份以减小厚度。

袖克夫适宜用手工缲针，而非车缝明线或止口线方式包光边缘。

袖克夫、抽带管等部位应避免使用厚型端料，下摆部位宜采用手工针方式缲边。

珠片面料

由于珠片面料不适合制作袖衩，因此该面料只适合制作无开衩袖克夫。缝合前，所有接缝部位的珠片应用橡胶锤子敲碎。缝合后可能需要将珠片补钉到接缝上，这个工序很费工时。

若袖克夫用珠片面料制作，斜丝缕袖克夫边是理想的选择。但事先应将接缝部位的珠片去掉。

避免用车缝明线的方法做袖克夫，因为这种方法根本行不通。

珠片面料不宜车缝橡筋线。

牛仔布

袖克夫与袖开衩用牛仔布制作，车缝明线的效果更理想。

根据面料厚度，谨慎选择袖开衩类型。省道式袖开衩可减小厚度。衬衫式开衩加明线最适用于牛仔布。牛仔布厚度会直接影响袖开衩的制作方法。

牛仔布车缝明线时应使用长针距，这样线迹更易嵌入面料不易凸出。

中厚型牛仔布应避免用于制作斜丝缕袖克夫边与带弹性边口。这会导致边缘显得过厚，且穿着不舒适。

有些牛仔布不需要用衬布与定型料。制作前先应试样。未加衬布的牛仔布只需要在扣眼背面加贴一小块衬布，以避免其发生拉伸变形。

丝绒

若使用丝绒面料，缝制应谨慎。由于丝绒面料的缝制与整体难度很大，其接缝应越少越好，尽可能简化。

基本的手工缲针是丝绒面料下摆部位理想的处理方法。

袖克夫部位，用手工针方法缲的丝绒镶边会产生特别的手感。

任何袖克夫的抽褶应事先制作试样。在薄型丝绒面料上车缝橡筋线或其他松紧带，可产生理想的外观效果。但事先也需要制作试样。

皮革

皮革适用于制作带开衩袖克夫。接缝的类型取决于皮革厚度。可采用皮革胶，或车缝明线的方法固定缝份。

皮革缝制中可加衬。若不加衬布，在扣眼背面需加一小块衬布以防其发生拉伸变形。

制作袖开衩时，事先应制作试样。可根据皮革厚度选择袖开衩式样。

皮革适用于制作装袖开衩。

用皮革制作抽褶袖克夫时须谨慎。推荐使用薄型且柔软的绵羊皮革，正式制作前应制作试样。

避免用较厚的皮革制作袖开衩，袖克夫也无法用厚皮革制作。

人造毛

鉴于人造毛较厚，其适于制作袖克夫表层，袖克夫里层应加里布以减小克夫厚度。

袖克夫宜采用简单折边方法处理，加手工缲三角针。手工缲缝三角针方法可见图7.9。

避免用人造毛制作袖开衩、袖克夫抽褶等边口处理，这会导致边缘厚度过大而显得笨重。

厚重面料

避免用厚重型面料制作袖开衩与带开衩袖克夫，这会导致厚度太大与穿着不适。

若使用厚重型面料制作袖克夫，事先应制作试样。

融会贯通

由于袖克夫的处理方法不胜枚举，本章无法一一作详述。因此需要读者能融会贯通，拓展自己的创造力。本章所学的知识可以帮助读者处理好那些本书未曾提及的袖克夫式样。

- 任何袖克夫或其他的袖克夫处理，诸如抽带管，斜丝缕袖克夫边缝，或橡筋线车缝，都可以应用到七分袖上。只需将知识转移，按同样的缝制顺序，但需测出袖克夫所在位置手臂围的大小。图5.23中浅粉色短袖连衣裙的袖克夫抽褶后，缝制在无袖开衩的袖克夫内。

- 带松紧带的抽带管可以设在任何穿着舒适的袖长位置上。抽带管上可以尝试车缝两道或三道缝线。在短袖上使用这种方式可以产生有趣的设计效果。

- 合体式（弧形）袖克夫不需要一直使用扣眼与钮扣。可与斜丝缕钮袢及贝壳钮扣结合，以产生高档服饰效果。第9章介绍了斜丝缕钮袢的制作。在上册图5.19中，服装领圈部位车缝了一条罗纹。通过拓展，可将这种方法应用到袖克夫的处理上。领圈、袖窿与下摆部位的贴边处理方法见上册第5章。

- 图5.1C中的薄料上衣，其袖克夫车缝了橡筋线。这种方法同样可以用于七分袖、短袖与肋部的处理。在制板时应确认有足够余量可供抽褶。由于各种面料抽缩效果各异，事先应制作试样以确认所加长度是否能满足设计效果。

图 5.25 融会贯通：在短袖与七分袖上，车缝带袖开衩或无袖开衩的袖克夫

- 带刀眼的袖克夫与腰身的缝制顺序是相同的。通过拓展，只需将方向颠倒一下，两者可以按同样的方法缝制。图7.33D中裙子下摆部位的弧形克夫缝制了衬衫式袖开衩。而该设计同样应用于图7.33A与图7.33C中的T恤衫领圈部位。

创新拓展

翻边袖克夫是种常见的克夫式样。这种式样很费工时，但其设计效果很理想，因此在本章结束前应介绍这种款式的缝制方法。在缝制这款袖克夫时会用到本章所学的缝纫技术。

图5.26A是翻边袖克夫大衣的一些设计细节。.

- 首先，该袖克夫是弧形克夫。
- 单独的弧形翻边部分缝在袖克夫上。除了美观还有保暖作用。
- 寒冷的冬季，衣领可以立起包住头部。袖克夫部位的毛皮克夫也可翻下来盖住双手。
- 对于高挑身材而言，这是一个绝妙的设计，因为袖克夫可以翻下来满足那些较长的手臂（见图5.26B）。
- 该袖克夫也可翻一半下来，在袖底缝部位用双线钉死（见图5.26C）。在图5.26C袖克夫边缘缝了一圈镶边。这种设计也可用于毛皮翻边克夫上。

翻边袖克夫

合体式袖克夫加衬时，建议根据面料厚度，只在一侧贴衬即可。若翻边袖克夫两侧都加贴衬，衬布会起到很好的固定作用，保持袖克夫翻转时，其在原有位置不滑落。详见上册第3章定型辅料相关内容。

缝合顺序

1. 缝合省道式袖开衩与袖底缝，以及袖克夫部位的塔克或抽褶(见图5.9)。

2. 将克夫翻边部分正面相对，沿克夫周围三边车缝1cm缝份。修剪转角部位以减小缝份厚度。留底边部位开口（见图5.27A）。

3. 将克夫翻转到正面，可用翻角器将转角部位翻挺括后整烫克夫（见图5.27B）。

4. 比较一下两侧克夫，左右形状应对称、大小一致。

5. 按图5.27B所示，将克夫翻边置于加衬的袖克夫上方，在缝份部位对齐刀眼后，车缝固定线。

6. 按图5.27C所示，将克夫另一侧置于克夫翻边上方、正面相对。克夫翻边夹在两片克夫之间。

7. 如图5.27C所示，将克夫以珠针别在一起，再车缝袖克夫的缝份。车缝过程中应小心，避免将翻边部分缝在一起。

8. 修剪缝份直至带刀眼的叠门延伸量，将缝份向下折叠后整烫（见图5.27C）。

9. 由于有四层面料车缝在一起，需沿底边部位修剪缝份以减小缝份厚度（见图3.9F）。再翻转袖克夫后整烫（见图5.27C）。

10. 根据加叠门延伸量带刀眼袖克夫的缝制顺序，将袖克夫缝合至袖口。

11. 钉钮扣并锁扣眼。

疑难问题

袖克夫扣合时，发现两侧宽窄不一致怎么办？

　　将克夫从袖口上小心地拆下，但不需要拆袖钮。重新缝制袖克夫，翻出袖克夫反面，重新用珠针调整克夫的宽度，使两侧宽度一致后，重新车缝克夫。再将克夫与袖口缝合。完成后再检查一下左右是否对称一致。

袖克夫太紧？

　　如果袖克夫太紧，只能用拆线器将其拆下，然后再缝个尺寸更大的袖克夫。重新测量手掌并制作新的样板，确定这次的大小准确无误。

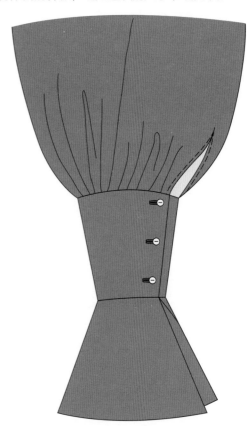

图5.26B 袖克夫翻边垂下的状态

图 5.26A 带毛领与袖克夫的格子大衣

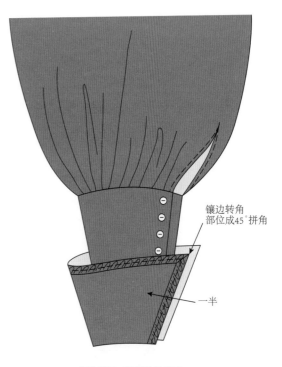

镶边转角
部位成45°拼角

一半

图5.26C 半翻的袖克夫

袖克夫太大且已锁好扣眼，该怎样调整？

如图5.17所示，尝试增加另一颗钮扣与第一颗钮扣间的间距，这可以调整袖克夫的松紧。如果这样会导致袖开衩扭曲，可试试以下方法。将袖克夫小心地从袖口拆开后，重新改小并车缝。若袖克夫有抽褶，可以增加抽褶量使克夫达到合适大小。若有塔克，可以增加塔克量或增加塔克数量来调节袖克夫大小，然后重新将克夫与袖口缝合。

袖克夫看起来扭曲？

在用车缝止口线或漏落针方法缝合袖克夫前，未用珠针别住或手工针常常会产生袖克夫的扭曲变形。事先用珠针或手工粗缝固定，就可以避免这个情况发生。

自我评价

为了检查你的袖克夫处理方法是否合理，应在完成后问以下问题。

√ 袖克夫是否有合适厚度的黏合衬？

√ 袖开衩的缝制是否正确，其是否适合袖克夫？

√ 袖克夫的形状与大小是否一致？如果没有，是什么原因？

√ 袖开衩是否平整？能否发挥作用？

√ 袖钮与袖克夫扣眼位置是否正确？

√ 袖克夫扣合后，大小是否舒适？

√ 扣眼是否过大或过小？

√ 试样的制作数量是否足够多，能否找到与面料相适应的袖克夫处理方法？

√ 缝线质量是否令人满意？

√ 明线与止口线的车缝针距是否正确？

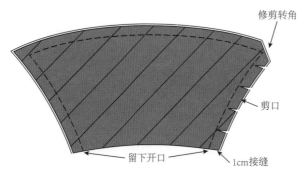

图5.27A　缝合翻边袖克夫

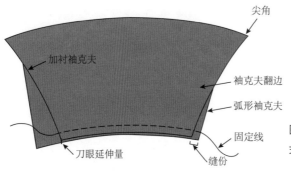

图5.27B　合体式袖克夫与翻边部分以固定缝方式车缝

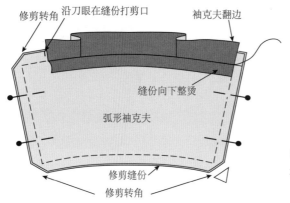

图5.27C　将克夫别住并缝合：克夫翻边部分夹在两片袖克夫之间

弹性收口处理

√ 松紧带是否太紧，太松，还是刚刚好？

√ 抽带管内的松紧带是否因太紧而无法自由移动？

√ 车缝的橡筋线是否与底边平行？

√ 袖克夫是否有足够余量，使袖子更有垂感？

√ 是否制作了足够的试样，并找出适合现有面料的袖克夫处理方式？

复习列表

√ 是否懂得了袖克夫的设计与处理方法取决于面料的厚度这一重要概念？

√ 是否理解缝纫的基本点是兼具流行性与功能性？

√ 是否理解只有正确的样板才能确保正确缝纫？

√ 是否理解在制作带刀眼的袖克夫时，刀眼与其他样板标记对于袖克夫有多重要？

√ 是否理解事前制作试样的重要性？

√ 是否理解了精确测量袖克夫的重要性，这能使得袖克夫更加舒适？

√ 是否理解内衬对于袖克夫结构的重要性？

第6章

袖子：贴合于手臂

袖子是构成服装廓型的重要部分，并随着时代的发展而不断变化。袖子的设计千变万化，其制作工艺也是层出不穷。袖子随着身体的运动而移动，它有两个孔：手臂从一个孔进入，从另一个孔伸出。袖子分为两类：一种是单独与衣身缝合的袖片，另一种是与全部或部分衣身连接。装袖能与袖窿平整缝合，或带一些褶皱。这种袖子穿着时具有充足的宽松度，其长度可在上臂至手腕之间变化。袖口也有各种式样的变化，可以成为服装的设计焦点。

由于袖片面料丝缕方向会导致袖子产生各种难看的褶痕或扭曲，这些问题出自缺乏经验或粗心大意。完美的袖子是件精美的艺术品，制作袖子需要经验，耐心与出色的缝纫技艺。任何面料都可以用于袖子制作。

本章会介绍袖子的各种变化，拓展读者的结构知识。缝制衣袖充满挑战，只要不灰心，在掌握了足够的缝纫经验后，就一定能做出完美的袖子（见图6.1）。

关键术语

紧身袖　　　　　袖松量

盖肩袖　　　　　袖子后整理

落肩袖　　　　　袖山头

袖肘省　　　　　袖口边

平接法绷缝

泡泡袖

插角布（片）

连袖

刀眼

插肩袖肩垫

插肩袖

装袖肩垫

装袖

一片式装袖

两片式装袖

衬衫袖

垫肩

袖山

要点

一切理想的设计离不开好样板。掌握打样技巧将对服装设计大有裨益。

特征款式

通常袖子根据其设计的部位命名，可以通过名字来了解袖子的种类，例如，盖肩袖是在袖山部位，形状可调整的完整袖片。学习本章后，你将了解如何缝制各种款式的袖子。

工具收集与整理

本章学习需要的工具包括：卷尺、面料记号笔、剪刀、珠针、缝纫线、袖山与垫肩材料。确定好所设计的袖型后，就应准备并尽快购买合适的工具与部件。

现在开始

Fairchild出版公司出版的《时尚辞典》将袖子定义为"服装覆盖手臂的部分"。图6.2中的袖子包括：装袖、一片式或两片式插肩袖，以及各种各样的连袖。其中最常见的两种款式：一种是装袖，其在手臂与肩部连接的关节处与衣片缝合（见图6.2A）；另一种是连身袖，没有袖窿（见图6.2D）。

制作理想的衣袖应自然下垂，手臂与肩部的衔接平整，这些保证袖子在穿着时舒适。在袖窿上绱缝袖子是装袖步骤之一。首先纸样应正确，袖子才能装好——正确的缝纫始于正确的纸样（见图6.3）。这必须在制板阶段加以认真考虑。袖山缝份上应包含适当余量以便于袖子的缝制。放松量在《时尚辞典》中定义为"在缝合两片大小不同的衣片时，其中一片加入的分散均匀的宽松量"。图6.2A中放松量对于成功制作平挺饱满的袖子是相当重要的。

袖子的组成部分及工艺

- 袖山是袖子从前至后的弧形顶部（见图6.3）。

- 袖松量是为了便于手臂活动，在袖山、上臂、肘部以及手腕处额外加放的长度。

- 刀眼是在缝份处的剪口，用以区别前后袖片：前袖片加一个刀眼，后袖片加两个刀眼；还有袖山的中点，即袖子与肩线对位处加一个刀眼（见图6.5A）。

- 袖山条是用一条经裁剪后用于填充袖山顶部的斜丝缕面料。连衣裙、衬衣面料，以及较厚重的外套、上衣面料，均可使用袖山条（见图6.5A）

- 垫肩是层用棉絮、毛毡或发泡材料制成的衬垫。它可以支撑服装的肩部，使之呈现良好的悬垂状态，垫肩在高级成衣中经常使用（见图6.16与图8.16）。

- 肘省便于手臂在贴体的直筒袖中弯曲，肘省可以是一个或几个小省构成（见图6.3）。

- 袖口折边是袖口折光的边缘，袖口可以折进袖子里面，也可翻在袖子外面作为装饰，或用其他其他工艺来收口，例如斜丝缕的袖口边或袖克夫等。袖子以及折边的工艺因不同的面料、服装款式、服装用途、服装洗护方法而变化（见图6.3）。

- 袖子的收口包括各种袖子制作的方法，例如贴边、分烫缝份、揿钮、扣眼与钮袢、拉链以及各种各样的克夫。由于种类太多就不一一列举了。详细内容可见第5章的袖克夫及其他袖口的收口工艺部分。

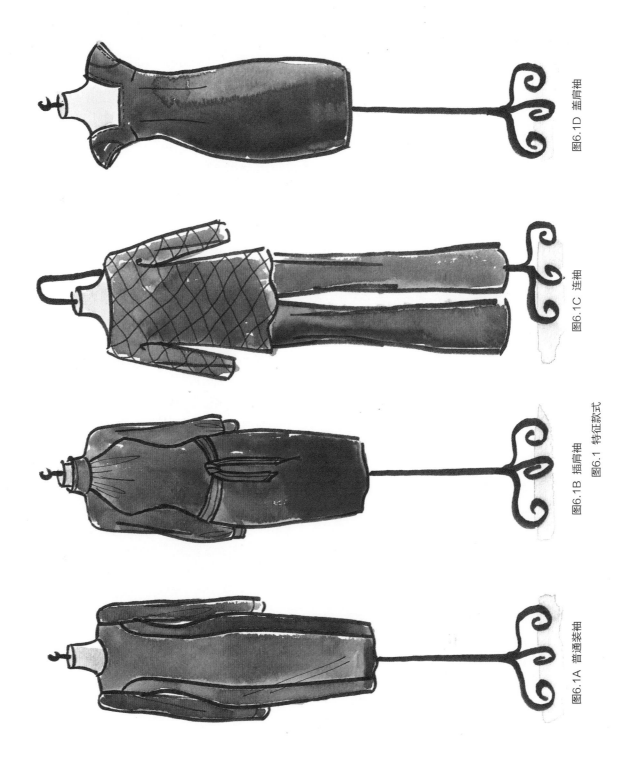

图6.1D 盖肩袖

图6.1C 连袖

图6.1B 插肩袖　　图6.1 特征款式

图6.1A 普通装袖

熟练掌握正确的缝纫术语能够帮助学生了解工艺过程, 并且有助于学生做好每一个步骤。因此建议掌握实用的服装技术术语。

装袖

装袖是经典的衣袖, 分为一片式装袖与两片式装袖。其袖山是圆形的, 不仅提供了额外的松量, 而且能自然的贴合肩部的形状 (见图 6.4A)。从图 6.4B 中可见, 在制板阶段, 想要得到一个平滑的袖窿, 必须将肩部形状调整圆顺。许多学生画不好平滑且带有合理余量的袖山, 通常问题出在袖山处加入过多的松量, 或是布料选择不当。如果面料余量未经过缝纫机粗缝或者蒸汽熨烫, 袖子会在袖窿接缝线部位出现细小的褶皱或褶裥。如果在试样时反复出现上述情况, 则应该考虑更换衣袖款式或者面料。

装袖的制作较费工时。理想的装袖, 袖山肩部应饱满无褶皱。有两种加松量的方法。用斜料或车缝抽缩的方法收拢余量。这两种方法都需要反复练习。经过反复练习, 这两种方法都可以产生理想的效果。

在缝合装袖前, 按步骤完成前期工序:

* 服装需要缝好固定线。
* 省道应缝合并整烫好。
* 侧缝、肩缝要缝合并整烫好。
* 口袋应缝好。
* 服装的衣领应缝好。
* 衬衫、连衣裙的领子与过面应做好。
* 在绱缝袖子前, 要完成袖克夫与袖口制作。

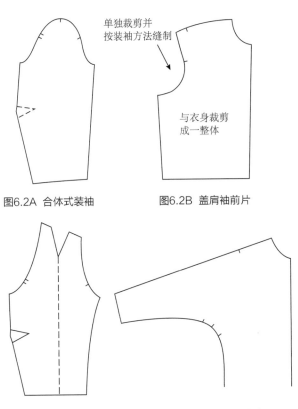

图6.2A 合体式装袖　　图6.2B 盖肩袖前片

图6.2C 带肩省与肘省的一
片式插肩袖　　图6.2D 基础连袖前片

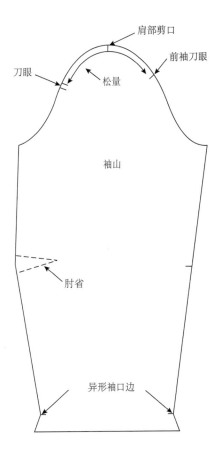

图6.3 装袖分解结构

装袖褶皱的均匀分布

这部分详细介绍两种常用的消除装袖褶皱的方法。

方法1: 加一条斜料抽缩袖山余量

用一条4cm宽的尼龙或羊毛斜丝缕牵带, 其长度应足够绕着袖山, 从一个剪口到下一个剪口。将其车缝到袖山部位的缝份上抽缩余量。用斜丝缕牵带抽缩袖山的方法:

1. 车缝斜丝缕牵带。

2. 缝纫机粗缝时, 左手用力且均匀地拉伸斜丝缕牵带, 右手导引袖山通过压脚; 在末尾留出1~5cm不车缝——袖山中心刀眼两侧1.5cm范围内不需要拉伸牵带。

3. 当车缝至另一刀眼后, 剪掉多余的牵带; 当斜丝缕牵带松开后, 袖山的松量就可以均匀分布。袖山应无局部凸起, 缝线应平整圆顺。

4. 将袖山放在烫凳上, 将多余的松量熨缩缝份中 (见图6.5C), 先喷蒸汽加湿, 再用干烫熨斗熨缩松量——熨斗不要超过袖山的缝合线。

方法2: 车缝抽缩袖山

许多款式服装都有装袖。绱缝装袖之前, 应车缝抽缩袖山。缝制一片式装袖步骤:

1. 准备袖子: 车缝一道比缝份更窄的缝线 (见图6.5B)。

2. 袖山部位轻轻抽缩缝线 (见图6.5C)。

3. 缝合并整烫袖肘省或车缝余量 (见图6.5C), 车缝侧缝并烫平。

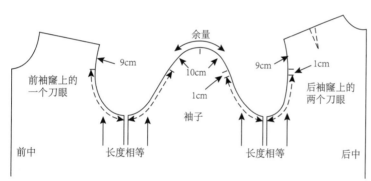

图6.4A 加入松量

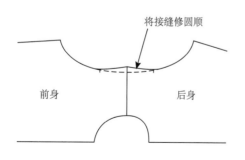

图6.4B 将接缝修圆顺

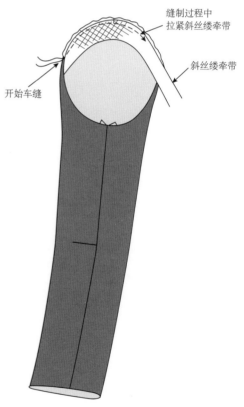

图6.5A 用斜丝缕牵带抽缩袖山余量

4. 将袖山置于烫凳之上, 一只手握住袖山两侧刀眼并拉紧(见图6.5D)。

5. 以蒸汽熨斗熨烫袖山, 可烫缩余量, 并将袖山塑造成曲面, 从而能使其贴服人体肩部曲线(见图6.5D)。因为需要用双手塑形, 所以要提高手指的耐热能力。

6. 待袖子冷却后再从烫凳上移去。

7. 缝合袖底缝并分烫缝份。

8. 将服装翻至反面, 而袖管保持正面。

9. 将袖子穿入袖窿, 并与袖底缝对齐, 袖身正面与大身正面相对。

10. 将几个关键点用珠针别在一起(见图6.5E), 具体如下:

• 肩缝与袖山中心
• 两个后袖山刀眼与袖窿刀眼
• 前袖山刀眼与袖窿刀眼

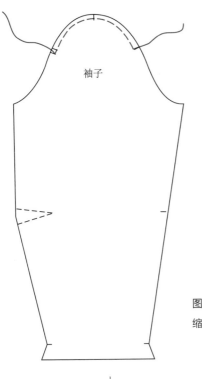

图6.5B 用车缝抽缩装袖袖山余量

图6.5C 收紧车缝线, 用蒸汽熨烫抽缩余量

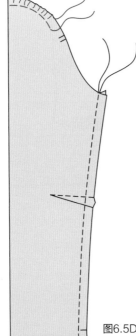

图6.5D 缝合袖底缝及省道

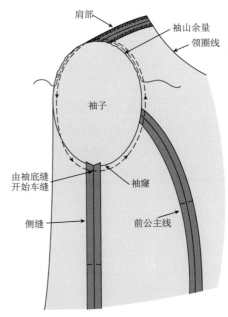

图6.5E 装袖与衣身缝合

11. 在两侧刀眼之间平均地分配余量，并以珠针固定；若制板阶段余量设计合理，袖山可以与袖窿完美贴合（见图6.5E）。

12. 袖子朝上，从袖底缝开始车缝。

13. 缝合交叉缝时，缝份向上不需要修剪或修整。具体方法见上册第4章（见上册图4.29）。

14. 缝合后，袖山处不应有任何皱褶。如果有，则需用拆线器将线拆除后重新缝制。

两片式装袖

两片装袖最常用于西装与外套。袖身由两个经过造型处理的袖片构成（见图6.6）。在袖身与衣身缝合之前，大、小袖片应先缝合在一起。其绱缝的步骤单片装袖的步骤一致。

加袖开衩两片式装袖

通常加袖开衩两片式装袖袖口部位带开衩（见图6.7）。此种收口方式需在制板阶段就提前准备。缝制加袖开衩两片式装袖：

1. 大袖片上加4cm作为贴边与折边。

2. 小袖片上加7.5cm作为延伸量与贴边，加4cm作折边。

3. 按图6.7A所示，袖片周围加1.5cm缝份。

4. 在袖山部位，用折叠缝份的方法，修剪样板的缝份接头部位。

5. 在袖口部位，用折叠的方法，修剪出与袖身对称的折边部位，这样在缝份与折边车缝时，可以保证折边与贴边完美贴合（见图6.7A）。

6. 样板加刀眼与对位标记。

7. 大、小袖片的袖开衩贴边向内折，卷边向上折起。在交叉部位做标记。打开样板，将这两点连接，车缝45°斜接角。加留1cm缝份（见图6.7B）。

8. 从袖后缝开始缝起（见图6.7A）。将小袖正面朝上放平，再将大袖片正面相对放在上方，并注意刀眼对齐。从袖山向下缝至袖开衩拐角点，在对位点加剪口（见图6.7B）。

9. 分烫缝份。

10. 在袖衩部位车缝45°斜接角：在正面按对角方向折叠，车缝并修剪成1cm宽的缝份。用手指分开缝份。最后使用翻角器将袖衩转角翻挺括后整烫（见图6.7B与图7.23A）。

11. 以三角针手工缲缝袖开衩贴边（见图6.7C）。

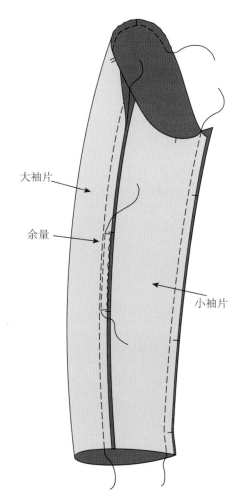

大袖片

余量

小袖片

图6.6 抽缩两片式装袖袖山余量

12. 缝合前袖缝，并用三角针缲缝袖口折边（见图6.7C）。

13. 里布与折边缝合后可盖住整个袖口折边。由于大部分袖口开衩只有装饰用途并无实用性，所以里部无应开衩，只需与袖口折边一圈缝合即可（见图6.7D与图8.19）。

泡泡袖

泡泡袖与抽褶袖都属于装袖（见图6.8A），不同于之前袖山余量的处理方式，泡泡袖袖山需要加褶。褶明显分布在袖窿部位，袖山造型蓬大宽松。制板时，先剪开袖身，根据设计师的喜好加入宽松度，在袖山部位形成皱褶效果。

1. 在前后袖山刀眼之间车缝两行粗缝线（见图6.8B）。

2. 抽紧粗缝线，在袖山附近形成皱褶，用珠针将袖身别到袖窿上。

3. 由于粗缝线起抽缩作用，切勿在袖身与袖窿钉合后抽去。

4. 从腋下缝开始，距离净缝0.5cm，慢慢车缝一道缝线。修剪掉多余的缝份，或用包边缝包光边缘。

5. 通过增加褶皱量或用柔软面料撑垫，可更好支撑袖山顶部。

6. 更多解关于褶皱的信息，见上册第4章的图4.23。

衬衫袖

衬衫袖是男女各式衬衫、连衣裙与休闲服设计中的常用式样。这种装袖式样便于制作，袖山弧线浅平。袖身与袖窿采用平接方式缝合，即先缝合袖山与袖窿，再缝合袖底缝与侧缝。绱缝袖子时，袖身仍未缝合。平接法绱缝袖身：

1. 缝合肩育克与后片（见图6.9A）。

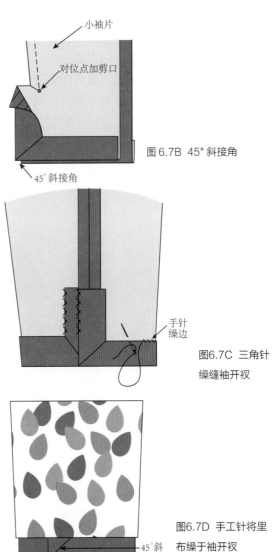

图6.7B 45°斜接角

图6.7C 三角针缲缝袖开衩

图6.7D 手工针将里布缲于袖开衩

将里布与袖子手工缝合

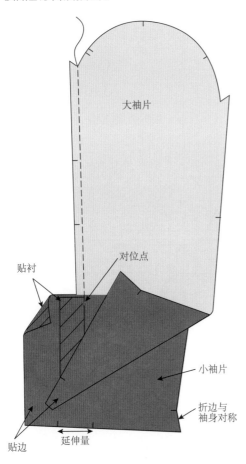

图6.7A 缝制袖开衩

2. 如图6.9B所示，用珠针或手工粗缝将袖山与袖窿正面相对固定在一起，袖山刀眼与肩缝对齐。

3. 将袖身正面朝上，车缝时应拉紧面料。

4. 整烫缝份后，毛边包缝（见图6.9C）或车缝三角针。再将袖窿部位缝份向衣身烫倒后车缝明线（见图6.9D）。具体内容见上册第4章的图4.28D。

5. 将袖底缝与侧缝一次车缝完成，袖窿底部交叉缝需对齐（见图6.9D）；该缝可以用包缝方式处理毛边。

6. 完成袖身。

落肩袖

　　落肩袖是种宽松的肩部下垂的袖子，该式样适合宽松衣身，袖山弧线平缓。有垂感的面料最适合于制作宽松式的落肩袖，其效果最理想。女式衬衫、裙子或休闲外套大衣都非常适合采用落肩袖。一部分袖山与衣身结合，从而覆盖了肩部与上臂，其下垂程度可根据设计师的要求变化。此类款式服装有无底袖皆可，底袖可与延伸的肩部缝合。此类袖子的款式与长度多变。只需考虑袖山与袖窿长度一致即可，不需要加松量。落肩袖缝制方法如下：

1. 如图6.10所示，车缝袖子的侧缝至对位点，留1.5cm不缝，车缝回针后分烫缝份。

2. 车缝衣身侧缝至对位点，留1.5cm不缝，车缝回针后分烫缝份（见图6.10）。

3. 车缝袖子的侧缝至对位点，留1.5cm不缝，车缝回针后分烫缝份（见图6.10）。

4. 衣身与袖身正面相对，对齐肩点刀眼与袖底缝，用珠针固定在一起。

5. 衣身正面朝上，由腋下开始车缝一圈。车缝回针后分烫缝份。

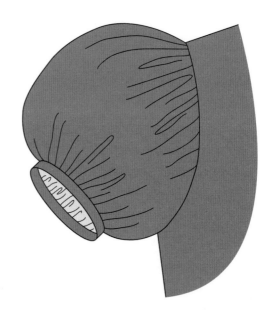

图6.8A 泡泡袖

图6.8B 在底边处抽拢褶皱

插肩袖

插肩袖适用于宽松外套。这种衣袖顶部形状很长，在缝合袖底缝前，袖身应先与衣身缝合。插肩袖的式样多变。插肩可用基本的装袖样板，经演化后形成，而且其从领口斜对角延伸至腋下的接缝为服装增加了设计细节。插肩袖子不采用传统的袖窿，但其腋下部位保留装袖结构，如图6.11B所示。在一片式插肩袖中，肩部省道使肩部更合身。两片式插肩袖则是由缝制塑形的方法，使其更合体。

对于此类袖子而言，一种绱缝的方法是先缝合袖子与袖窿，再缝合袖子的侧缝；另一种方法是分别先将袖子与衣身的侧缝缝合，再缝合袖子与袖窿（见图6.11B）。

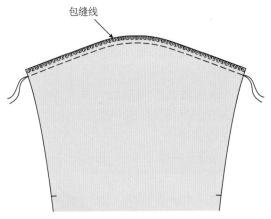

图6.9C 包缝

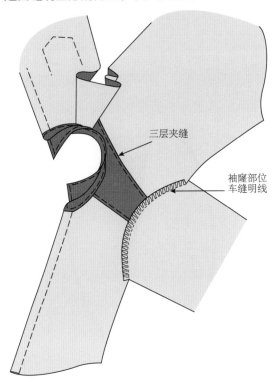

图6.9A 缝制肩部育克

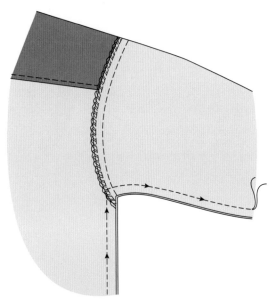

图6.9D 侧缝与袖底缝制方向

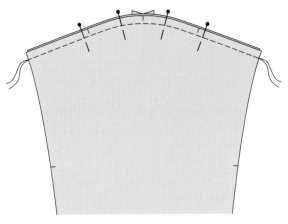

图6.9B 平接绱缝袖子

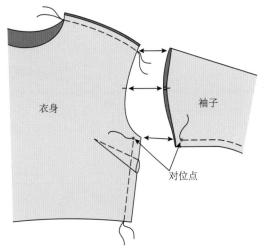

图6.10 衣身缝份与袖子缝份的缝合

插肩袖上嵌入省道：

1. 肩部缝合省道或缝合袖外侧缝。沿着折叠线剖开省道，并将其烫开；或将毛边以包缝缝合。在烫凳上熨烫，对这个部分造型（见图6.11A与图6.13B）。

2. 将袖子正面相对，缝份用大头针固定。小心对齐对位刀眼，确保前袖片刚好与前袖窿对合。

3. 先缝合并修剪缝份，再在两个刀眼间，距离第一条缝线0.5cm处车缝缝份（见图6.11B）。

4. 沿缝线将接缝烫平，再分烫缝份。

5. 将衣身侧缝与袖底缝一次车缝完成；再将缝份包缝（见图6.11C）；若这个缝份部位有里布，则毛边无需处理，由里布覆盖即可。

两片式插肩袖

两片式插肩袖需标记出前后片。

1. 所有的刀眼与对位记号应匹配。

2. 前后袖片分别与衣身缝合并熨烫缝份。

3. 将袖外侧缝份一次性车缝后熨烫缝份，由于肩部是曲线，应将其放在烫凳上熨烫。

4. 车缝袖底缝。

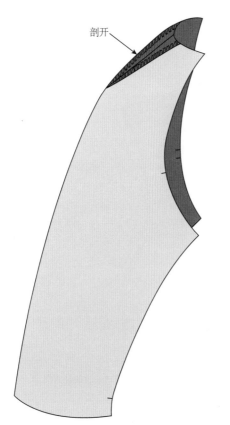

图6.11A 带省的插肩袖

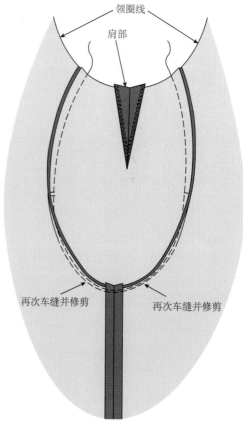

图6.11B 缝制并修剪插肩袖

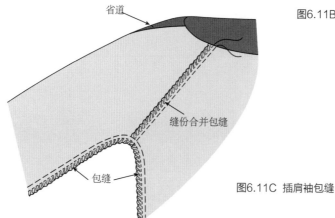

图6.11C 插肩袖包缝

一片袖与连袖

盖肩袖

盖肩袖的制板是以袖山样板为基础设计制成,再将其缝在衣身上做成袖子。它可以是贴体设计或宽松设计。如果盖肩袖的设计非常短,其边缘可用本身料作贴边或加里布(见图6.14)。

- 准确的对位记号对袖子绱缝至关重要。
- 在绱缝盖肩袖前,可用袖子的本身料作里布,一直延伸至袖口;也可用里布料。
- 绱缝好盖肩袖后,可用斜丝缕牵带包光腋下缝份,用同样方法可以包光盖肩袖上其他缝份。

要点 ✂

车缝转角时,应保持机针插入面料。

有时短连袖也称盖肩袖,看起来像肩部的延伸。盖肩袖不可做得太贴体否则会导致袖子臃在袖窿腋下部位(见特征款式图6.1D)。

连袖

连袖适用于宽松肥大的衣身上。这种袖子与衣身融为一体,一半袖子与前衣身一体,另一半袖子与后衣身一体(见图6.12A)。服装像个T字形,袖窿处没有缝合线。蝙蝠袖是由基础的连袖演化而来的。腋下车缝加固缝线使其可以承受手臂的活动。为了承受大幅度的活动量,腋下可加入一至两片腋下插角布。

不加腋下插角布的连袖工艺:

1. 对齐前后袖片刀眼与腋下弧线(见图6.12A)。
2. 将前、后袖片正面相对,用珠针固定。
3. 缝合肩线/袖片;熨烫。
4. 缝合腋下缝/侧缝;熨烫。
5. 减小针距;较肥大的袖子需在刚完成的腋下缝份内侧再缝一道加固缝线。若不加里布需对缝份毛边包缝(见图6.12B)。
6. 如果服装加里布,将缝份朝着缝制方向熨烫,接着分烫。由于该缝份是斜丝缕,所以可以通过熨烫来塑形。

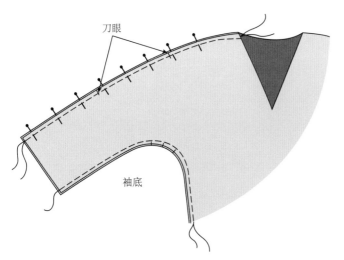

图 6.12A 连袖

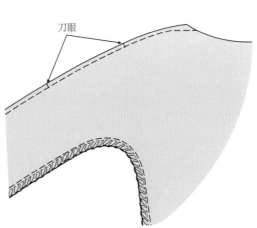

图 6.12B 连袖袖底

腋下加插角布的连袖

袖子腋下部位加入插角布可使袖子有更多的松量与活动量（见图6.13A）。腋下插角布是在腋下加缝的一块菱形或两块三角形的面料。沿斜丝缕方向裁剪腋下插角布，这可使其具有最大的弹性与强度。菱形插角布的四个角必须准确与腋下缝线以及衣身上的开口点对齐。否则，袖子会穿起来不舒服。当手臂抬起时松垮的腋下插角布片也会露出来。在袖子的腋下插入一片式菱形插角布，可以用车缝止口线的方法包光腋下插片。步骤：

1. 将所有对位点、刀眼与车缝线拓转到衣身反面（见图6.13B）与插角布上（见图6.13C）。

2. 在加固缝线时，可将一块透明欧根纱车缝到面料反面的对位点上（见图6.13B）。

3. 将腋下开口部位剪开，插入插角布，开口剪至离对位点0.5cm位置；若使用透明欧根纱定型料加固，则透明纱也应剪开，然后按常规缝份处理方法整烫（见图6.13D）。

要点 ✂

开口车缝加固前，切勿绷缝插角布或缝合腋下缝。

4. 缝制侧缝与袖底缝，缝止点恰好落在装插角布的开口的对位点上，此时腋下区域的衣身开口形状近似插角布的形状（见图6.13E）。

5. 将插角布放在袖子的开口下，正面向上。

6. 将腋下开口的布边与插角布缝份对齐，用珠针固定并以手工针粗缝。

7. 在衣身正面车缝止口线固定插角布（图6.13G）。

8. 车缝止口线，尤其在处理很长的袖子时难度较大；缝制时应避免将衣身其他部位绞入止口缝线中。

9. 或从反面车缝插角布，对齐对位点。为了车缝上插角布，腋下部位缝份应先留1.5cm不缝，待绷缝完插角布后再缝（见图6.13C）。

蝙蝠袖

• 此类袖子在袖口部位很合体，而袖窿很深。蝙蝠袖在胸部上方形成一条顺滑的曲线。衣身上的袖窿与袖子连成一体。通过提高袖底缝，可以使其更贴体，但胸围与袖围长度保持不变（见图6.15）。缝合前后片肩部/袖子部位的缝份。

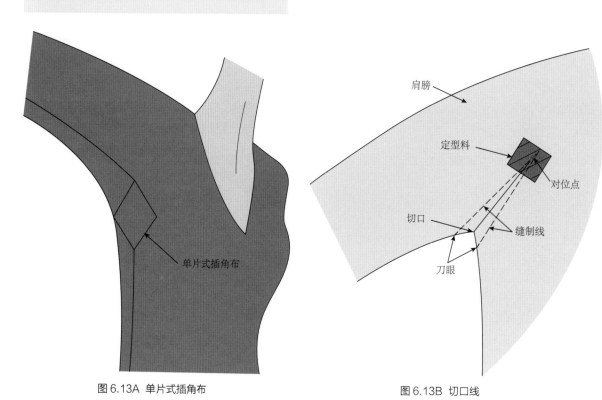

图 6.13A 单片式插角布   图 6.13B 切口线

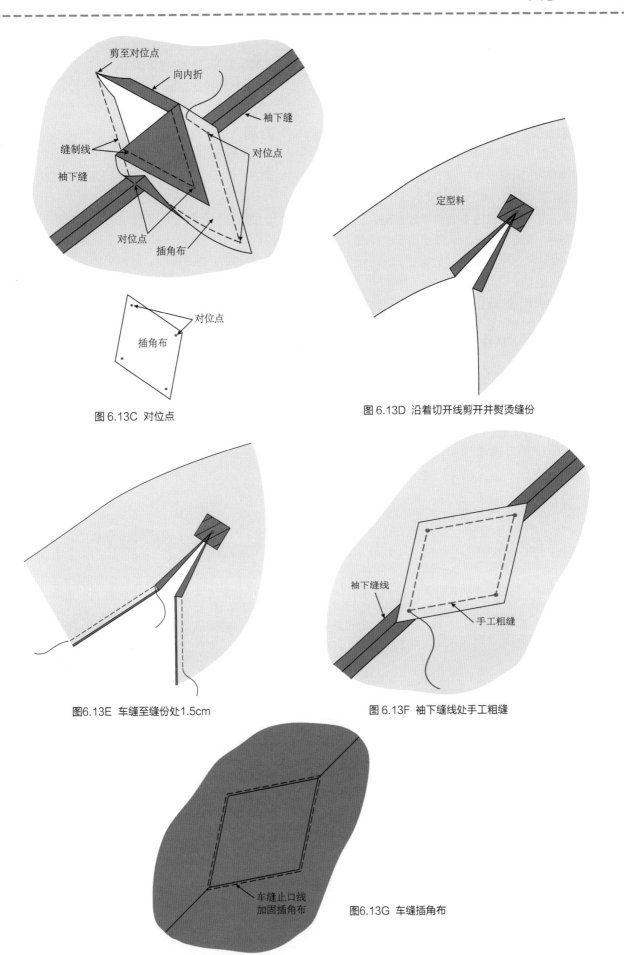

图 6.13C 对位点

图 6.13D 沿着切开线剪开并熨烫缝份

图6.13E 车缝至缝份处1.5cm

图 6.13F 袖下缝线处手工粗缝

图6.13G 车缝插角布

- 缝好后熨烫。
- 缝合前后片袖底/侧缝并熨烫。
- 继续制作衣身其他部位。

袖山头

　　袖山头是用斜裁的本身料、欧根纱，或棉絮制成，用于支撑与抬高抽褶袖山并改善袖子的悬垂效果。袖山头厚度取决于衣身面料厚度。插入成型袖山头的操作较容易完成，同时可避免传统直料袖山头缝份臃起的问题。绱缝好袖子后，可在袖山部位以0.25cm缝份宽车缝袖山头。

　　1. 根据袖山形状裁剪出袖山头的形状，如图6.16A所示。若用薄料制作袖山头，可按图6.16B所示方法裁剪。

　　2. 将袖山头放在袖山内侧中间，长的一边与袖山边缘对齐（见图6.16C）。

　　3. 用珠针固定后再用手工针将袖山头缝死在袖山缝份处，针迹近似车缝线，距离1cm，并且缝得松一些为佳；袖山头也可以0.25cm的宽度车缝在袖山缝份内侧（如图6.16C）。

　　4. 将缝份翻转至袖子内侧；袖山头也会跟着折进去，从而支撑袖山。

　　5. 继续衣身制作或加里布。

垫肩

　　垫肩可以有效改善服装造型，同时影响服装的贴体程度、悬垂性与穿着外观。加垫肩成为一种流行，大衣或夹克使用宽度为1cm的方形垫肩效果最理想。垫肩使服装看起来做工精良。有两种垫肩：一种适用于装袖，另一种适用于插肩袖或蝙蝠袖。有包布垫肩与裸垫肩，这些垫肩有各种规格，厚度在1~1.5cm之间。

　　装袖垫肩边缘长而直，与袖窿接缝线相似，其最厚的地方就在这条边缘上。加了装袖垫肩的服装廓型硬朗挺括。

　　那些上衣与大衣专用垫肩（见图6.17A）前大后小，这可填补肩膀下胸部的空隙。裸垫肩边缘如新月状，形似袖窿顶部。这种垫肩外加一层马尾衬，适用于有里布的服装。

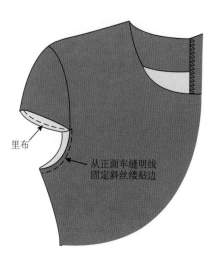

图 6.14 盖肩袖

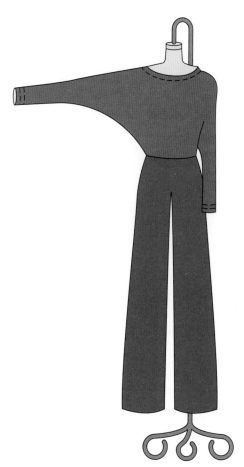

图 6.15 蝙蝠袖

连衣裙与轻便夹克中的垫肩较小、前后对称。

插肩袖垫肩使肩部更伏贴，袖山部位更饱满。椭圆形的插肩袖垫肩（见图6.17B）附在肩上，隐约塑造出肩部形状。插肩袖垫肩中央最厚。

垫肩可由许多材料制成，包括棉或涤纶棉絮、海绵等。垫肩可以用薄料或经编面料包裹，或以裸垫肩装在里布中。

从服装表面无法看到垫肩。多数的垫肩由数层棉絮堆积制成，以防止明显的褶皱。垫肩可以改善衣物的外观，要发挥理想的作用，则必须使其放置位置合理、绱缝正确。

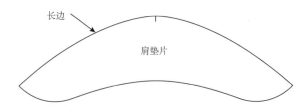

图 6.16A 适用于夹克与外套、根据袖山形状所裁剪的袖山头

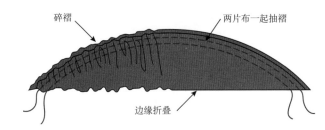

图 6.16B 适用于女式衬衣纤薄面料的袖山头

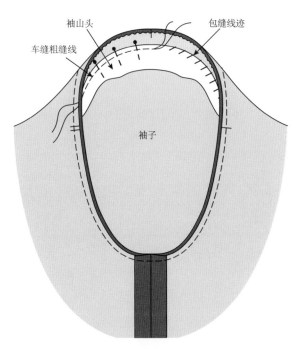

图 6.16C 袖山头以手工粗缝或缝纫机粗缝

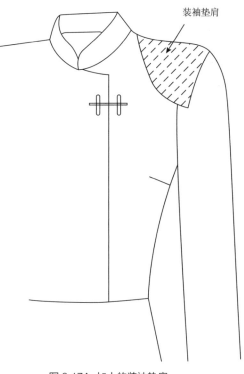

图 6.17A 加大的装袖垫肩

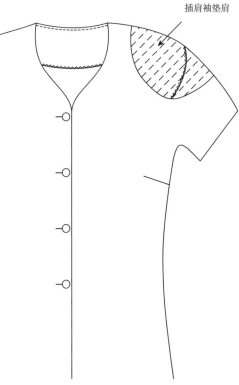

图 6.17B 插肩袖垫肩

绱缝垫肩

　　装袖垫肩的边缘或插肩袖垫肩的肩点与有袖窿接缝对齐。西装垫肩边缘应稍超出袖窿缝份一些。关键是垫肩的长度应足以覆盖整个肩部，距离领圈2.5cm，如果垫肩太靠近领围，形状可作适当修剪。

装袖垫肩

　　1. 在服装正面用珠针将垫肩在肩部固定到位。

　　2. 将服装从人台上拿下来。

　　3. 用三角针沿肩缝将垫肩绷缝到位。

　　4. 缝制结束时要小心抚平垫肩，防止袖子表面出现褶痕（见图6.18）。

插肩袖垫肩

　　1. 将垫肩放在人台肩部，再将垫肩沿着肩缝或省道用珠针固定到位。

　　2. 将服装翻过来，用大针距三角针沿肩缝或省道将垫肩固定。

　　3. 用三角针将垫肩固定在领圈贴边下方。

包裹垫肩

　　若服装无里布，应用轻薄面料包裹垫肩。如果面料有可能在服装正面外透，则应使用中性米色的里布或经编针织物。

装袖垫肩

　　1. 剪出两片与垫肩大小相同的里布折叠起来（见图6.19A）

　　2. 里布包裹垫肩，并用珠针固定到位。

　　3. 用包缝机、锯齿形线迹或斜丝缕滚条包光垫肩的弧线边缘以保持形状（见图6.19A）

插肩袖垫肩

　　1. 裁块大小适当的方形面料，使之能包住垫肩。

　　2. 将面料包裹垫肩。

　　3. 沿着垫肩的边缘加2.5cm画出标记线，并沿线裁剪。

　　4. 将浮余量制成省道，从而使其贴体。

　　5. 将织物重新附在垫肩上，正面朝上并以珠针固定。

　　6. 用包缝机、锯齿形线迹或斜丝缕滚条包光垫肩的弧线边缘。

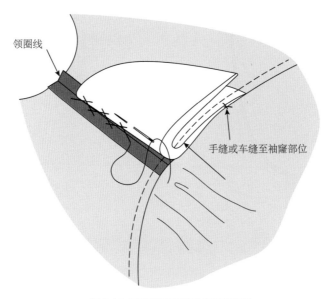

领圈线

手缝或车缝至袖窿部位

图6.18 沿肩缝将装袖垫肩绷缝到位

熨烫袖子

本书每章都强调熨烫的重要性。袖子制作中，熨烫同样是极其重要的。随着时代的发展，不同类型的面料的熨烫技术得以不断发展。在所有工艺指导中，熨烫始终贯穿于每一步中，袖子熨烫仍应引起重视。

- 在蒸汽熨烫时，只熨烫袖山接缝处的余量，避免熨烫到袖山。
- 袖窿与袖子缝合后，缝份必须倒向袖子一侧，不能倒向领圈。
- 熨烫缝份部位余量时，比如袖侧缝，应用蒸汽烫缩松量。

- 袖子中间避免出现烫折痕——用烫袖板熨烫袖子（见上册图2.34），只有男士礼服衬衫与女士定制衬衫例外。如家中没有烫袖板，可以用卷紧的毛巾或浴巾。
- 没有烫凳等定型工具时，不可尝试熨烫袖山，熨烫是为了更好地定型曲面，而不是烫平（如图6.5C）。
- 在袖子处直接用蒸汽熨烫并用指尖抚平是避免袖子上出现小褶皱的有效方法。
- 当处理碎褶时，用熨斗尖端压烫。注意：避免熨平细褶。
- 最后，如果你熨烫袖子的能力还有待提高，可考虑将服装交给具备针对不同衣物有专用熨烫设备的专业洗烫店。优质熨烫可以塑造服装的整体造型。

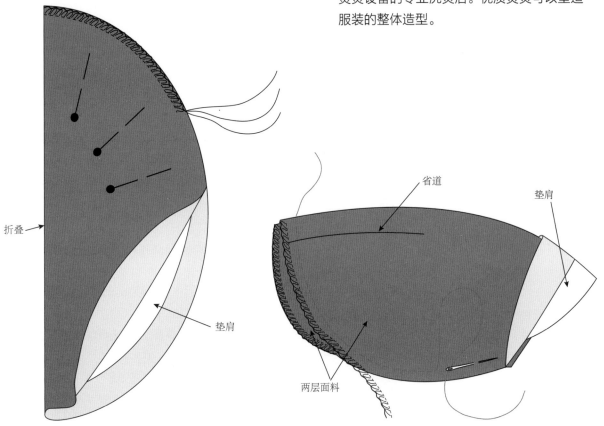

图6.19A 包裹装袖垫肩

图6.19B 包裹插肩袖垫肩

棘手面料袖子的缝制

条、格子、图案、循环图案

装袖宜用普通条对条、格对格。

袖底部位应用相同的条、格纹路，以便对条、对格。

不需要对条对格的袖子，可采用斜丝缕裁剪形成对比效果。

装袖对条格应将前袖部位的刀眼与肩部刀眼对齐。

连袖前后片应将底部刀眼对齐。

如果某一块面料有纬斜无法对条对格，则可以选择另一块面料。

由于插肩袖肩部斜度不一样，因此无法对条对格。

纤薄面料

纤薄面料袖子缝份适合包缝。为了避免缝合时发生面料滑移，可在面料下垫薄棉纸。

折边与袖窿边缘部位应使用斜丝缕窄牵带收口。

泡泡袖可用本身料与塔夫绸做袖山头支撑碎褶。

若袖子折边是直的，可用本身料作为里布。折边部位形状应与袖身形状一致。

缝份应避免外露，接缝越窄越好。

蕾丝

蕾丝袖子与撞色或肉色衬里搭配可显蕾丝本身的花纹。

袖口折边部位应尽量使用蕾丝布边（见图4.48）。

薄型蕾丝面料宜用来去缝之类的方式处理缝份。

厚型蕾丝的缝份应加滚条；若蕾丝使用撞色衬里，缝份应使用包缝。

绸缎

为了防止送料牙损坏面料，车缝绸缎时可加垫薄棉纸。

绸缎最适宜用珠针做标记，可在缝份内侧用珠针或手工粗缝固定。

为了防止缝份滑移，可先用手工粗缝缝份。

由于绸缎面料加入余量后难以烫缩，因此不宜制作装袖。

袖子可作斜裁。

珠片面料

珠片面料最宜制作连袖、插肩袖或落肩袖。

由于珠片会磨损机针针尖，车缝时应经常检查更换机针。

左右两只袖子应准备两个样板单独裁剪，每次只可裁剪一层面料。

为了使珠片图案能更好对位，车缝时应小心对齐衣身与袖子上的对位标记。

牛仔布

牛仔布制作袖子，应根据袖子款式选择不同厚度的牛仔布。

牛仔布制作的无夹里上衣或外套，垫肩应加以包裹。

沿着肩部与袖窿部位的接缝可车缝明线。

避免用牛仔布制作蝙蝠袖与连袖，因为过多的牛仔布会导致袖子太重。

丝绒

丝绒车缝时极易滑移，绱缝袖子会产生褶痕。

车缝袖子应小心，避免出现针孔。

车缝袖身弧线部位时，每10cm左右需抬一下压脚，消除面料张力，这可使接缝平顺，消除不必要的皱褶。

皮革

缝制皮革袖子前应对样板加以调整，还应准备一些工具，如皮革黏合剂、小的长尾夹、橡胶锤与皮革专用针。缝制皮革时应注意针的大小与所缝制的皮革的厚度相匹配。

袖山可加入1.5cm余量，两侧各加一半余量。若余量超出1.5cm，可以在袖山部位折去0.5cm。如果余量仍有富余，可以在两侧的袖底缝部位去掉。重新比较袖窿与袖山弧长度，加新的刀眼（见图6.20A）。

如图6.20B所示，前后袖窿可用加贴斜丝缕牵带的方式定型（牵带应贴在缝份内侧）。

缝合肩缝线后再将线头打结并修剪至2cm，然后将线头塞进衣物与缝份之间。分开缝份后用皮革黏合剂黏住，再用橡胶锤与滚轴将其压平。

比较前后袖窿肩部形状。将前、后衣片放平，肩部的袖窿弧线应圆顺光滑。否则就需重新修改肩部形状（见图6.4B）。若袖窿形状不准确，就无法实现袖山与袖窿的理想接合。

如图6.20C所示：在袖山上，缝份内侧做四段粗缝线。

• 从袖山中间到两侧刀眼（袖山顶部位重叠1cm）。

• 两侧刀眼到腋下缝份部位，车缝至距离缝份1.5cm的位置。

抽缩粗缝线，使四部分产生轻微余量。袖山部分的余量应比腋下多。将线头长度修剪至大约7.5cm（见图6.20D）。

缝合袖子的袖底缝（见图6.20D）与衣物的腋下缝（见图6.20E），并修剪线头。将线头拉进缝份处，用皮革黏合剂固定。

将袖子绱缝至服装，将以下几个部分对齐：

• 袖山与肩膀。

• 刀眼与刀眼。

• 所有袖底缝。

用胶水将每个部分固定，并用长尾夹将接缝固定（见图6.20F）。

将袖子绱缝至袖窿，在粗缝线的外部车缝（粗缝线不能从袖子的正面露出。注意：不可拆除接缝线，否则将会在皮革上留洞）。

小心修剪袖山周围的V形线，以消去多余量。将V形拼在一起，并将皮革黏合剂涂抹在的整个袖子的袖窿处。用橡胶锤敲平。

只将袖山部分与肩膀上端黏合（袖窿与袖子之前已黏好）。

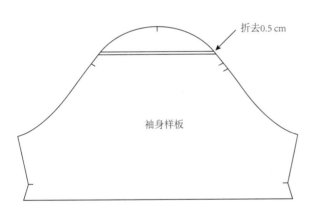

图6.20A 皮革袖纸样

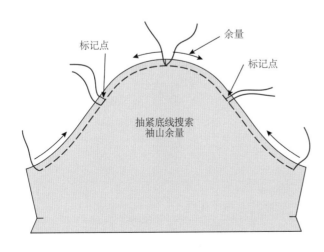

图 6.20C 粗缝线段

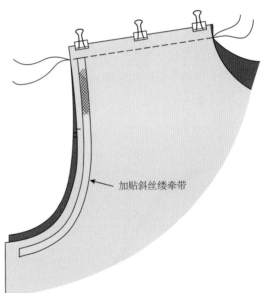

图6.20B 用长尾夹固定肩线

将袖子放在烫凳上，用手工将袖山制成圆形。

好！现在皮革袖已绱缝到衣身上，可继续制作其他部分。

人造毛

人造毛服装尽可能地采用插肩袖或落肩袖设计，人造毛面料的缝合十分方便。

为减小厚度，在缝合袖子之前应修剪缝份处的绒毛。或者，如果皮毛有短线，可先车缝后，用理发剪或剃刀修剪去绒毛。

毛边以锯齿形线迹缝合。

厚重面料

插肩袖可用三角针固定缝份（见图4.46B）。

若需整烫缝份，可准备一块湿布产生以更多蒸汽。

要点 ✂

袖底是斜丝缕。由于皮革没有斜丝缕特点，因此其袖窿不如面料那样容易造型。加入余量可使袖子更贴合袖窿。

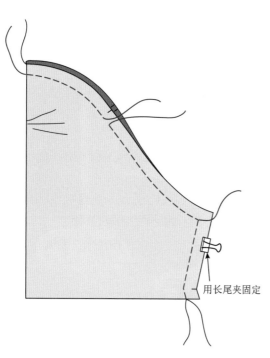

图6.20D 调整袖山余量；缝袖底缝

融会贯通

现在你已经懂得如何缝制袖子。根据所获得的技能，你可以更加灵活地运用这些知识，尝试以下技巧。切记：在应用新技术制作衣物前，必须安排充足的时间制作试样。

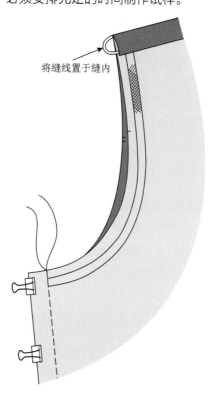

图6.20E 缝腋下缝

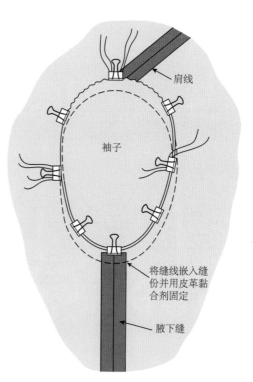

图6.20F 绱缝袖子

- 展开袖子袖山部分，从而增加更多的袖山余量。再加入塔夫绸袖山头，支撑袖山饱满度。
- 条格面料袖子应按斜丝缕方向裁剪。
- 可在一个袖子上将两种技巧结合使用：增加袖山部分的余量，并将其做成塔克褶。
- 将基本袖改成以喇叭形张开，或增加袖口处的饱满度，使袖口成为袖子的设计焦点部分。
- 将插肩袖的前片与其他袖型的后片结合，比如连袖的后袖。
- 改变蝙蝠袖的袖窿深度，并加上插角布，从而改善袖子的舒适性与合体度。
- 在装袖或者套袖大衣袖子中心加一分割缝，可以露出其中不同织物材料作为对比。
- 添加一处带有滚边的接缝，并将其嵌入装袖的中心。

创新拓展

袖子为设计提供了多种多样的可能性，因此在实际应用本章所学的技巧时，应跳出框架，独立思考。

- 展开袖山部分，加入较大的褶皱（见图6.21A）。
- 在衣物上，从领圈到整个连袖部分增加珠饰（见图6.21B）。
- 从落肩部位穿过衣身，用本身料作镶边装饰（见图6.21C）。
- 若用针织面料，将插肩袖拉长至上身部分里（见图6.21D）。

疑难问题

已经绱缝好袖子，但还有影响袖子外观的褶痕该怎么办？

缝合袖子时，应小心地车缝袖山余量，用珠针固定有助于消除褶皱。如果这些方法仍然无效则应拆开褶痕部位的接缝，并烫平缝份。如面料难于抽缩余量则褶痕很可能会再次出现，所以褶痕部位应该用手工粗缝。袖山余量需匀到整个袖山。检查针距，适当减小针距后，再重新车缝。同样，检查样板并减少余量，重新裁剪袖子后再次绱缝到袖窿。记下这些学习经验吧。

已经缝完一个连袖，但样子松驰不美观，怎么办？

在缝完的连袖腋下部位加一块或两块插角布，在提供更多活动量的同时使袖子更合体。调整腋下部分，增加的弧线的弧度，袖子更贴近身体。在剪裁腋下接缝前，首先用粗缝来调整弧线，以检查是否可以做出满意的修改。

已经缝了一块插角布，但袖子下垂效果不理想，怎么办？

嵌入插角布的关键是车缝时必须对齐对位点。准确是缝制插角布的关键所在。拆下插角布，重新剪裁，再做一个新标记。检查衣身上的记号，然后再次开始。从中我们可以学到，要用与衣物面料厚度类似的坯布先做试样。记住：并非一定需要纯棉布。使用相似厚度的棉布，你可以尽早观测袖子绱缝后的效果。

自我评价

√ 装袖上的余量在车缝后是否分布均匀？

√ 装袖上能否避免出现褶痕？

√ 装袖是否自然下垂？

√ 在服装正面是否会看到服装垫肩与袖山头产生的印痕？

√ 装袖整烫效果是否理想，表面平整无褶痕，并产生立体造型，而非变成平板？

√ 袖子在烫袖板上熨烫后是否出现整烫的折痕？

图6.21A 肩部带夸张褶裥的装袖

图6.21B 珠片装饰的连袖

图6.21C 公主线；用本身面料镶边装饰的溜肩 (样式)

图6.21D 插肩袖针织连衣裙

图6.21 融会贯通

√ 缝制插肩袖时候，车缝是否理想，沿缝线没有褶痕，以及服装表面是否没有可见的压痕？

√ 插肩袖缝合时，是否加入了合适的垫肩？

√ 在合适的肩部支撑下，两片袖下垂的状态是否自然？

√ 如果使用一种特殊的面料，是否适合这种款式的袖子设计？

复习列表

√ 是否理解装袖与连身袖两者间的差异？

√ 是否理解在制作合体型袖子时，精确地拼合对位点、刀眼与缝纫十分关键？

√ 是否理解余量对于袖子绱缝的重要性，制板对余量的多少与分布起决定性作用？

√ 是否理解抽缩余量、固定与粗缝对成功绱缝袖子而不产生褶痕的重要性？

√ 是否理解正确选择垫肩和袖山头对装袖的重要性？

√ 是否理解垫肩的合理定位可以对肩部以及袖子起到支撑的作用？

√ 是否理解在袖子的制作过程中，整烫的重要性？

√ 是否理解所有袖子的设计都源于基本装袖？

√ 是否理解改变袖子的设计以及折边的收口方式可以为设计提供无限的可能性？

　　时装设计师应掌握服装制作的专业知识。实际上，准确标记、余量、固定以及整烫袖子都是其中的重要步骤。记住：设计、样板以及制作都是紧密联系在一起的。没有扎实的结构，就不可能有优秀的设计。学习缝纫是一个循序渐进的过程，所以不要放弃，继续缝纫之旅吧！

第 7 章

下摆：
服装的长度

图示符号

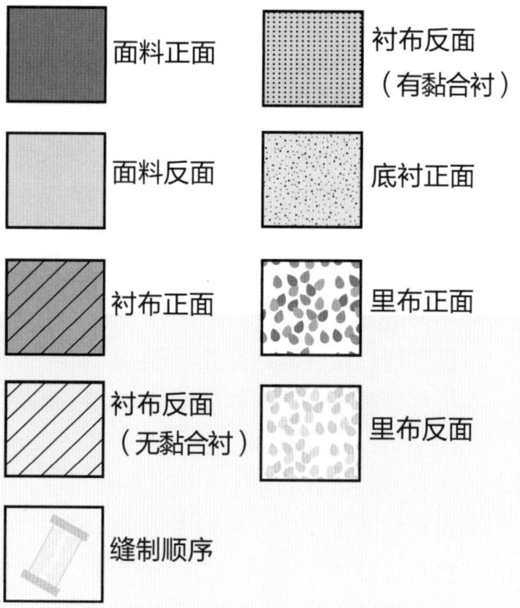

■	面料正面	▦	衬布反面（有黏合衬）
■	面料反面	▦	底衬正面
▨	衬布正面	▨	里布正面
▨	衬布反面（无黏合衬）	▨	里布反面
▯	缝制顺序		

下摆是服装最吸引人的部位之一，下摆能确定服装的长度。时装秀中当模特穿着迷人时装出现在T台上时，首先引人注目的就是下摆。如果下摆不平整且缺乏设计亮点，或所用面料与缝制工艺不合适，就会破坏服装的整体外观效果。

本章将介绍各种下摆的制作过程与收口方法，包括隐形的手工缲缝下摆、车缝下摆、带贴边下摆，以及其他下摆的创意处理方法。

这章内容概括了如何缝制直下摆与其他异形下摆，比如弯曲的、展开的、圆形的与有角度的下摆。

本章通过讨论各种下摆的缝制与收口方式，帮助设计师根据各种不同类型的面料与服装的个性化特点，选择合适的下摆缝制与收口方法。

关键术语

翻折线

下摆

下摆量

下摆边缘

下摆收口

下摆线

车缝下摆

对称形状

45°斜接角

平接针

珠针标记

异形下摆

面料记号笔

下摆线平滑

直下摆

特征款式

特征款式包括各种不同的下摆。设计师可根据其创意构建更多的下摆线造型。

图7.1A中开襟连衣裙的下摆不对称,并带贴边。注意下摆一侧是波浪形的而另一侧是平滑的弧线。

图7.1B中格子长裤的翻脚口未必会成为每季的流行,但是每位设计师应知道其缝制方法。图中漂亮的小夹克袖口带袖克夫,衣身前片有两个小开衩。下摆开口有时具有实用性;有时候只是一种装饰。

图7.1C中的圆形夏花裙,车缝窄窄的卷边下摆。

图7.1D中与牛仔裤搭配的上衣,其下摆的处理方式为手缝。

正如你所见,服装下摆并非一成不变,而是可设计成各种不同的造型与尺寸。

工具收集与整理

制作下摆需要的工具包括:面料记号笔、划粉、珠针、缝线、缝纫机、手缝针、拆线刀、翻角器、卷尺与各种下摆牵带。现在可以开始缝制下摆了。

现在开始

下摆是什么?

图7.2中各部分术语有帮于读者理解下摆每个部分的定义。

下摆可确定衬衫、短上衣、短裤、裙子、连衣裙、夹克、外套与衣袖的长度。设计一个服装系列时,有各种各样的下摆长度与造型可供选择。下摆可以是直的、弯曲的、圆的、有角度的或是其他任何造型。设计师努力涵盖不同的下摆长度以满足目标消费群的喜好。

服装长度是服装廓型或外形最重要的设计要素之一。

下摆是样板设计时,面料下缘加出的宽度,这部分额外的面料被称作下摆量(见图7.2B)。下摆量的边缘即服装的毛缝边缘。下摆可以防止服装边缘磨损,在增加厚度支撑下摆的同时确定下摆位置(见图7.2D)。然后将下摆翻折并缝到衣身上。下摆可以用手缝或机缝的方法收口(见图7.2E)。下摆线也是折叠线,如果是下摆贴边,也可缝在下摆边缘,这种折叠线为接缝线(见图7.2A)。

直下摆与异形下摆的缝制方法不同。虽然不同之处很少但十分重要。异形下摆无法用直下摆的方法缝制。但是只要掌握其制作要领,任何造型的下摆都可缝制得很漂亮。

如何选择合适的下摆

为每件服装选择下摆缝制与收口方式并非易事。用实际面料或特点类似的面料事先试样是必不可少的环节。如果一个试样不理想,尝试下一个,直到取得满意的结果为止。

当缝制下摆时,最重要的是选择合适的下摆缝制与收口方式。下摆的外观形态对服装设计效果的影响相当大!

制作下摆时应考虑以下四方面:

- 目标风格与款式外观

无论用作日常服、商务装还是礼服,服装的用途可以指导下摆缝制的工艺。例如,车缝下摆的工艺多用于非正式服装,如运动服、休闲服与劳动装(见图7.1D)。手缝下摆主要用于商务装、礼服与高级定制服装(见图7.1A)。

图7.1D 夏季印花上衣与牛仔裤

图7.1C 露肩上衣与夏花裙

图7.1B 短上衣与翻脚口长裤

图7.1A 外套

图7.1 特征款式

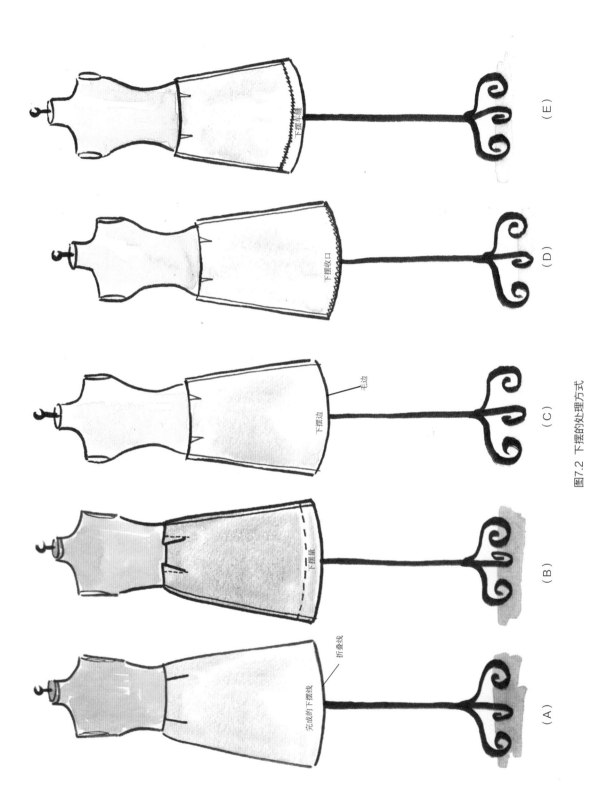

图7.2 下摆的处理方式

- 面料的厚度、悬垂与手感

　　下摆的类型必须适合面料。如果运用透明的面料,应考虑缝制窄卷边,因为宽下摆会导致面料边缘产生阴影。窄窄的手工卷边或车缝下摆不会看起来很突出。

- 价格

　　价格因素会直接影响下摆的选择。

- 最关键是工时

　　这可以成为下摆收口处理方式的决定因素。无论是手工缝还是车缝卷边都可以达到理想的效果,但时间因素会决定采用哪种方法更合理。

圆顺的下摆离不开好样板

　　理想的下摆始于成功的制板。

下摆宽度

　　面料与服装轮廓决定下摆宽度。这里有一些关于如何确定下摆宽度的制板提示。

制板提示
圆顺下摆的制作

　　在剪裁面料前,每个接缝线必须能够完全吻合。在缝份上的对位刀眼有助于缝制的精确。

　　制板时不仅应将缝份对齐,还需要有圆顺的下摆线;这对下摆缝制同样重要。

　　下摆线的形状会影响服装完成后的效果。许多学生忘记了这重要的一步,因此在剪裁面料之前必须对此加以关注!

- 为获得平滑的下摆线,对齐缝合线。
- 如果要在下摆线中嵌入褶裥或三角布,应在制板时创造平滑的下摆线。
- 应关注下摆拼接点部位的样板形状。如果是A型裙下摆处拼接点凸出,或是锥形裙拼接点内凹,都应加以调整画出顺滑弧线。
- 衣身与袖子的下摆线都应调整成顺滑的弧线。

　　图7.1是对不同廓型服装下摆宽度的建议。图2.12中各种造形状下摆的具体制板方法可见以下制板提示内容。

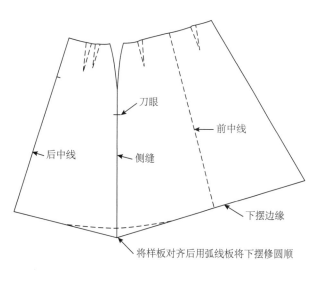

图7.3A　A型裙

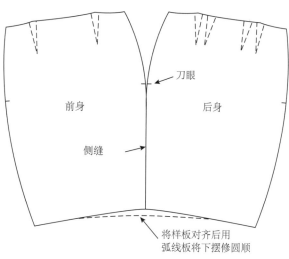

图7.3B　锥形裙

制板提示

见上册图2.12

- 直下摆：直身裙下摆宜宽。
- A型裙：裙下摆变弯曲时需要适当将下摆宽度减小。
- 喇叭裙：裙摆越大，下摆宽度应越窄，以减少裙摆缝的厚度。
- 圆裙：裙摆越大，下摆宽度应越窄。

下摆部位的对称

样板加入下摆缝后，缝份应根据翻折线修剪成对称的角度，这样的操作能保证贴边翻转后伏贴不产生堆积。否则下摆车缝完后，表面会有褶皱或抽紧。所以无论服装廓型是什么样子的，下摆缝的对称是成功制作下摆的关键。

如何操作？

将样板下摆缝向里翻折就像要用布车缝起来一样。确保缝份尽可能平整（当下摆边缘是弧形时，这个步骤可能会更加困难）。图7.4说明了应如何处理锥形裙与喇叭袖。修剪缝份角度时要与车缝线保持相同角度，这就是我们所讲的对称。

对称的重要性

对于某些款式而言，衣身廓型会在车缝线处变窄，如图7.4A中的锥形裙。如果下摆缝与大身部位不对称，下摆就没有足够的长度翻回，在缝纫过程中就无法放平衣片。如果制作纸样时未操作以上这步，下摆翻折车缝完后，服装表面就会起皱。像A字形或是喇叭形这样廓型的服装下摆也应对称地修剪，如果不作修剪，下摆翻折好缝纫时，会产生多余面料堆积。图7.4B中的袖子也是按同样的方法处理。

表7.1 不同款式与廓型服装的缝份修剪

服装类型	廓型	缝份宽度（cm）	下摆类型
裙装	锥形	4	手缝
	铅笔、直身形	4	手缝
	A 字形	2.5~4	手缝
	喇叭形	2.5	手缝
	圆形	1.5	窄卷边车缝
裤子	直身形	4	手缝
	A 字形	2.5~4	手缝
	喇叭形	2.5	手缝
	劳动款	2.5~4	双针车缝
衬衫	直身形	2.5	车缝
	A 字形	1.5~2.5	车缝
	喇叭形	1.5	窄卷边车缝
上衣	直身形	4	手缝
	A 字形	4	手缝
	圆形	2.5	手缝
	夹克袖	4	手缝
大衣	直身形	4~5	手缝
	A 字形	4	手缝
	圆形	2.5	手缝
	袖子	4~5	手缝

下摆调平

　　制板完成、服装缝制好后，服装必须放在人体或是人台上进行调平处理。

　　调平是必须的，否则很难使衣片有光滑的下摆。

　　下摆通常包括三种面料丝缕线方向：直丝缕、横丝缕与斜丝缕，圆形下摆更是如此。然而每种丝缕线都会在下摆部位呈现不同的形式，所以下摆调平是非常重要的。

标注裙边

　　下摆应与地面平行，除非是不对称裙子。调平裙子或大衣下摆时，建议用标注裙边的方法。可用两种方法标记调平裙边：用珠针或划粉做标记。

　　调平时应注意以下几点，也按图7.5所示为圆形下摆调平。

- 确定服装总长，加上缝份量后，用珠针按水平别合一圈的方式标记出来。
- 让顾客或试衣模特穿上服装，如果可以，请站在桌子、高椅或平台上面，否则设计师必须蹲到地板上，这是非常辛苦的。
- 顾客试穿时应有与这件服装搭配的鞋。因为鞋子会影响到服装长度，鞋跟越高，服装看上去越短。
- 裙摆记号应保持水平，然后再调整珠针的位置。
- 用划粉或珠针标记下摆的同时旋转裙子，或让顾客或模特慢慢地旋转。
- 如果没有试装模特，可将服装放置于人台上。沿着裙边移动一周标记出裙摆，并平行于地板面做上记号。最后将这件服装放在平整的地方，修剪多余的面料。

要点

　　由于丝缕方向有变化，圆裙尤其需要穿在人台或人体上加以调平。如果可能，应将圆裙挂起至少一到两周，这样就可使裙子的斜丝缕在调平前达到自然下垂的效果。当圆裙长期悬挂后，会因面料出现下垂而需要重新调平，见图7.5。为了防止产生这种现象，应将裙子小心翼翼地挂在衣架上。

图7.4A 锥形裙

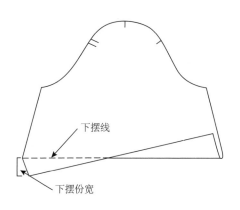

图7.4B 袖子

没有人台或人穿着

如果调平时身边没有人台或人来穿，可以利用工作室的桌子来完成这些操作。虽然这种方法不如用裙边标记法那么准确，但总比什么都不做来得好。裙边调平方法见图7.6。

半裙

- 将裙片沿着前中线对折，然后将其置于平整的桌子上。
- 测量从腰围线至裙摆的长度，将卷尺围绕裙边一周并用珠针别出裙子的长度。
- 加出缝份量后修剪多余的面料。

连衣裙

- 在裙片上，用珠针标出腰围线的位置。
- 从珠针标记的位置到裙摆开始测量，接下来的步骤与半裙的做法相同。

进行缝制

各种下摆有不同的缝制顺序。在缝制下摆前应先缝好整件服装。准备与缝边的顺序如下：

1. 下摆调平。
2. 缝制除了下摆以外其他接缝。
3. 在适当部位以珠针别住下摆，注意不要用力去压针，这很容易在服装上留下针洞。
4. 对棘手的面料，如薄纱或珠片面料，可先粗缝。
5. 选择适合面料与设计的方式缝制下摆。
6. 下摆缝完应熨烫，切记应使用烫布。

缝份厚度

当下摆翻到服装反面时，两层缝份重叠后，服装厚度会变大鼓起，破坏下摆的正面造型。通过明缝或暗缝的方式可避免这种情况，具体操作方式如下：

- 修剪翻折线处的缝份（见图7.7A）。
- 剪去下摆贴边部位的缝份（见图7.7B）。
- 在缝份部位打剪口，将翻折线两侧的缝份倒向相反方向，从而减少缝份的厚度（见图7.7C）。

解决好下摆缝份厚度这个问题后，需要在下摆部位加贴定型料。

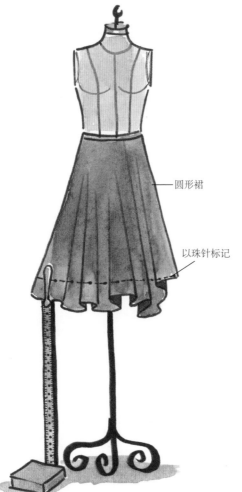

圆形裙

以珠针标记

图7.5 裙子下摆的调平标记

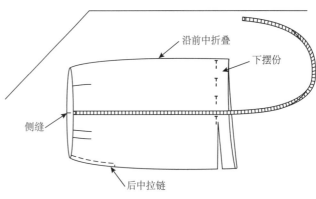

沿前中折叠

下摆份

侧缝

后中拉链

图7.6 平放裙子调平下摆

下摆定型料

　　下摆处理对于服装廓型与整体结构非常重要。定型料有助于支撑整件服装,使其能保持原有形态。很多服装是用定型料保持形态的,但并非所有服装都需用定型料。任何长度的上衣都可加定型料。图7.1B中的小夹克就用定型料保持廓型。

　　下摆可通过贴黏合衬或加缝衬布定型。这两种方式见图7.8: 图中缝上去的衬布是斜丝缕帆布衬。定型料应根据服装面料厚度以及服装结构小心地加以选择。具体内容见上册第3章如何选择定型料部分内容。比如轻薄的黏合衬可固定下摆,加缝帆布衬会增加厚度。

制板提示

将样板的所有缝线拼合,再画出定型料样板。若是无里布服装,则下摆的黏合衬应比下摆窄1cm,这样下摆缝完之后可以直接盖住定型料,否则会影响整体效果。有里布服装,如下摆制作需要,下摆黏合衬可以留宽一些。

下摆份处应减少厚度

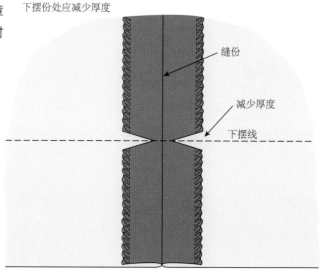

图7.7A　缝份烫开

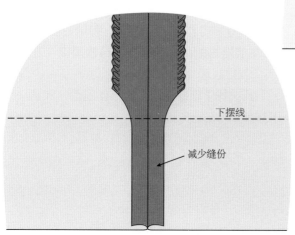

图7.7B　缝份烫开

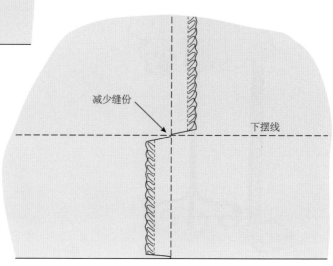

图7.7C　缝份合拢

如果服装已做好衬布，则下摆就不需要加定型料了，因为衬布可代替下摆定型料。但也有例外，图7.1A中的外套加了里布，同时下摆也加了定型料。注意图7.8中的大衣，只有大身前片、过面、衣领部位加了衬，在这种情况下，其下摆适合加定型料。关于如何加缝里布，可见第8章服装里布相关内容。切记在缝制前必须试样，以免下摆加定型料后不平整、在服装表面产生凸起。

礼服制作会用另一种定型料，即马尾衬。本章后面部分会介绍马尾衬的缝纫方式。

下摆缝完后，按图7.15所示，测量出下摆的宽度，再将其翻折到反面后，烫出折痕，这样就准备好了下摆。

下摆黏合衬

将衬裁成长条，如长度不够，可将几段拼接起来，每片之间重叠0.5~1cm，然后将其沿着下摆一片片熨烫上去。

缝入式的斜丝缕毛鬃衬

对于高档西服与或大衣而言，缝入式斜丝缕毛鬃衬是理想的定型料，加缝这种定型料的西服或大衣应加里布。

缝制顺序

1. 根据所需长度，斜裁毛鬃衬，宽度约为9cm。

2. 若毛鬃衬需拼接，应将两层对齐，沿直丝缕方向以锯齿线缝合，如图7.8中的大衣。无需缝制接缝，以避免增加厚度。将衬整烫成下摆的形状。

3. 将下摆翻到服装反面，然后烫出折痕，若折痕线不够明显，可以手工针粗缝一道，使其看得更清楚。

4. 将毛鬃衬沿折痕对齐并放平，铺平整后用珠针将其固定到位。

5. 将毛鬃衬的上缘折回约1.5cm，再将其用手工针暗缲到服装上去。

6. 将下摆沿着折痕线翻到反面。用暗缲针或三角针将下摆缝到毛鬃衬上。图7.9中有这两种针迹的缝法。

下摆有不同的收口方法。下摆收口是对于边缘，即面料毛边部分的处理。下摆收口处理提高了服装的耐磨性与服装质量。有些下摆处理会增加厚度，有些可能会导致服装正面凸起，因此选择合理的下摆收口方式非常重要。各种面料与相应的下摆收口方法见表7.2。

下摆收口

下摆的收口方式与面料类型直接相关，同样的缝型与下摆收口方式可用于同一件服装。因此下摆收口制作方式与上册第4章接缝的处理方法相类似。

图7.9介绍了下摆的各种收口方法，手工针法与制作下摆的手工针。

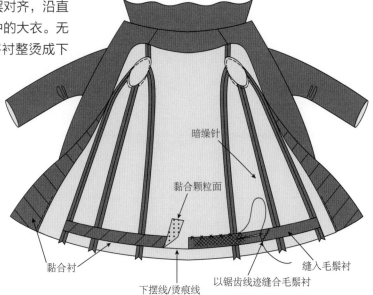

暗缲针

黏合颗粒面

黏合衬

下摆线/烫痕线

以锯齿线迹缝合毛鬃衬

缝入毛鬃衬

图7.8 下摆的定型处理：贴黏合衬与加缝衬布

布边作为下摆

未经处理的毛边可作为下摆，这是种常规的处理方法。毛边可用作下摆，在距离边缘1cm或1.5cm部位车缝一道直线，防止面料脱散。

翻折边作为下摆

翻折边是简洁的下摆收口方法。由于薄料的折边部位不会过厚，对于薄纱、细亚麻布、丝绸等薄型面料，折边是种理想的下摆处理方式。

- 用直边部位做折边，效果最理想。
- 弯曲、弧形边缘部位做折边，会因为缝份无法放平导致下摆厚度增加。
- 弯曲的下摆做下摆折边前，应沿下摆车缝一道缝线抽缩，这将导致边缘变厚。
- 纤薄面料的包缝会在服装正面映出痕迹，这有损服装的美观性。图7.16中的下摆折边是将面料向反面折返1cm。
- 用手工针将折边暗针缝在服装上（见图7.9）。

要点

下摆可以用手工针包缝，也可以用包缝机完成。

包缝收口

包缝收口是用三线包缝机缝制。图7.9中是用包缝的方法制作下摆。包缝机高速、便捷，而且边缘处理后很干净。包缝处理普遍应用于直边、曲边、喇叭边、圆边或尖角边的制作。图7.10中包缝机已经制作完一条曲边，图7.15中的直边也是用包缝机加工的。

较宽的弧形下摆与喇叭形的折边无法像直边一样翻折。直边只应在边缘包缝一道即可缝到服装。但是弧形折边翻起后的边缘长度会比服装部位更宽。有些学生认为：将边缘折进一点可并使边缘平整。其实这根本没有用！这只会导致下摆部位出现棱角，而非圆顺光滑的下摆。

A字形弧形边与喇叭形下摆边缘，包缝完成后，还需要一道缝纫工序。这道额外的缝纫工序能使服装产生光滑平整的下摆，这在T台上会尤其明显。注意：图7.10中下摆边缘宽度已减至2.5cm。

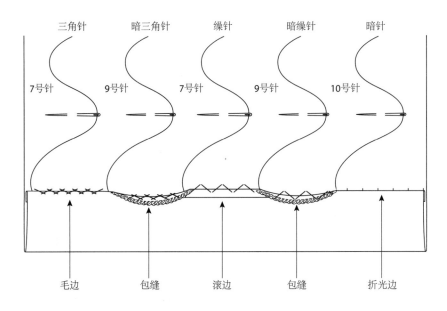

图7.9 下摆手工针收口处理技术明细图

缝合顺序

1. 沿着下摆包缝线迹一道粗缝线，起始位置距离两边的缝线大约10~15cm（下摆越向外展开，缝线位置需越向内靠）。有时整个下摆需要粗缝并抽褶（如图7.10A所示）。

2. 下摆准备好后，抽紧粗缝线迹产生褶皱。翻折好下摆后，为了能使下摆放平，应均匀分布下摆上的褶子。抽褶线不宜拉得太紧，否则正面下摆部位会显产生褶痕。沿着下摆用蒸汽熨烫的方法烫平褶皱（见图7.10B）。

3. 完成之后，选择合适的缝制方式作收口处理。

要点

斜角边也可以包边处理。这将会在之后的斜接角部分介绍。

滚边处理

滚边处理用斜丝缕滚条包边。缝好滚条后，毛边一侧放在折边内侧以减少厚度（见图7.11）。在辅料市场可以买到各种不同宽度的滚条。也可以用一些色彩、图案反差强烈、风格迥异的面料自制斜丝缕滚条，如图7.11所示。

- 关键是滚条的厚度，滚条太厚会导致下摆边缘太厚，在正面产生凸起。下摆滚条的缝制顺序与接缝滚条的缝制方法相同。缝制顺序见上册图4.33A与图4.33B。

- 弧形或向外扩展的下摆都适用缝制滚条。斜丝缕滚条弹性好，可以贴合各种形状的边缘，如图7.10A中的下摆边缘，不同的是边缘不需要包缝，保留毛边即可。

- 需要拼接两段斜丝缕滚条时，应按直丝缕方向缝合（如上册图4.17A所示）。

- 按图7.10B所示抽缩褶皱，并以蒸汽熨烫后，就可按图7.11所示，将滚条车缝到下摆贴边上。

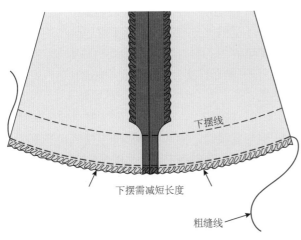

下摆线

下摆需减短长度

粗缝线

图 7.10A 沿下摆边缘车缝一道粗缝线

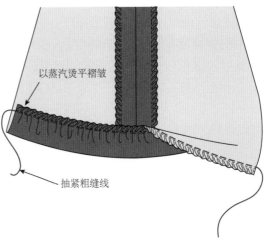

以蒸汽烫平褶皱

抽紧粗缝线

图 7.10B 抽紧粗缝线产生褶皱，以便下摆贴边可以翻折放平

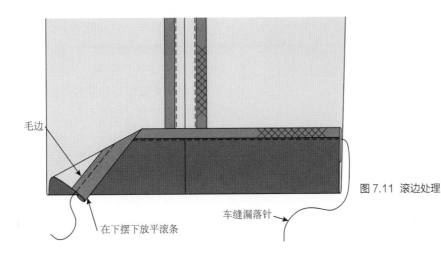

毛边

在下摆下放平滚条

图 7.11 滚边处理

车缝漏落针

纤薄滚边处理

纤薄滚边处理是滚边处理的一种变形。纤薄滚条在上册第3章定型料部分曾经加以说明。纤薄滚条由轻薄、透明的经编织物构成，因此可与不同色彩的面料搭配，对于蕾丝或其他薄料的滚边处理效果十分理想。无论是直的还是弧形的边缘都适用纤薄滚边的处理方法。三步缝合法。

缝制顺序

1. 对折纤薄滚条，并将其包在下摆边缘上。

2. 手工粗缝滚条，防止滚条发生扭曲。

3. 用车缝止口线的方法，将滚条与下摆边缘缝合；在整个缝合过程中，确保滚条与下摆边缘对齐（见图7.12）。

下摆牵带

对粗花呢等厚重面料而言，下摆牵带是种理想的下摆处理方法，因为它能够消除臃起。对高级时装而言，下摆牵带也是种理想的下摆处理方式。丝绒与丝织物等奢华面料上使用下摆牵带后会很漂亮。下摆牵带的材质多为尼龙、蕾丝、涤纶或人造丝缎带等。宽度约为1.5~2cm宽，有各种颜色。下摆牵带结合手工暗缲针的效果最理想，这将在之后关于手工缝中加以介绍。

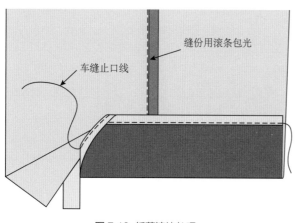

图 7.12 纤薄滚边处理

缝份用滚条包光

车缝止口线

制板提示

切记：下摆贴边宽度中应扣除下摆牵带的宽度，此外，需另加1cm缝份量。

图7.13是用缎带与蕾丝下摆牵带来处理下摆。图7.13A通过侧缝重叠1cm将下摆牵带接合。可以想象带蕾丝边饰带的新娘礼服有多迷人！

无论是使用蕾丝还是缎带下摆牵带，缝制顺序是同样的。注意：下摆边缘不需要包缝。如图7.13B所示，先在离下摆边缘1cm处以手工粗缝固定下摆牵带，再车缝止口线。缝纫时不要拉扯蕾丝牵带，以免边缘起皱。

弯曲A字造型或向外扩展的下摆同样可用下摆牵带处理。人造丝带比蕾丝带更加柔软，用蒸汽熨烫更容易形成弯曲的形状。

缝制顺序

1. 如图7.10A所示，手工粗缝下摆边缘；唯一不同的地方在不用包缝下摆边缘，留下毛边即可。

2. 然后按图7.10B所示，抽褶并蒸汽熨烫下摆。

3. 按图7.14所示，紧贴下摆牵带，车缝一道粗缝线迹。抽紧粗缝线使下摆牵带产生褶皱；再以蒸汽熨烫定型。如图7.14所示，将下摆牵带与下摆边缘缝合。

下摆制作准备

首先回顾一下至今为止所讨论的关于下摆的内容：

- 第一步是画纸样；将接缝对齐，接缝加刀眼，再画顺下摆（见图7.3A）。
- 第二步是对裙子下摆调平（见图7.5）。
- 下一步是下摆收口处理完成后，准备制作下摆。

下摆制作应按以下方法处理, 无论下摆边缘形状是什么样, 其制作方法相同 (窄卷边除外)。

- 用卷尺 (或者图尺) 准确测量整圈下摆贴边宽度 (见图7.15A)。
- 下摆整烫定型 (见图7.15A)。
- 用珠针或手工粗缝固定下摆 (见图7.15B)。
- 现在可以车缝下摆。

手缝下摆

任何服装上精致的手工缝下摆都十分美观。手工缝下摆前, 首先确定缝针类型与型号正确, 这点十分重要。正确的针可确保面料正面不会露出下摆边缘手缝线迹。

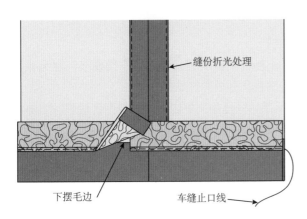

图 7.13A 下摆蕾丝牵带

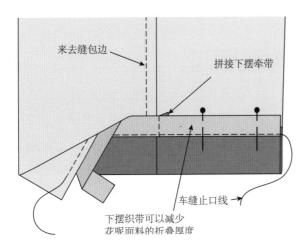

图 7.13B 下摆缎带牵带

服装正面不应露出手缝线迹。手工针一方面应避免外露, 同时应与服装整体效果相符。下摆手缝很费工时并需要有充分的耐心。对手缝下摆的喜好因人而异, 有人喜欢也有人不喜欢, 但掌握这项技能是十分重要的。图7.9总结了针的类型与型号以及下摆的各种手缝方法。应熟悉这些下摆手缝技术。

选择正确的手缝针

只有正确选择手工针的类型与型号, 才能使线迹不外露。优质的手缝针在穿刺过面料时不会弯曲或折断。上册图2.26与下册图7.9中是不同型号的手缝针。针的型号代表针的长度与粗细型号越大, 针越短越细。

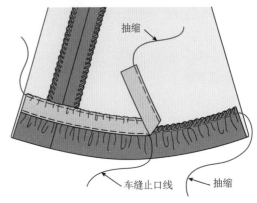

图 7.14 弧形下摆上加缝牵带

图 7.15A 准备下摆: 测量
下摆贴边宽度并整烫下摆

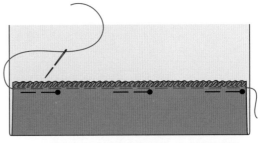

图 7.15B 以珠针固定下摆: 在纤薄的面料
上, 以珠针或手工粗缝固定下摆

- "尖锐型"是通用型缝针，用于制作下摆与其他手工缝的效果十分理想。其针头尖、针孔圆且长度适中。应根据面料厚度选择缝针。图7.9中规定手缝下摆适用7、9、10号针（9号是制作暗缲下摆的理想缝针）。
- 手缝下摆应使用单线。绣花针与缝衣针长度一样，但针眼更长，以便于穿线。

缝线长

缝线长度同样重要。过长的缝线会搞得乱作一团，有些学生用双股线缝制下摆，想当然地认为双线更好。

- 每段缝线约55cm（或胳膊的长度），再长可能会缠在一起。另外，穿长线，每缝一针需花时间拉线，费时比短线更长。
- 按斜角方向剪线头，以便于穿针。

如何手缝下摆

1. 将服装翻到反面，置于大腿间。
2. 如图7.16所示，单线起针，先在接缝上做几个回针，即在水平方向反复绕3、4针，使两侧并拢。
3. 沿着图示方向继续缝制下摆。
4. 手工线迹应尽量做得细腻，下摆线迹正面不可外露。
5. 不可将手缝线迹拉得太紧，否则下摆部位会产生褶皱。
6. 当手缝完成后，再做3、4次回针并剪去缝线。
7. 下摆缝完后，再加以熨烫。下摆处理包括缝纫、剪口、熨烫。

要点

缝纫品质对于下摆制作十分重要。通常针距间隔为1.2cm。线迹相隔太远则无法固定住下摆，相隔太近会使下摆起皱。详见图7.16~图7.19。

下摆缝制针法

下摆缝制没有既定的针法，这可由设计师决定。选择针法的主要标准是面料本身特点——以此作为明智选择的向导。理想的下摆暗缲离不开练习，因此试样环节必不可少。

五种边缝种类是暗针、缲针、暗缲针、三角针、暗三角针，它们都可用来手工制作暗缝下摆。可从图7.9中选择合适的下摆缝制方法。

暗针

暗针不仅从服装正面看不到线迹，甚至从反面也几乎看不到线迹。

- 暗针只适用于折边，这两者相辅相成，如图7.16所示。
- 暗针也可用于连接贴边、口袋与服装表面的边饰。
- 暗针制作口袋时应耐心，在确保线迹隐形的同时，应有足够的牢度，以支撑口袋。如果是右撇子则从右向左缝，左撇子则从左向右缝（见图7.16）。

缝合顺序

1. 将1cm缝份翻折至反面。
2. 以珠针或手工粗缝将下摆固定到位。
3. 以平接针起针，将线固定在服装反面的接缝上，见图7.16所示。

4. 针从前一个针孔中穿进去, 沿着下摆, 以1.2cm针距将针穿出。

5. 在原位向相反方向挑一小针 (一根纱线), 将线穿过面料。

6. 再将针穿进之前的针孔中, 沿着下摆以1.2cm针距缝下一针。

7. 按此方法继续重复操作, 直到全部边缝完成。

缲针

手工缲针是下摆缝制中最常用的方法。熟练掌握后缲针可缝得很快, 更重要的是面料正面不可露出针迹。缲针还可做成暗缲针, 不同之处在于针迹处于下摆贴边与服装之间 (见图7.17)。

缝纫顺序

1. 右撇子从右往左缝, 左撇子从左往右缝 (见图7.17A)。

2. 用平接针线固定在接缝上。

3. 用单线, 在距接缝左侧1cm处, 从服装上挑起一点针脚, 并挑出一根纱线。再次移到左侧1cm处, 在下摆贴边部位再挑一点针脚。

4. 继续按这个规律缝边直到缝完。

5. 线迹看起来像很多小V形, 并且完成后间距约为1.2cm。

暗缲针线迹是看不见的, 并且服装表面不会隆起, 这是种相当实用的下摆缝制方法。

暗缲针

暗缲针法: 将下摆折边向内折1cm, 将线固定在接缝处, 接下来可以缲缝了 (见图7.17B)。

三角针

三角针法以X形针迹将下摆边缘与服装缝合起来。对于厚料而言, 这是种理想的缝制方式, 但并不局限于缝厚重面料。下摆处理可以保留毛边或包缝。图7.18A中的下摆为毛边。毛边用三角针, 可防止面料正面产生起拱。在此情况下, 三角针将下摆收口与下摆缝纫合为一个工序。对带衬里的服装而言, 这是理想的收口方式。三角针法也可改作暗三角针, 但应在手工缝完下摆后才可以操作 (见图7.18A)。

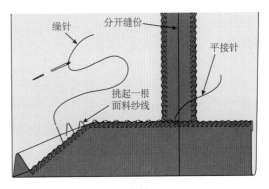

图 7.17A 缲针

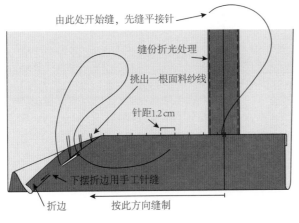

图 7.16 暗针缝制下摆折边

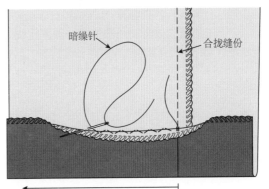

图 7.17B 暗缲针

缝纫顺序

1. 在接缝部位单线回针数次后针再向右移动0.8cm挑起一点针脚（一根纱线），将针从右往左插入下摆上方的服装。线迹应小，以免在服装正面显露。

2. 下一针缝在下摆贴边上，下摆边缘向下0.5cm，距右侧0.8cm。将针从右往左调整角度从下摆上挑出小针脚。由于下摆部位不会影响正面外观，可从下摆上挑出大针脚。

3. 继续在服装与下摆上交替缝制直至下摆边处理完。服装上的针脚间距离应为0.8cm。

要点

三角针法处理裤子脚口贴边是最理想的方法，因为其能防止裤边勾到高跟鞋，而且结实。

暗三角针

使用暗三角针时，下摆贴边向内折进1cm，先在侧缝接缝处固定缝线，然后可做三角针（见图7.18B）。暗三角针可防止面料正面产生隆起。

窄卷边

高档服装用手工窄卷边可提升服装品质。手工卷边十分耗工时，且无法实现批量生产。这种工艺是轻薄面料的理想加工方式。用小号绣花针与丝线来缝制纤薄面料。窄卷边适用于各种形态的下摆。缝纫顺序见图7.19。

缝纫顺序

1. 下摆留1.5cm的量。

2. 在距离边缘0.8cm部位缝一道固定线，这有助于卷边。

3. 每次缝的时候修剪掉一些靠近缝线的毛边。

4. 将下摆贴边向上翻折起0.5cm，则整条固定线就在翻折线上了。

5. 用小号针，从接缝线处用暗针或缲针自右往左缝（如果是左撇子就自左往右）。暗针的完成效果见图7.16。

6. 制作者坐姿：将服装放在大腿上，将下摆抚平后继续缝纫。

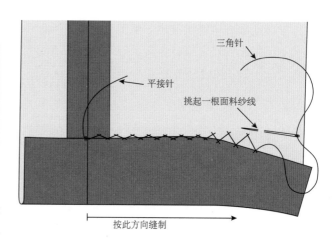

图7.18A 三角针

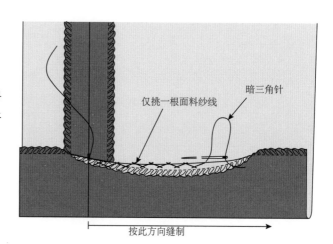

图7.18B 暗三角针

车缝下摆

相比手工制作下摆，车缝下摆因其省时高效成为休闲服常用的制作方法。车缝下摆是种经济的生产制作方法。

车缝下摆的设计特色在于：服装正面车缝的明线清晰可见。当服装的其他部位如袖口、袋口、衣领等部位车缝明后，下摆也会车缝一道明线，这可从上册图1.1中设计师穿着的服装中看到。

车缝明线的位置应由设计师确定，并没有固定的规则，通常是根据下摆的位置缝制。下摆车缝明线宽度可窄至1.5cm，或宽至5~7cm，具体根据下摆形状而定。各种下摆宽度见表7.1或上册图2.12。

缝制下摆前应做好准备工作。可用包缝或折边的方法收口。当下摆收口处理好之后，按图7.15B所示步骤完成准备工作。将底线与面线调成统一的颜色，并调整底、面线张力与针距。车缝的下摆明线应与下摆边缘平行。

车缝下摆的类型包括三种：直线、A字形弧线或展开形弧线。

要点

最快速有效车缝带里布下摆的方法是车缝2.5cm折边的或包缝好的下摆。加里布下摆不需要手工缝制。

折边下摆

缝制下摆之前应做好准备工作，包括以包缝或折边收口。下摆形状包括以下几种。

直线下摆最适合制作折边，但弧形或展开式下摆不适合做折边。由于弧形下摆边缘翻折时无法放平，其边缘会产生褶痕。

A字形或展开形下摆，边缘包缝是较好的处理方法。缝制顺序见图7.20。

制板提示

折边下摆的贴边宽度应额外增加1cm。

缝制顺序

1. 按1cm的宽度，将折边向反面整返。

2. 测量下摆折边宽度，保持其整个下摆线平行后用珠针固定。这是车缝好明线的关键。如果明线车缝得不顺直，服装会显得很劣质。

3. 用手工粗缝将下摆固定到位。

4. 缝制时，面线与底线应使用同色缝纫线，先制作试样以调好底、面线张力与针距大小。

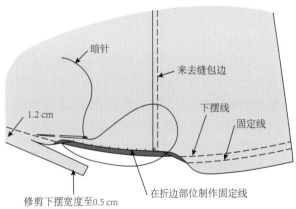

暗针
来去缝包边
1.2 cm
下摆线
固定线
修剪下摆宽度至0.5 cm
在折边部位制作固定线

图 7.19 手工缝制窄卷边下摆：这是处理弧形下摆的理想方式

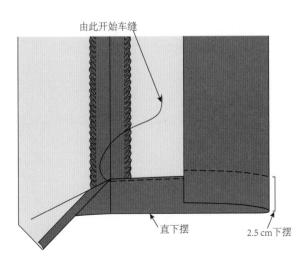

由此开始车缝
直下摆
2.5 cm下摆

7.20 车缝直线下摆：边缘折光

5. 在面料反面手工缝，或在正面按照粗缝线迹车缝明线。

6. 从接缝线部位开始缝，起针与收针都应回针，车缝线应与下摆线平行。

7. 缝制完成后拆除粗缝线。

两次折边下摆

两次折边仅适用于处理直下摆，该方法不适用于A字形或展开形下摆。切记：应在样板上加放两倍缝份量。

翻折两次的下摆所有边缘都折光。

两次翻折宽度应相同，该方法常用于牛仔裤脚口部位，图7.1D（特征款式）中可见双翻折下摆式样。

两次翻折的下摆处理方式处理纤薄型面料的效果很好，可避免正面出现阴影。下摆成品宽度约为1.5cm或稍宽。

缝制顺序

1. 先向面料反面翻折下摆缝份的一半并固定到位。

2. 再折一次，珠针固定后手工粗缝。

3. 将面料背面向上，车缝止口线，从内侧接缝部位起针，起针与收针都要回针。

双针车缝下摆

双针线迹适用于制作针织服装下摆，因为锯齿型线迹能满足针织面料的拉伸特点。双针车缝的用途并不仅限于处理针织面料，它也可处理梭织面料，尤其是牛仔布的效果最理想。但是双针车缝制不适于处理带有角度的下摆，应避免用双针车缝下摆的边角部位。

在面料正面，可以看到两道平行的线迹，在背面是两道缝线或呈之字形交叉线迹，见上册图5.23。

缝制顺序

1. 如上册图4.23与图4.46所示，缝纫机装入双针并穿线，双针线迹也可用于缝制接缝，对缝纫机的介绍详见上册第2章的图2.25B。

2. 双针缝制是从面料正面起缝的，因为线迹正反面不同，反面的锯齿型线迹可以防止面料脱散，因此面料边缘不需要包缝处理。对于用双针车缝无法做平整的纤薄针织面料，可用薄棉纸来包住边缘再车缝。

3. 起针应车缝回针。

车缝整个下摆时起针与收针应在同一部位，下摆两侧的双针车缝见上册图5.23。

包缝弧线型下摆

若服装轮廓是A字形或展开形的（通常是沿侧缝逐步增大），应减少下摆缝份的宽度，用包缝的处理方法可以使下摆边缘平顺圆滑。不需要加缝滚条或牵带。对于弧线折边下摆处理应用抽缩的方法，但会增加褶皱。

- 图7.10是制作弧形下摆的缝制准备，这可使下摆弧线平顺光滑。
- 下摆部位抽缩、整烫与翻折好后就可车缝到位。
- 图7.21中是下摆完成后，正反两面不同的外观。

车缝带转角下摆

在车缝带转角下摆前应做好准备工作。下摆有两种类型，包括折边或包缝两种。为了减少缝份厚度，可以采用45°斜接角的方法处理。

45°斜接角

45°斜接角是种减少接缝厚度的方法，其制作简洁方便。将斜角部位多余量修剪去后，沿斜丝缕方向车缝斜角（见图7.22A）。图7.1B中的上衣、下摆部位带有斜角开衩。45°斜接角应在制板时设计好。

缝制顺序

1. 若要对下摆作包缝处理，应先包缝下摆，再将正面相对，车缝斜角至包缝。见图7.22B。

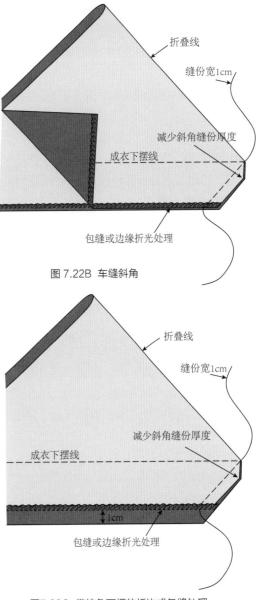

图 7.22B 车缝斜角

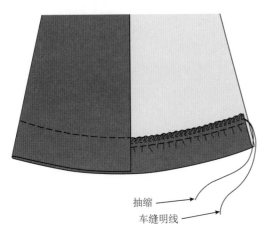

图7.21 车缝并包缝处理弧形与展开形下摆

抽缩
车缝明线

图7.22C 带转角下摆的折边或包缝处理

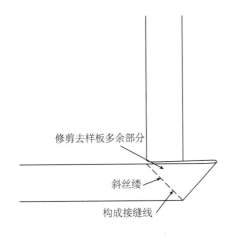

修剪去样板多余部分
斜丝缕
构成接缝线

图7.22A 在样板上修剪斜角余量

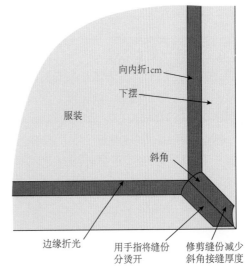

图7.22D 下摆翻转前，斜角与折光处理后效果

2. 若边缘应折光，向面料反面扣烫1/4宽的缝份后，再将下摆车缝到位（见图7.22C）。然后车缝斜角，车缝线在距离边缘1cm处收针（见图7.22C）。

3. 修剪斜角缝份以减少接缝厚度，用手指将缝份分开（见图7.22D）。

4. 将服装翻转，用翻角器将转角翻挺括后整烫，再车缝明线。

5. 如果下摆开衩，专业水准缝制应两侧形状对称、长度一致。

车缝窄卷边下摆

窄卷边下摆是种经典元素，缝制时可另外购买专用压脚。这种处理方法在制作太阳裙、圆领与荷叶边等弧形下摆时效果最佳。窄卷边处理适用于纤薄的面料，但不适用于厚重面料。

无论下摆是什么形状：或直、或弯曲、或带转角；其车缝方法相同，都应按3个步骤完成，图7.23中是窄卷边波浪裙的车缝。通过将其与上册图4.28A的条纹衬衫比较后，可发现两者之间的共同之处。

缝制顺序

1. 下摆贴边宽度为1.5cm。

2. 在正面距下摆1.5cm位置，车缝一道固定线（见图7.23A）。切莫忽略该重要步骤。这道固定线可在之后步骤中起到定型与支撑作用。

3. 正面朝上，将贴边沿固定线向反面折叠（固定线即翻折线）。

4. 在反面，如图7.23B所示，距离折边0.25cm处车缝一道止口线。车缝线位置距离边缘越近，下摆越窄。将边缘多余的面料修剪去。修剪时应尽量贴近止口线位置。图7.24A中是用绣花剪修剪缝份。

5. 背面朝上，下摆再折一次，并在卷边上车缝一道止口线后整烫下摆（见图7.23C）。

制板提示

带转角的下摆可用折光或包缝的方法收口，手工针缝或车缝的方法都适用，但不同处理方法样板应有差异，因此在制板时应事先确定下摆的制作方法。对于各自不同的差异见图7.23B。图7.23B中的折光边增加了1cm的缝份宽度。

带转角的窄卷边下摆

对于带转角的下摆，每边应车缝。如图7.23D所示，车缝分两个简单步骤完成。缝制顺序可见之前"车缝窄卷边下摆"部分内容。

缝制顺序

1. 两边都直缝时，两侧应按相同方向车缝。在修剪线头时应留几厘米。

2. 将两侧线头共同穿过一个针眼，再将线头藏入下摆后修剪线头（见图7.23D）。

要点

最终完成的卷边里可加放根钓鱼线，钓鱼线有不同的规格，25磅的最理想，重量适合的钓鱼线有助于下摆的成型。

卷边下摆包缝

梭织或针织面料上包缝卷边是种精致细腻的下摆缝制方法。下摆形状可以是直线或异形的。这种处理方法的适用性很广，可用于下摆、领子、荷叶边等部位。使用丝线可增加成品的光泽。

缝制顺序

1. 缝纫使用配色或各种撞色线能产生有趣的效果。

2. 将边缘向反面折叠2cm后再车缝，图7.24中用两层面料一起折叠以边缘定型。

3. 正面朝上，用压脚压住下摆边缘。使刀片对齐下摆边缘，车缝下摆折边时，拉紧面料，用刀片修剪多余面料。

4. 缝制起针部位时应避免缝线重叠量过多。抬起压脚并调节减小面线张力。

5. 小心拉出服装，留15~18cm的线头。

6. 将线穿入手工针，绕几个回针后完成。

7. 用绣花剪小心修掉多余面料。

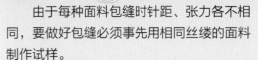

要点

由于每种面料包缝时针距、张力各不相同，要做好包缝必须事先用相同丝缕的面料制作试样。

制板提示

若制作折边下摆，贴边应再增加2cm的宽度，如图7.25所示（这部分最终会被修掉）。

上册图5.17是包缝单层薄型针织面料折边形成波浪。面料弹性越大波浪效果越明显，最终产生了生菜叶边的效果。

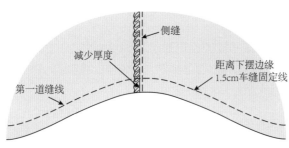

图 7.23A 第一道缝线

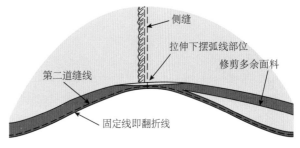

图 7.23B 第二道缝线

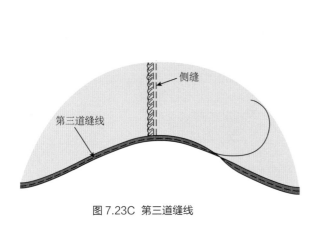

图 7.23C 第三道缝线

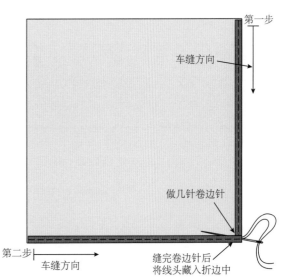

图 7.23D 按两步车缝带转角窄卷边下摆

假贴边下摆

假贴边缝制技术对于服装制作而言必不可少。图7.1A中不对称的外套连衣裙采用了假贴边下摆,因为其弧形下摆无法用折边的方法制作下摆。根据各种不同款式,假贴边应与大身分开单独裁剪。

- 任何异形边缘下摆,如荷叶边,都应制作假贴边(见图7.1A)。
- 面料不够时也可通过制作假贴边解决。任何直线或异形边缘都可制作假贴边。
- 如下摆线已处于面料边缘,就没有余地制作贴边了(见图2.21)。
- 如厚重面料边缘太厚无法翻折,可用轻薄面料制作假贴边减小厚度。
- 如裤子太短,制作假贴边可增加长度。
- 将下摆贴边小心地拆开以增加长度,烫平翻折线。
- 当下摆放长后可能会有翻折线无法烫平的问题。翻折线烫平之后将假贴边与脚口缝合。
- 按图7.25所示制作。

要点

下摆假贴边缝制方法与贴边制作方法相同。假贴边需加定型料;但应避免因加定型料导致外观僵硬。可通过试样的方法确定是否需要加定型料。

下摆斜丝缕贴边

下摆贴边应根据下摆边缘形状裁剪。贴边长度应充足;根据不同需求斜裁出贴边宽度——宽度在1.5~2.5cm。为了边缘干净,若用折光处理,应再增加1cm的缝份量。边缘也可以包缝处理。

作为缝制异形贴边的替代,斜丝缕贴边也可用作假贴边。图7.25中的弧形下摆线加缝了斜丝缕假贴边。用蒸汽熨烫的方式可将斜料贴边烫出需要的形状。斜丝缕贴边有以下限制因素,图7.1D中外套连衣裙的荷叶边无法用斜丝缕贴边,此类形状必须用对称的方法裁剪。

要点

辅料市场有不同宽度的斜丝缕滚条供选择。滚条也可用于制作下摆假贴边。缝制方法与斜裁贴边的方法相同。

缝制顺序

1. 服装大身应先缝制完成。下摆是最后一道缝纫步骤。

2. 服装翻到正面。将斜丝缕贴边小心地包在下摆边缘,正面相对,避免拉扯斜丝缕,防止因此发生下摆扭曲变形。

3. 将多出的贴边量重叠,并以珠针固定。

4. 标出接缝拼接点——这必须沿面料直丝方向拼接(沿斜向)。如上册图4.17B所示缝制接缝。

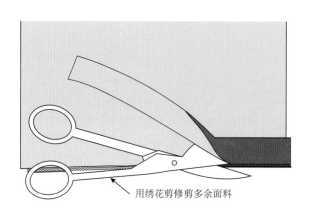

用绣花剪修剪多余面料

图 7.24 卷边下摆包缝

5. 将贴边上多余的面料修剪去后，贴边宽度为1cm。

6. 将贴边从下摆拆下，再将贴边缝接在一起后将缝份烫开。

7. 沿着斜丝缕贴边上缘，向反面扣烫1cm宽的缝份。如用包缝的方法，包缝时应避免拉伸斜料。

8. 缝制假贴边前，应利用斜丝缕可塑性强的特点，先将贴边整烫成与下摆相同的形状后再缝合。

9. 将斜丝缕贴边与下摆正面相对，将贴边缝份靠近侧缝后用珠针固定。

10. 以1cm宽的缝份车缝下摆边缘一周后再暗缝。翻转并整烫下摆。为避免留下折痕，应用手工粗缝而非珠针固定下摆贴边。

11. 用手工针将贴边固定到位。

波浪形下摆

根据下摆边缘的形状准确裁出贴边，贴边上缘可为直线或与下摆平行的波浪形弧线（见图7.26A）。

缝制顺序

1. 薄型面料贴边应事先加贴衬布，以固定波浪形下摆的形状。

2. 贴边与下摆正面相对后，用珠针固定。

3. 沿下摆边缘，以1cm缝份车缝，波浪弧线的每个转角部位应转向一次（见图7.26A）。

4. 每个转角点应打剪口，这可以便于波浪贴边翻转并放平整（见图7.26A）。

5. 根据波浪形状作一个带有4~5个波浪的模板。为了使接缝能在下摆与贴边之间放平，应将缝份修剪去0.4cm。

6. 将服装翻到正面，将模板垫在大身与贴边之间的缝份下，将下摆线向外推出后烫挺括，再车缝下摆止口线（见图7.26B）。

毛鬃衬织带贴边

在绸缎面料礼服下摆部位，使用薄型涤纶材质毛鬃衬织带的效果十分理想。毛鬃衬织带有各种不同厚度，幅宽在1.8~15cm之间。窄幅的毛鬃衬织带较柔软，宽幅的毛鬃衬织带较硬挺，其支撑效果也更好。下摆部位加缝毛鬃衬织带后，用手工针缲缝在衬布上后，服装正面不会外露。

直下摆与异形下摆都可车缝毛鬃衬织带。45°斜料毛鬃衬织带更便于熨烫出弧形。图7.1C中的弧形下摆可用毛鬃衬织带定型。缝制顺序见图7.27。

1cm下摆缝份

将贴边缝份靠近裙子侧缝

暗针

下摆线

下摆折光边，缝份反向折叠1cm

图 7.25 假贴边：A 型裙下摆加缝斜裁下摆贴边

如图7.27B所示,裙子加衬后应将毛鬃衬织带缲缝到衬上。若设计中下摆未加贴衬布,则可用明线车缝。毛鬃衬织带的准备:

1. 以蒸汽熨烫毛鬃衬织带,以消除上面的褶皱。

2. 如图7.7所示,修剪缝份以减少厚度。

3. 将毛鬃衬织带以从叠方式缝接,上层毛衬应包光防止脱散(见图7.27A)。

毛鬃衬织带的车缝方法:直线形,弧线形,环形下摆

毛鬃衬织带车缝的方法有两种:

方法1

1. 服装正面朝上,毛鬃衬织带置于下摆缝份上,边缘对齐(见图7.27A)。

2. 以1cm宽的缝份车缝。为防止下摆扭曲,车缝时避免拉伸斜料织带。

3. 将毛鬃衬织带翻到面料后,再将下摆整烫平挺。

4. 如图7.27B所示,用珠针或手工粗缝的方法固定织带后,用三角针手工缲缝到衬布上。

毛鬃衬与直线下摆缝制

方法2

1. 下摆边缘包缝后,服装向上放置。将包缝后的边缘与毛鬃衬重叠1cm后车缝止口线(见图7.28A)。

2. 将织带向反面折叠,夹在大身与下摆缝份之间(见图7.28B)。

3. 加烫布将下摆整烫到位。

4. 将下摆缝份缲缝至大身衬布上,每12.5~15cm缲一针(见图7.28B)。下摆贴边应避免出现松弛下垂。

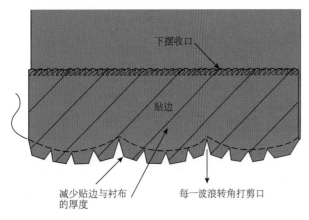

图7.26A 假贴边:波浪形边缘

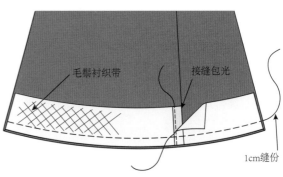

图7.27A 在直线、弧形下摆线上车缝毛鬃衬织带

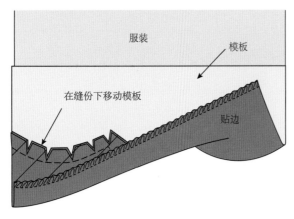

图7.26B 在缝份下移动模板整理波浪形下摆

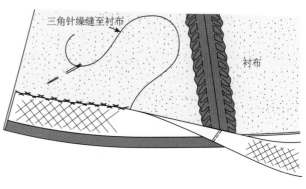

图 7.27B 手工针暗缲毛鬃衬织带到衬布

裤子脚口翻贴边

脚口翻贴边是裤子脚口部位附加贴边的宽度，这部分贴边上翻后形成翻贴边。翻贴边可以应用于脚口或袖口部位。翻贴边可单独裁剪成带状与大身缝合，也可与大身连成一体再翻折。两者中一体式翻贴边更易做平整，其接缝更薄更美观。翻贴边不宜加黏衬，否则会导致接缝部位过于厚重。以下将介绍一体式翻贴边的制作方法。图7.1B中的宽翻贴边长裤的用料为高档格子毛料。

缝制顺序

1. 车缝侧缝。应按照脚口翻贴边的形状车缝。若制板时翻贴边的形状设计不准确会导致贴边翻折后不平整。

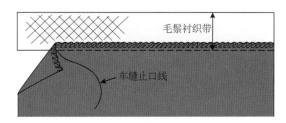

图 7.28A 直线下摆车缝毛鬃衬织带

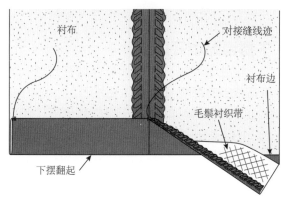

图7.28B 以对接缝线迹将下摆缲至底衬

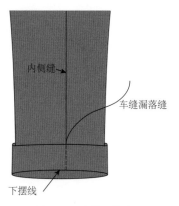

图7.29B 车缝漏落缝

2. 车缝脚口。

3. 沿折叠线翻折贴边，可将裤腿套在烫袖板上，在烫翻折线时转动脚口。注意：在图7.29A中翻折线以上的翻折部位包括下摆贴边与翻贴边的宽度。

4. 在反面用珠针将下摆固定到位后缝制。高档服装适用手工缝制，车缝可降低制作成本（见图7.29A）。

5. 将服装翻转至正面后再将翻贴边折返。翻贴边可在内侧缝部位以漏落针的方法固定（见图7.29B）。也可采用手工锁缝的方法缲缝到内侧缝（见图7.29C）。该部位不宜用明线方式缝制。

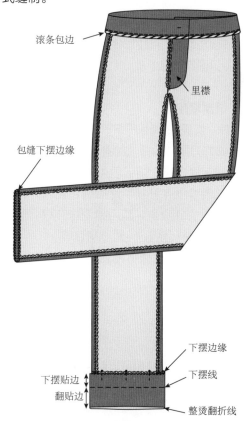

图7.29A 翻贴边长裤

图7.29C 对接缝

开衩

裙子、上衣与袖子后背部位可制作开衩。开衩是种功能性设计，行走与坐下时上身服装的开衩会打开以便于运动。图7.30A中共包括三种开衩，这些开衩都设在接缝部位。反复出现的开衩体现了两类设计元素：重复与节奏。这些元素的合理应用可使服装更美观。由上册图1.4可见开衩对于功能性设计是重要。

- 任何接缝部位可加开衩。先确定开衩的长度，再在左侧加入贴边宽度，右侧加入叠门延长量（见图7.30B）。若服装带夹里，则需在开衩周围加入1.5cm的缝份用于缝合里布（见图7.30D）。

- 在后中线位置标出用以制作开衩的对位点。该部位需打剪口，同时应对下摆贴边加刀眼（见图7.30B）。

缝制顺序

1. 如图7.30B所示，裙片上标出了对位点、做好刀眼、剪口、省道与拉链的车缝线，及后缝的车缝方式。切记后中右侧应打剪口，否则无法继续制作开衩。然后缝合侧缝并整烫，下一步是绱缝腰身。随后是制作开衩。省道、侧缝与腰身缝合后，可对下摆包缝。

2. 在刀眼位置将两侧贴边翻转后，两侧贴边正面相对。

要点 ✂

下摆处开衩转角可以斜接角方式车缝以减少缝份厚度。具体操作方法可见图7.22。裙装下摆包缝减少接缝厚度效果最佳。

3. 根据下摆贴边的宽度，沿下摆线与贴边的方向车缝。若带夹里可车缝至距离边缘1.5cm部位收针；若不带夹里，可直接车缝至边缘收针。

4. 可修剪下摆转角部位缝份，以减少接缝厚度（见图7.30C）。修剪后下摆无法再放出任何长度。

5. 将贴边翻转到正面后，用翻角器翻挺转角部位。确认开衩两侧长度一致。

6. 在服装正面以珠针或手工粗缝固定开衩后车缝明线。开衩与其叠门贴边的形状应相同。表面车缝明线的部位可见图7.30A。

7. 在正面车缝开衩后，再将缝线引到服装反面并打结。

8. 如果不带夹里，可用暗针将贴边缲缝至下摆（见图7.30D）。

要点 ✂

在开衩上车缝里布时，开衩贴边由里布固定，因此正面不需车缝明线。开衩车缝里布的方法见第8章的裙开衩部分内容。

下摆带贴边开口缝

服装任何接缝部位都可以加开口缝，如下摆线或在领圈线部位（见图7.31）。在裙装上，开口缝可以作为开衩的替代品（见图7.31B）。开口缝可以作为一种服装的功能性元素。短裤、七分裤与长裤的侧缝可加开口缝以增加腿部松量。上装的侧缝部位也可加开口缝以增加臀部松量。裙子后中常会加入开口缝以便于行走或坐下。

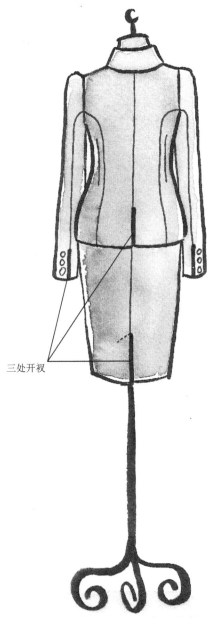

三处开衩

图 7.30A 开衩

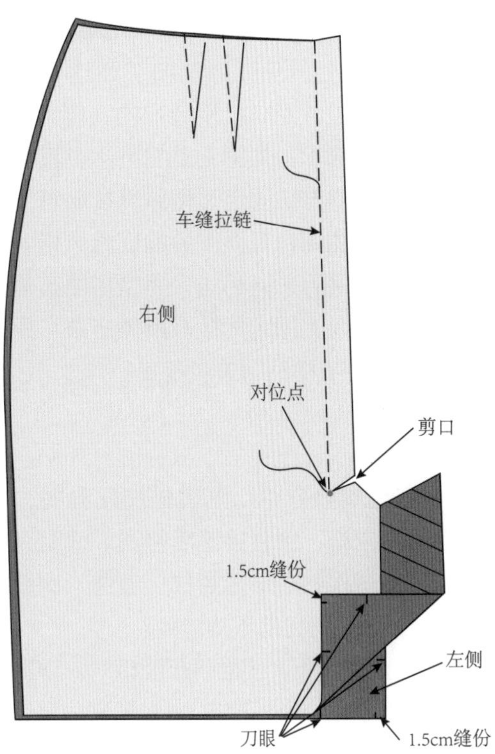

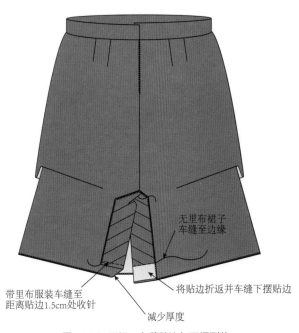

车缝拉链

右侧

对位点

剪口

1.5cm缝份

左侧

1.5cm缝份

刀眼

图7.30B 裁剪样板与所加黏衬：省道、拉链与后中线已缝合，备作开衩缝制

无里布裙子车缝至边缘

将贴边折返并车缝下摆贴边

带里布服装车缝至距离贴边1.5cm处收针

减少厚度

图7.30C 开衩：车缝贴边与下摆到位

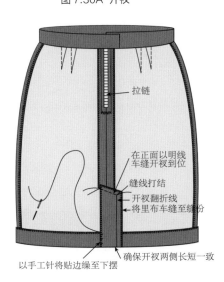

拉链

在正面以明线车缝开衩到位

缝线打结

开衩翻折线

将里布车缝至缝份

以手工针将贴边缝至下摆

确保开衩两侧长短一致

图7.30D 开衩完成后的内侧

设计中开口缝还可用于服装装饰。图7.1B中外套前身下摆部位的开口缝就是纯装饰性的。（在样板上）开口部位加了贴边，因此开口缝是以折边，而非以接缝方式制作（接缝会导致缝份变厚）。如图7.31B所示，其贴边采用车缝明线的方法固定。但露肩礼服若用车缝明线会过于休闲，有损服装的优雅风格。在7.31A中并未采用车缝明线，而是将里布缝至贴边缝份上，以此固定下摆。具体方法可见第8章中裙下摆开口缝的相关内容。

缝制顺序

1. 在缝制顺序中，贴边先加贴黏衬，再车缝省道与拉链，缝合接缝后整烫。缝制完腰身之后可将下摆贴边车缝到位。省道、侧缝与腰身缝制好后，可包缝下摆边缘。

2. 将贴边回折，使面料正面相对。根据下摆宽度车缝边缘，见图7.30C。修剪转角部位以减小缝份厚度。

3. 将贴边翻至反面，用翻角器将转角部位翻挺括。确认开口缝两侧等长且制作平整，如不均匀，则需调整。

4. 贴边上缘以珠针或手工针方式固定。

5. 在正面根据贴边形状，明线车缝（见图7.31B）。

6. 将缝线抽至反面后打结，以避免明线脱散。

7. 以暗针将贴边手工缲缝至下摆（见图7.31C）。

下摆类型汇总表

表7.2是各种不同类型、不同面料下摆收口方式与车缝方法的汇总。这虽然无法面面俱到地包涵所有类型，但提出了基本的指导方向。即使实际应用中遇到汇总表所罗列的面料，仍建议事先应制作试样，确定下摆处理方法是否使用于该类面料。

棘手面料制作下摆

纤薄面料

由于薄料制作下摆时易因透底而出现阴影，因此应谨慎选择下摆的车缝与收口方法。

应通过事先制作试样，选择合适的制作方法。

用细针或手工粗缝的方式固定下摆。

手工粗缝纤薄料时应用丝线缝制。

手工针宜选用细号绣花针。

下摆车缝明线时，应采用折光缝份的方式收口（见图7.1C）。

纤薄料下摆宜用两次折边处理。

纤薄料下摆缝制不宜用牵带，以避免出现阴影。除非是使用蕾丝牵带，在表面可以产生不错的效果。事先的试样是必不可少的环节。

鉴于纤薄料本身的厚度，接缝部位不需要修剪。

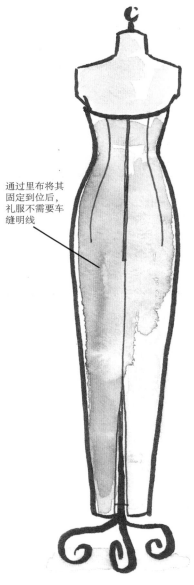

通过里布将其
固定到位后,
礼服不需要车
缝明线

图 7.31A 露肩夜礼服

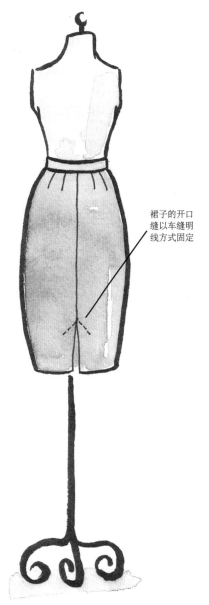

裙子的开口
缝以车缝明
线方式固定

图 7.31B 裙子

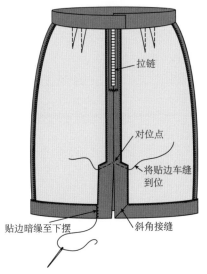

拉链

对位点

将贴边车缝
到位

贴边暗缲至下摆

斜角接缝

图7.31C 下摆部位加带贴边开口缝完成后的效果

蕾丝

任何波浪形的面料边缘都可作为下摆边缘
（见上册图4.44B）。

可尝试将本身料上的波浪花型或蕾丝花边
上的单元修剪下来作为下摆边缘的贴花。

应避免将精致的蕾丝作任何折边处理。

蕾丝下摆应避免车缝明线。

表7.2(a)　不同面料的下摆处理方法

面料	滚条处理	下摆牵带处理	包缝处理	边缘折光与暗针处理	三角针/暗三角针	缲针/暗缲针	车缝明线	装饰明线
纤薄型								
欧根纱			×	×		×	两次折返卷边	×
真丝乔其纱		缝份包光	×	×		×	两次折返卷边	
珠片面料	×	×		×		×		
轻薄型								
真丝绉绸			×	×		×		
中厚型								
牛仔布			×		×	×	×	×
绸缎	×	×	×		×	×		
真丝双宫绸	×	×	×		×	×		
厚重型								
羊毛		×	×		×	×		
人字呢		×	×		×	×		
缎纹		×			×	×		
针织			×					
丝绒		×			×	×		
裘皮					×			
皮革							×	

绸缎

车缝绸缎边缘应特别小心，在制作下摆前应事先制作试样。

宜使用细的蕾丝针，或用丝线以手工粗缝的方法固定下摆。

应事先做试样，确认珠针与手工针是否会在面料表面留针孔。

若服装加里布，下摆边缘可留毛边，以免表面出现凸起或不平整。毛缝可用三角针缲定。

礼服下摆边缘可通过车缝毛鬃衬织带的方法改善廓型。

下摆可用三角针或暗针缲缝。

绸缎下摆不宜用两次折边方式制作，以免表面不平整或下摆过厚。

表7.2(b)　不同面料的下摆处理方法

面料	窄卷边，手工针或车缝	假贴边下摆	皮革胶	荷叶边	双针车缝	下摆定型料
纤薄型						
欧根纱	×			×	×	
真丝乔其纱	×			×		
珠片料	×	×				
轻薄型						
真丝绉绸	×			×		
中厚型						
牛仔布		×			×	
绸缎		×				×
真丝双宫绸						×
厚重型（以留毛边方式减少接缝厚度）						
羊毛		×				×
人字呢		×				×
缎纹		×				×
针织				×（轻薄型）	×	
丝绒						
裘皮		×				
皮革		×	×			

不宜使用下摆牵带，以避免在服装表面出现凸起。

珠片面料

珠片面料下摆应用细针与丝线手缝。

事先应制作试样。

处理串珠面料应格外小心。

先用细针将下摆固定到位，再用细号绣花针粗缝以免在面料上留下针孔。

用滚条包光边缘后，再用暗针缲缝。

可用橡胶锤先敲碎下摆边缘的珠片后，再对边缘部分作包光处理。

可用手工针卷边的方法处理下摆，事先应将珠片敲碎。这些碎片先处理一下，再用手工缝制。

珠片面料不宜用车缝制作。

珠片面料的设计应简洁，以体现面料本身的美感。

牛仔布

牛仔布处理起来不难，可以尝试各种缝制方法。

对较厚重的牛仔布，应设法减少缝份厚度。

牛仔布最适合用明线车缝，其效果最理想。

牛仔布下摆部分可以尝试各种创意制作的方法，力图创造更多不同的新颖效果。

丝绒

丝绒面料的处理难度较大，应谨慎处理。要达到理想的下摆制作效果必须投入工时与耐心。

事先应做好下摆的试样。

下摆收口可使用下摆牵带，以免在服装表面出现凸起或不平整。

下摆宜用手工缝制。宜用细号绣花针与丝线，避免表面外露针迹。

丝绒边缘不需要缝制。

应避免用熨斗直接整烫丝绒下摆。整烫时应将熨斗置于下摆上方约2.5cm的位置，用蒸汽同时顺着丝绒绒毛方向整烫并使之成型。

丝绒下摆缝制应避免车缝明线。

丝绒下摆缝制不宜用卷边方法处理。

皮革

下摆尽量设置在皮革面料本身的边缘部位；由于皮革没有纹理的，因此可旋转摆放皮革面料，以达到最佳裁剪效果。

皮革服装的下摆宜用明线缝制。

由于皮革不存在纱线脱落问题，因此可保留毛边。不同的厚度会产生不同的外观效果。

可用圆盘刀制作各种装饰性的下摆边缘。

尝试用长尾夹（见图6.20B）或大号回形针固定下摆，因为针会在皮革表面留下针孔。使用长尾夹前，事先应确认其是否会在下摆上留下印记。而对柔软的羊羔皮来说，用大号回形针固定应为理想选择（见图7.32）。

皮革下摆固定可用皮革黏合剂。使用时可用棉签或小刷子将黏合剂刷在下摆上（见图7.32）。

皮革服装下摆应车缝止口线。

如有里布，在距离皮革边1cm处车缝一道直线，然后沿着这道线用手工针缭缝里布。

可用薄型面料制作假贴边，以减小下摆接缝的厚度。

用橡胶棒或滚轮将下摆压平。

皮革下摆不宜用手工针缝制。

整烫下摆时应加垫牛皮纸，并关闭蒸汽。

皮裤下摆不宜用翻贴边设计，否则导致脚口过于厚重。

人造毛

人造毛服装下摆宜用三角针缭缝。

对于厚型人造毛，应制作假贴边以减少接缝厚度，然后用三角针缭缝到位。

对贴边小于1cm宽的下摆，不宜用折光方式制作贴边，否则下摆部位的体积会过大。

人造毛下摆不宜车缝明线。

切勿像修剪缝份部位一样修剪下摆处多余的毛，留下它们会更加美观。

切勿对人造皮毛进行卷边处理，因为其边缘处不会脱散。

厚重面料

厚重面料卷边处理前，应事先制作试样确认效果——检查表面是否平整，厚度是否过大。

若卷边太厚或表面有凸起，可改为假贴边。

可用下摆牵带处理边缘，以减少下摆的厚度。

厚重面料下摆不宜车缝，以避免因车缝明线而加剧表面不平整。

应避免使用卷边的处理方法。

融会贯通与创新拓展

本书已介绍了许多缝制技术，回顾现有的缝纫知识，可以实现触类旁通，将这些知识迁移运用到下摆制作上，以形成自身特色。这节内容旨在催生更多创意与想法，使创造力得以拓展。

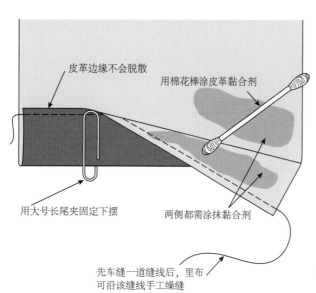

皮革边缘不会脱散

用棉花棒涂皮革黏合剂

用大号长尾夹固定下摆

两侧都需涂抹黏合剂

先车缝一道缝线后，里布可沿该缝线手工缭缝

图7.32 皮革下摆

以下罗列了上册及本书前面讲到的缝制技术，回顾这些技能有助于将其应用到下摆制作中：

- 上册第6章是关于"省道"的缝制，上册图6.3C是一些衣身上省道缝制的方法。这些省道同样也可运用于连衣裙下摆部位，成为一种特色。在制板时可将省道所需量加到下摆部位。通过在正面车缝各种长短的省道，以增加织物的肌理与质感。

- 上册第8章是关于"口袋"的缝制。可以尝试将口袋的缝制技术加以拓展——将口袋缝到T恤下摆附近，为服装增加特色（见图7.33A）。

- 掌握了拉链的绱缝技术后，可尝试制作图7.33B中的款式，在大衣下摆的每个接缝处装明拉链。拉链打开时能提供足够的活动空间，拉链闭合时又能起到御寒作用。

- 第1章的"腰身"与第5章的"袖克夫及其他袖口部位的处理"中涉及了门襟与袖口的处理方法。通过对这些知识的拓展，可以创新设计，如在牛仔裙的前中线位置由上到下缝一个袖开衩式样的门襟，或将图1.4C中的腰身倒过来与褶裥裙下摆缝合（见图7.33C）上，或用门襟代替拉链，从而使活动更自如。

- 荷叶边可用来装饰任何下摆。它们能形成肌理产生奇妙的服装廓型。详见图2.5，第2章"荷叶边"相关内容。

- 图7.25的设计是在服装正面车缝假贴边，作为下摆包边或贴边。这样的设计将注意力集中在下摆部位，尤其线条与图形成为下摆部位的设计焦点时。

- 第7章关于"下摆"中翻贴边制作部分可加以拓展。图7.33D是一款优雅的露肩连衣裙。该裙的上口与下摆边缘都车缝了翻贴边，翻贴边被钮扣及扣眼固定。解开钮扣，翻贴边下垂后便增加了裙长，高个子女孩一定会喜欢这个设计。如服装上边缘的翻贴边定型合理也能有这种效果。

当前流行的蓬蓬裙廓型下摆是一种很有趣的下摆类型。第8章详细解释了此类下摆制作。

疑难问题

缝合处两边长度不一致，导致下摆不平

很多学生都遇到过这个问题，以下这些建议或许会有帮助：如果一侧比另一侧长出1cm，可将多余的部分修剪掉。如果一侧比另一侧长1.5cm及以上，缝合部位会扭曲变形。应小心拆开缝合处，并检查纸样上的接缝长度，如果是纸样设计的错误，则修正样板与下摆的长度（图7.34A）。以后你可能还会用到这个纸样。

无法确定下摆贴边的宽度

由表7.1可见，面料厚度（纤薄或厚重）以及服装廓型决定了下摆贴边的宽度以及下摆处理与缝制方法。事先应制作试样以确定最佳缝制方法。

服装太短

尽量减小下摆宽度，可缝制一个斜料的下摆假贴边（见图7.25）。

若服装裁剪得太短了，应如何加长

如果缝制假贴边仍无法解决，可考虑在下摆部位加缝一圈织带、荷叶边或蕾丝来加长服装。如果这些方法还是不行，则只能重新裁剪服装。

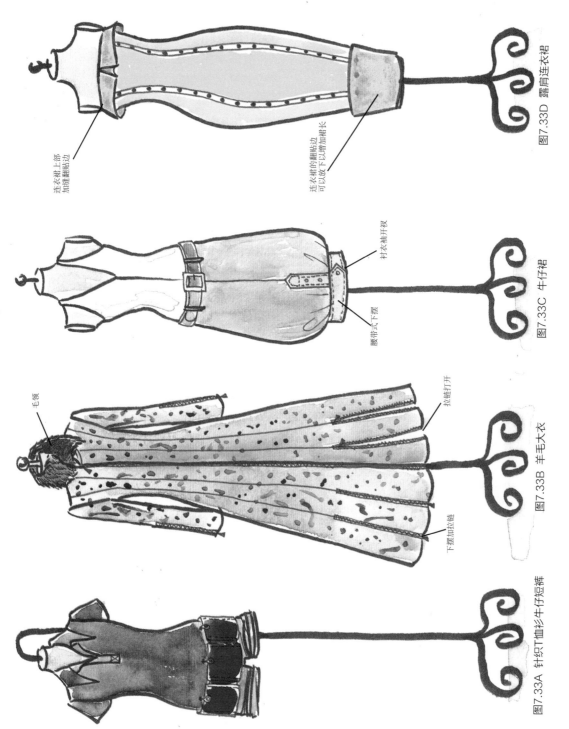

连衣裙上部
加缝翻贴边

连衣裙的翻贴边
可以放下以增加裙长

图7.33D 露肩连衣裙

衬衣袖开衩

腰带式下摆

图7.33C 牛仔裙

毛领

拉链打开

下摆加拉链

图7.33B 羊毛大衣

图7.33A 针织T恤衫牛仔短裤

图7.33 创新款式设计

下摆过厚

小心拆开下摆，将其烫平，缝上蕾丝织带以减小边缘厚度。使用锯齿形线迹车缝下摆也能起到同样的效果。另外，可尝试减小缝份宽度以减小厚度。

下摆表面有皱痕

如下摆是弧线形或喇叭形的，先确定是否通过手工假缝抽缩了下摆贴边余量？如果没有，则需如图7.10所示重新完成该步骤。另一种方法是剪断下摆处的缝线，消除皱痕后再次缝上剪断的部分。小心抽出剪断的缝线，将边缘烫平后减小下摆宽度并重新缝制。

出现皱痕的原因也可能是向上翻折时边缘过紧，或下摆贴边造型与大身对应部位不一致。因此应检查纸样确定起皱是否由这些原因导致的。如果贴边造型不一致，那么下摆一定不会平整。制板具体方法见图7.4。为了解决问题，需要再次修剪下摆并缝合接缝——侧缝会因此减少一点，但裙子窄一点总好过下摆布满皱痕。详见图7.34B的说明。

众多可行方案中，无法确定应该选择哪种下摆处理方法

首先应用实际面料试样。即使积累了多年的经验，仍应如此操作以确定适合某种面料及款式的最佳处理方法。从试样结果中筛选出下摆的最佳效果。许多创新是直观的，所以看得见摸得着的试样最有帮助。还可以询问导师的建议、邀请同学点评价样品。接下来，如果无法确定方案，那就只能寄希望于彻夜的思考了——祈求好运！

无法找到满意的下摆处理方法

设计完成后，一件服装也许不必达到"完美"。有些面料很难处理，最终只需要在可行的方案中选择最好的那个。记住，生活并非处处完美。

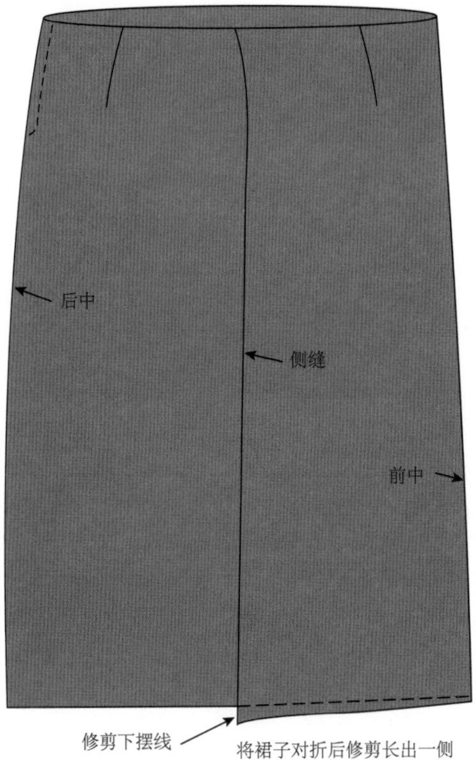

后中

侧缝

前中

修剪下摆线　　　将裙子对折后修剪长出一侧

图 7.34A 接缝一侧太长怎么办？

重新划出侧缝线并调整
下摆贴边部位形状

下摆贴边造型与大身不一致

图 7.34B 下摆表面有皱痕

自我评价

现在你应该看看自己完成的服装，并认真地对其做出评价。将其穿在人台或模特上，站远一些看并回答下列问题：

√ 下摆看上去是否水平？

√ 下摆是否平坦？

√ 下摆是否太厚？

√ 下摆处理方式与面料是否相适应？

√ 服装表面是否有凸起，针迹是否外露？

√ 明线是否与下摆线平行？

√ 下摆缝线是否与整件服装整体效果协调，或者由于缝制工艺不佳而十分显眼？

√ 试样是否充分，足以筛选出最适宜的下摆处理方法？有没有记录下这些经验，以便留作参考？

√ 如何能提高自己的下摆缝制技能？

复习列表

√ 是否理解样板对于缝制的重要性？正确的样板接缝应长短一致、剪口标注清晰、对位点准确、下摆线水平。

√ 是否理解面料厚度与服装廓型会对下摆处理与缝制方式产生直接影响？

√ 是否理解使用高品质缝线以及正确尺寸与种类的手缝针对于下摆缝制的重要性？

√ 是否掌握如何根据不同厚度的面料，选择最佳下摆处理工艺与缝制方法？

　最后……

√ 建议对任何还可以改进的下摆重新试样，留给以后作为参考，并将其收集在作品集中。

第 8 章

里布：
用以覆盖服装内里

图示符号

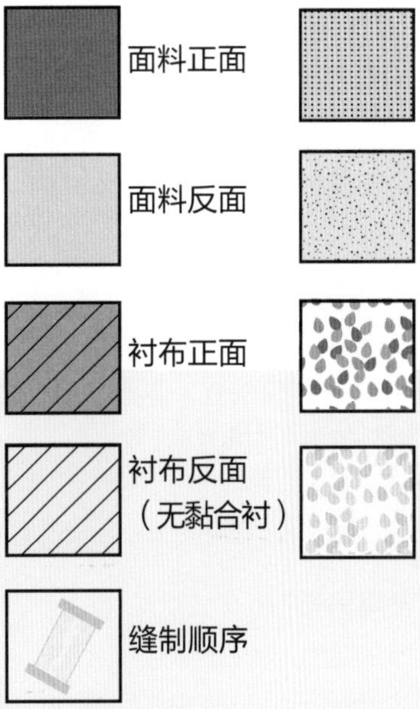

■	面料正面	▦	衬布反面 （有黏合衬）
▢	面料反面	▨	底衬正面
▨	衬布正面	▧	里布正面
▨	衬布反面 （无黏合衬）	▧	里布反面
▢	缝制顺序		

服装外表光鲜亮丽的同时，里布能使其内部同样美丽。里布的功能是覆盖服装的内部结构，同时能实现保暖功能，增加舒适度，延长服装的使用寿命。里布能使得服装穿脱顺滑并且帮助服装减少褶皱。

使用里布应考虑面料的悬垂性及面料成分。它应与服装颜色相配，或以撞色、印花的方式增加服装的奢华感与新鲜感。本章会详细介绍各种里布的具体制作方法与工艺。

关键术语

封口式无过面（贴边）
全身里布

构成服装轮廓的无过面
（贴边）封口式里布

封口式连过面（贴边）
全身里布

封口式局部里布

里布

开口式无过面（贴边）里布

开口式连贴边里布

开口式连腰身里布

敞开式局部里布

局部里布

特征款式

特征款式展示了如何用里布覆盖服装内里（见图8.1）。

里布样板是在面样板的基础上，经变化而成的。特征款式中左侧是服装面层式样，右侧是内里式样。由此可见其内里是多么漂亮。

工具收集与整理

缝制里布所需工具包括：里布、线、卷尺、剪刀、手缝针与翻角器。这些工具已成为缝纫工具箱中必不可少的用品。

现在开始

为什么要用里布？

如果里布的功能仅仅是覆盖服装内结构，则完全不必大费周折地制作里布，只需加缝滚条或包缝处理即可。然而里布不止是覆盖服装内部结构这一项功能。以下是服装加里布的重要性。加里布能够：

使服装易于穿脱；给服装柔顺奢华的的舒适感；

增加服装寿命；提高服装质量；

使其保暖；帮助服装定型；

防止服装拉伸变形；防止服装吸附身体；

减少外部面料的褶皱；使柔软面料变得挺括；

使服装挂着时有顺滑漂亮的线条；保护皮肤。例如羊毛以及皮革等一些面料的内部质地粗糙，可能会刺激到皮肤。上述面料制成的服装加缝里布后可以很好地保护皮肤。

里布样式

如同面料有各种类型可供选择一样，里布也有各种类型。里布的选择相较面料而言具有局限性，但是为服装选择正确的里布是很重要的。里布可由各种纤维组成，包括丝、棉、涤纶、氨纶、法兰绒与羊毛等等。了解里布的纤维的成分相当重要。想象一下丝质里布：其特质之一就是透气性好，在炎热的天气穿着会使人感到舒适，而涤纶里布透气性较差，在酷热天气穿着时感觉又热又湿。因此，选择里布纤维的含量与重量时应三思，要考虑到时尚与功能的结合。

> **要点**
>
> 有些丝质面料，如真丝软缎、真丝、乔其纱与真丝双绉等可结合应用，做成双层面料或里布。

梭织里布

里布可分为梭织与针织类，按其厚薄可分为：薄型、中厚型与厚重型。服装里布应比面料轻薄；如果里布过于厚重可能会使服装造型扭曲且显得笨重。加缝里布可为服装带来舒适、柔顺与奢华的感觉。

里布厚度同样需要与服装的目的与款式相配，如外套需要较厚的里布。但夏季夹克可能不需要里布；若加里布，则生丝绸缎这类透气性强、且薄的里布是理想选择。冬季棉袄需要加缝里布来增加衣物的保暖性与可穿性，还可以增加服装重量。真丝缎的厚薄最理想，可以制成非常奢华的里布，与此类似的还有法兰绒，法兰绒里布有多种颜色与印花可供选择。

图8.1A 1950年代风格连衣裙　　　图8.1B 蓬蓬裙　　　图8.1C 上衣与褶裥裙

图8.1 特征款式

轻薄型里布

电力纺与生丝绸缎是非常好的里布，其质地轻薄柔软，不会增加服装的体积。过于柔软的绸缎不适合做外套的里布；对于直裙与连衣裙而言，其厚度是最理想的。绸缎因为不耐穿，应避免用于制作直身裤，以免裆部撕裂。

乔其纱是种透明的纤薄面料，适用于制作透明面料的里布。其有助于保持柔软的褶裥造型。但里布单层仍会透底，可将几层乔其纱叠放在一起作为里布。可用亮丽的颜色与印花增加服装内里的亮色。

真丝双绉是种服装的外部面料，有各种不同的厚度，如双层起毛型、三层型或四层型面料。可以用两层：一层作为面料，另一层作里布。尽管价格昂贵，但其耐穿，因此成为制作里布与其他服装的理想选择。真丝双绉能制成亮丽奢华的里布。这种面料手洗或干洗皆可。

人造丝里布质量很好，是种常用的里布。其手感柔软、舒适，可水洗，颜色众多，适用于多种服装的里布制作；但外套与夹棉上衣应用较厚的里布。不易吸附灰尘是人造丝里布的特性之一。薄型人造丝里布可手洗，且颜色丰富。

涤纶里布是种适用于直身裙、连衣裙、裤子与背心的轻薄型面料。里布应采用抗静电型。涤纶里布虽然不透气，但它不易皱，是种适用于昂贵丝绸面料的高性价比里布。应注意：涤纶里布不易于车缝。

中厚型里布

真丝开司米是种适用于制作女式衬衫、衬衫与礼服、上装或外套等服饰里布的理想材料。其悬垂性好，面料表面富有光泽、背面较暗。任何真丝开司米里布服装贴肤穿着时，都会因其有极佳的触感而令顾客赞不绝口。

绉缎是种适用于制作夹克与外套里布的中厚型面料。其表面光滑，背面有卵石花纹。绉缎的成分有真丝与涤纶两类。

斜纹里布适用于夹克与外套，尤其是中厚型面料男装。

超细纤维是指织造里布面料的纱线很细。其成分可以是涤纶、尼龙、人造纤维或醋酸纤维，其厚度也有多种不同类型；超细纤维面料的垂感与手感俱佳；且编织结构紧密、不易出现褶皱。

桃皮绒是种超细涤纶纤维里布，其悬垂性好且抗皱。

全棉织物由于其表面不是特别光滑，适用于制作衬衫与背心等不太强调其内里顺滑的服装。全棉里布的上衣或外套，因其与内衣之间摩擦阻力大，服装穿脱时可能会有不适。

厚重型面料

法兰绒里布可以提高外套的保暖性。缎背法兰绒里布（52%醋酸纤维48%棉），由于在给服装增加额外的保暖性与厚度的同时，不会使衣身显得肥大，因此它是外套与上衣里布的理想选择。

裘皮是种昂贵的里布，若一件外套用裘皮做里布会尤显奢华。人造毛可做成里布或脱卸式内里。人造毛有不同的厚度，服装越贴体其绒毛应越短。

绗棉里布是最保暖的里布，最适用于冬季外套、上衣与背心。绗棉里布的夹层加入涤纶棉絮可储藏空气。绗棉里布有各种成分，如醋酸纤维、涤纶纤维、棉纱与人造革等。任何面料通过绗缝都可制成夹层里布。丝绸里绗缝棉絮，保暖性与透气性俱佳且重量轻。

弹性里布

梭织/弹性里布

加入氨纶弹力丝的梭织面料是典型的弹性里布，最适合带弹性面料。通常面料与里布的性能应相配。通过网络可以买到各类弹性里布。针织平针衬衫可用弹性面料做里布，但是那些弹性较好的针织料如罗纹等就不适合用梭织弹性里布。

用面料做里布是理想的选择。一些面料既能做外层面料也能做里布，对于轻薄型面料这是种理想的处理方法。用面料做里布的方法对于针织面料与真丝开司米、乔其纱或真丝双绉等面料效果尤佳。这类服装通常称为双面服装，制作时应通过观察判断是否可用翻折线替代缝接。

纤维与功能是里布选择的标准

- 选择抗静电的里布；里布应避免与内衣吸附在一起！人造丝与丝绸可以制成非常理想的抗静电里布。
- 考虑到里布的保暖性或凉爽性。在高温环境下，各种人造纤维里布会让人觉得炎热黏人；真丝织物则较为透气。法兰绒里布背面有绒毛，使其保暖性有所增加。
- 应选择与面料类型相同的里布：梭织面料配梭织里布，弹性面料配弹性里布，针织面料配针织里布。
- 里布应与服装面料的护理方式一致。机洗的面料应避免与干洗的里布混用。
- 里布的厚度相当关键，因为里布需要覆盖住衣物内部结构。若里布透出接缝阴影，则会影响到服装品质。
- 对于上衣与外套而言，里布的颜色尤为重要，因为其可在设计中增加创意。

里布样板

首先，缝制里布离不开样板（见图8.2 A、图8.2B和图8.2C），如样板制作不当则其他缝纫技巧将无济于事。里布样板会影响服装廓型。里布过紧会导致服装不伏贴、感觉不舒服；里布太大会导致服装感觉松弛肥大，内部起皱，甚至会在表面露出一截，这些都会影响服装的外观。

要点

切记应对样板上所有刀眼做剪口。若面料与里布的刀眼不齐，则会导致里布缝制困难。

全里布或局部里布

服装里布有全里布与局部里布两种。全里布服装的内里全部为里布覆盖。图8.1A~8.1C中的上衣是三款全里布服装。局部里布服装，里布只能覆盖部分内里。图8.1C是半里褶裥裙。局部里布服装也可以是其部件加里布，如口袋或衣领部位。这种做法可减轻服装的重量，减少厚度。

全里布的制作方法：
- 封口式里布。
- 开口式里布。
- 连贴边开口式里布。
- 连贴边封口式里布。
- 连腰身开口式里布。
- 用封口式里布控制服装轮廓。

开口式里布与封口式里布的差异

全里布服装可用封口式与开口式两种方法缝制。开口式里布与下摆不缝合。由于可以看到服装的内部结构，其所有里布与服装接缝都应作收口处理。里布与服装下摆应分开，各自单独缝制，如图8.3A所示。

要点 ✂

里布缝制好后，其长度不能超出服装下摆长度。如果服装里布外露会影响服装的外观。缝制里布时，应使用缝纫、剪口与熨烫等手法。

里布下摆可用折边车缝方式完成（见图7.20与图7.21）。服装下摆也可用手工缲缝的方法制作，如图7.9所示。图8.10中的修身连衣裙与半裙为开口式里布的例子。

制作封口式里布，应先将服装下摆手工缲缝到位。图7.9中的三角针是处理毛边的理想方法。然后将里布手工缲缝至服装下摆，如图8.3B所示。不易脱散的接缝不需要另外作收口处理。图8.1C中上衣里布是封口式。

里布下摆可用车缝（从里布内侧）或手缝方式与服装下摆缝合。相比车缝，手工缲缝里布的效果更佳，本章重点讲解的是手工缲缝的制作方法。车缝里布与服装下摆的方法通常用于工业化批量生产中。

表8.1根据不同类型的服装，选择不同的里布制作方法。制作里布方法主要取决于服装。

里布基本缝制顺序

虽然有各种不同的里布式样，但大部分里布的缝制方法基本一致。

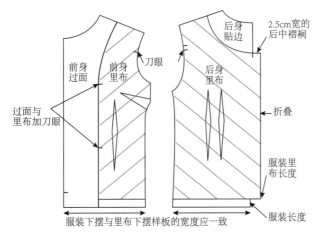

图8.2A 服装前身　　　图8.2B 服装后身

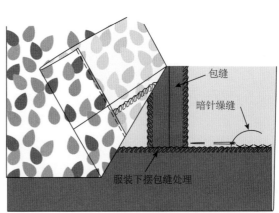

图8.3A 开口式里布：下摆与服装分离

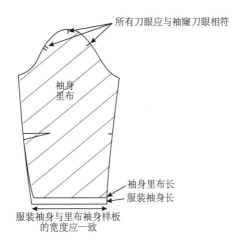

图8.2C 袖身

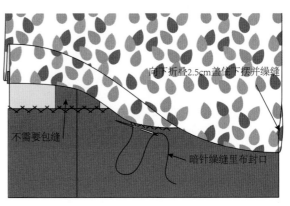

图 8.3B 封口式里布：下摆与服装缝合

- 里布与衣身缝合前，里布与衣身应各自分开缝制。图8.4中是完全缝制好的衣身，准备绱缝里布。图8.5是完全缝合好的里布，准备缝入衣身。衣身与里布的缝合方法会在后文讲解。
- 开口式里布，可直接包缝接缝。里布边缘不需要事先包缝；如果面料易脱散则应包缝所有缝份。

- 熨烫里布时，应先确认熨斗温度。许多里布料不耐高温。在熨烫之前应根据里布选择合适的温度，避免因为温度过高而损伤里布。
- 里布缝合后应熨烫所有接缝，小心做剪口，修剪缝份。从反面熨烫服装，用烫垫熨烫出公主线或省道的曲线造型（见上册图6.3B）。

制板提示

里布制板提示

以下各种里布的缝制方法与样板设计直接相关。此外，还将对各种里布样板制作方法加以补充。这些内容仅是关于样板制作的基本指导，各种具体的制板技法，仍应参阅制板书籍以获得更多详细的指导。

- 任何服装皆可加里布（但并非所有服装都需要加里布）。
- 里布样板是在服装面料样板基础上制作而成的。图8.2是上衣的里布样板，其他类型服装的制作方法也与此相同。
- 在制作里布样板前，应设计好过面与贴边的样板（见图8.2）。
- 注意！图8.2的里布后中加了褶裥，该褶裥用以增加上衣或外套里布的余量；如未加入褶裥量，服装穿脱时手臂会受牵制，服装袖窿会因此出现拉伸变形。
- 开口式里布完成后应位于服装下摆贴边大约一半的位置，如图8.3A所示。封口式里布的位置略偏高，如图8.3B所示。开口式与封口式里布的制作方法将在本章后部讲解。
- 封口式里布应加入2.5cm的褶量，以满足功能设计的要求。褶裥位于里布与下摆的接缝边缘，可以避免里布过紧。当上衣或外套穿着受拉伸时，褶裥会打开，以免里布拉扯服装下摆，如图8.3B所示。

- 里布样板与其裁剪布纹线都应根据面样板制作而成。注意：图8.2中服装面样板上袖窿与袖山弧线部位刀眼都拓转到里布样板上。前身过面与里布也加入了刀眼，后身褶裥与贴边也应加刀眼，以便这些部件在缝制中能准确对位。
- 通过用不同颜色区别里布与面样板，以免里布样板被误用成面样板。本章中，用绿色斜条纹线标注里布样板，如图8.2所示。
- 对带过面、贴边或腰身的连衣裙或裤子的里布样板，后身的常规省道可缝制成塔克裥，以增加臀部的余量。
- 服装腰线有抽褶或褶裥设计时，里布不需要抽褶或加褶裥，以避免腰部过厚。图8.1A中的20世纪50年代风格连衣裙的里布未作抽褶。为了减少体积，若裙子款式是大波浪或太阳裙式样，可将这部分余量从里布上去除以减少厚度。里布下摆仍需有充足的下摆松量，以形成自然飘动的裙摆效果。里布与面样板腰身尺寸应该一致。确保里布样板满足臀部的尺寸，避免太紧。切记：设计必须兼顾功能性！

以下对各种全身里布，都将从服装内侧展示其效果，并讲解其缝纫方法。

全身里布

无过面封口式全身里布

缝制无过面封口式全身里布时，服装外身与里布形状完全一致，除了一面是里布、另一面是面料。图8.6是无过面封口式全身里布的背心、披风、上衣与胸衣。这种里布的缝制方式也称作反身里布，服装两面必须在缝合时对齐。这种里布在缝制时不需要加任何松量，因此最适合于制作无过面的开襟服装。这种方法适用于贴体服装，如背心或女士无带紧身上衣。如果是复杂的款式，这种方法就难以达到理想的对齐效果。大量的缝线与复杂的缝纫会易导致面料与里布之间出现拉扯，导致面里无法对齐。图8.6中的服装设计简单，最适合制作无过面封口式全身里布。

表8.1　里布类型与缝制方法

缝制方法	全身里布	封口式里布 缝份不需要包缝	开口式里布 缝份应包缝
无过面里布			
背心	×	×	
披肩	×	×	
宽松上衣	×	×	
露肩款式	×	×	
连衣裙	×		×
长裤	×		×
裙装	×		×
里布带过面			
长裤	×		×
裙装	×		×
连衣裙	×		×
A 形下摆上衣	×	×	
带波浪下摆上衣	×		×
里布带腰身			
长裤	×		×
裙装	×		×
里布建构服装廓型			
任何款式		×	
半身里布			
长裤			×
裙装			×
上衣／外套			×
服装部件			
衣领		×	
波浪		×	
腰褶		×	
口袋		×	
袋盖		×	
腰身		×	

在缝合面里两层时，应将面层置于上层，这样有助于里布层对齐。

背心

图8.7A是背心里布的内部示意图。

1. 若背心的门襟部位加扣眼与钮扣，则前身需加全身里布。背心后身也可以加里布，或在领圈、袖窿与后身下摆部位加缝黏合牵带或缝入式牵带，以防止接缝部位在缝制过程中发生拉伸变形（见图8.7A）。

2. 车缝省道、口袋、肩线或其他任何构成服装前后身的面层、里层结构部件，在这一步暂不能缝合侧缝（见图8.7A）。

制板提示

服装面料层与里布层采用同样的样板裁剪。服装面料层与里布层应分别缝制后再缝合到一起，如图8.7A所示，将形状相同的里布与面料层缝合到一起。服装完成后，一面是面料，另一面是里布。需注意在这种里布中不加贴边。这是种适合批量生产使用的低成本高效的里布制作方法。

3. 分烫所有缝份。如省道部位太厚则需将省剖开后分烫（见图8.7A）。

4. 将里布正面与领圈面层相对放到一起，用珠针将前后肩线固定到位。以1cm宽的缝份车缝领圈弧线，并在弧线部位加剪口，同时修剪缝份以减小缝份厚度。

手工缲缝过面、贴边

衬布

封口式里布过面剪口位置　　开口式里布过面剪口位置

图8.4 缝合后的外套

固定线车缝方向　　剪口

对位点

向反面扣烫1.5cm

翻折线应位于下摆一半位置　　向反面扣烫1.5cm

图8.5 缝合后的里布

5. 将服装翻到正面并暗缝领圈，将缝份翻向里布并暗缝（见图8.7B）。

6. 下一步对于成功制作里布相当重要：将面料与里布片准确地对齐。切勿跳过这一步！从正面将服装里布上方的面料层抚平。如需要可让里布露在面料层边缘外。因为里布采用暗缝完成，因此里布层会比面料层宽。用珠针将面料与里布沿边缘固定到一起，并修剪掉所有多余里布（见图8.7C）。

7. 将服装反面与里布向对，将肩线与袖窿上的刀眼对齐，并以珠针固定。以1cm宽缝份车缝袖窿后加剪口并修剪缝份以减小厚度。（见图8.7D）。

8. 将服装从前身经过肩线到后身翻出正面。

9. 暗缝袖窿。这一过程可分两步完成：先从腋下开始车缝到肩线处结束。如肩部很窄，很难直接缝完整个袖窿。尽量暗缝袖窿后熨烫袖窿。

10. 将前后身面料正面与里布沿侧缝用珠针固定到一起。将袖窿接缝对齐。以1.5cm宽缝份车缝侧缝。如图8.7E所示：在其中一侧侧缝应留出15cm的开口，可将衣身正面由此孔翻出。

图8.6 背心　　　　　图8.6B 披肩　　　　　图8.6C 上装　　　　　图8.6D 抹胸

11. 对折侧缝使袖窿腋下部位折叠。如图8.7E所示，在腋下部位以斜角方向修剪缝份以减少接缝厚度。

12. 将里布正面与面料相对，对齐侧缝与省道。以1cm宽车缝下摆，修剪边角与弧形部位，并修剪缝份以减少接缝厚度。

13. 从侧缝开孔部位将背心正面翻出（见图8.7F）。用翻角器翻挺边角。不需要暗缝下摆。

14. 熨烫背心下摆，确保下摆向里布方向熨过去0.25cm，以避免服装里布外露。

15. 以车缝止口线的方式缝合侧缝开口（见图8.7A）。

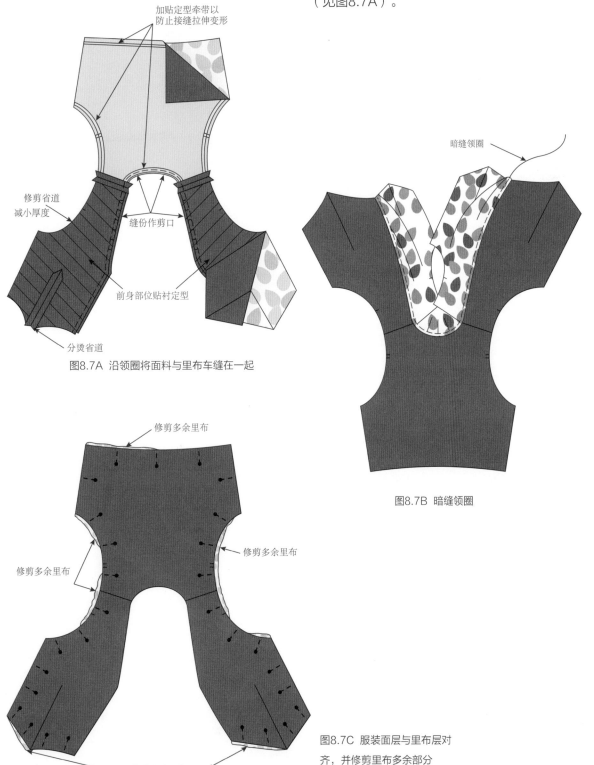

图8.7A 沿领圈将面料与里布车缝在一起

图8.7B 暗缝领圈

图8.7C 服装面层与里布层对齐，并修剪里布多余部分

露肩紧身马甲或抹胸

　　紧身马甲（衣身面料）在绱缝里布之前应加贴好衬布与鱼骨（见图8.8A）。鱼骨可与面料层或是里布层缝合在一起，两种方法皆可，关键取决于面料材质。加衬布可增强稳定性与强度，减少起皱与透明度，避免缝份外露，尤其对松结构的梭织面料可以起到定型作用。

　　露肩紧身衣可加全身无过面里布。如果有裙子，里布可做成开口式的。露肩式连衣裙的里布质地应紧密、硬挺。

　　事先决定好门襟的式样，再确定缝制顺序。

要点

　　缝合露肩紧身抹胸与裙子可参考20世纪50年代风格裙装缝纫步骤。

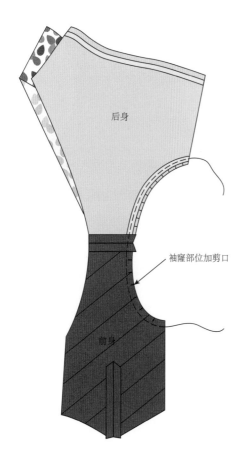

图 8.7D　车缝袖窿

拉链

　　1. 缝合接缝与鱼骨（见图8.8A）。在里布接缝中间留15cm的开口用于将抹胸翻到正面（见图8.8C）

　　2. 然后将拉链车缝至后中线（见图18.8B）。

　　3. 当服装放平时，将抹胸与里布正面相对。将里布与服装上缘用珠针固定，将接缝线对齐。

　　4. 以1cm宽的缝份缝合。

　　5. 按需要修剪缝份并熨烫。

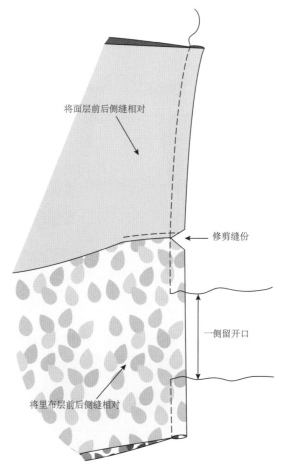

图 8.7E　车缝面料与里布的侧缝

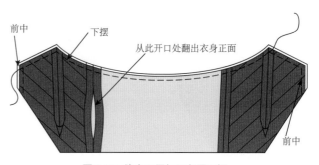

图 8.7F　缝合面层与里布层下摆

6. 暗缝接缝（见图8.8C）。

7. 将服装与里布的腰线与后中线对齐（见图8.8D）。

8. 将余下的里布车缝到服装上，并修剪缝份以减小缝份厚度，如图8.8D所示。

9. 将抹胸从侧缝开口处拉出翻到正面。

10. 以手工针或车缝方式将开口缝合（见图8.9）。

11. 或将里布后中与拉链母带手工缲缝在一起（里布不需要留15cm开口，见图8.11B）。

其他门襟

钮扣/钮袢与金属扣眼应按不同的缝制顺序（详见第9章）。

- 在里布一侧留一几厘米的开口用于翻转衣身（见图8.8C）。
- 将抹胸与里布放在一起，车缝所有边缘。
- 根据需要修剪缝份。
- 将抹胸从开口处翻出，熨烫并将开口手缝或车缝封口（见图8.9）。

披肩

带里布的披肩与之前服装的制作方法相同：先将披肩缝好后，再缝合里布（见图8.6B）。

制板提示

里布样板的底边比面样板短0.5cm。这可确保里布不外露。

1. 先不缝合口袋与里布。

2. 如果是带领披肩，将领子车缝到披肩上。

3. 将正面相对，用珠针固定并缝合里布与斗篷的外边缘，在侧缝附近或后中线留一个开口。

4. 修剪缝份并熨烫。

5. 用三角针将领子或兜帽缝份与里布缝份缝合。

6. 从披肩内侧将前身插手开口与里布车缝在一起，或用缲针或暗针将里布与面层缝合。沿着插手开口车缝一圈明线，进一步将里布固定在斗篷上。

将侧缝或后中线开口上的缝份翻过来，并以手工针缲缝。

有袖上衣

除了袖子以外，无过面或贴边的全里布上衣其他部位的缝制方法与背心的缝制方法相同。这种上衣可以正反两面穿着。图8.6C是此类上衣的内视图。

1. 沿肩线与侧缝，将上衣的前、后身缝合。

2. 缝合袖子后，嵌入上衣的袖窿。

3. 重复步骤制作里布，在侧缝留一开口用于翻转上衣，如图8.7E所示。

4. 沿着肩线缲缝垫肩（如需使用）（见图6.18A）。

5. 沿前中与领圈线将里布缲缝到上衣上（见图8.9）。

6. 将里布车缝到前中心的缝份，尽量避免车缝到领圈线附近（见图8.9）。暗缝可以防止里布翻到服装正面。

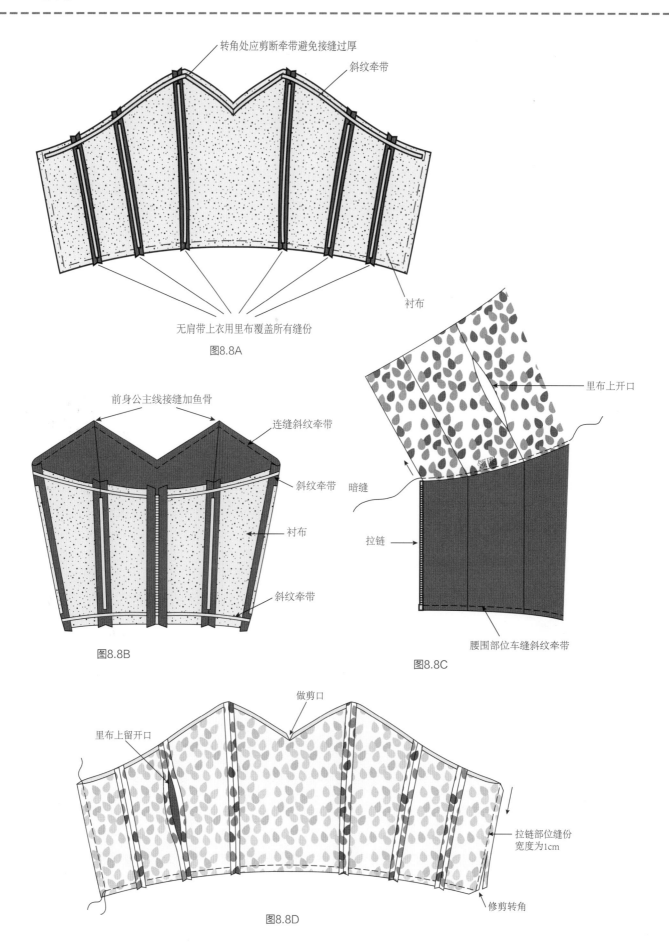

转角处应剪断牵带避免接缝过厚

斜纹牵带

衬布

无肩带上衣用里布覆盖所有缝份

图8.8A

前身公主线接缝加鱼骨

连缝斜纹牵带

斜纹牵带

衬布

斜纹牵带

图8.8B

里布上开口

领圈

暗缝

拉链

腰围部位车缝斜纹牵带

图8.8C

做剪口

里布上留开口

拉链部位缝份宽度为1cm

修剪转角

图8.8D

7. 在底边缝合上衣的里布,尽可能多地缝合底边缝份。修剪并整理所有缝份宽度以减少厚度。

8. 将上衣正面从底边缝份缺口处翻出,翻出时里布的一边朝上而衣物面料的一面在下面。

9. 用大头针在合适的部位固定住里布的袖子,同时对合袖底缝与肩缝。在肩缝与袖底缝部位手工缝合里布与上衣面料,以确保面料与里布正确对合。

10. 手缝或缝纫机缝合边缝开口。

11. 在袖口处用缲针固定里布(见图8.9)。

12. 最后熨烫上衣。

无过面(贴边)开口式里布

这种缝合方式因不需要缝合面料,使用无过面(贴边)开口式里布十分简便。鉴于里布的下摆在长度上比较短,衣物与里布需要在服装的最上方边对边缝合,而下摆自然悬垂或打开,并且不要与面料固定,这样确保了里布不会拉扯服装面料。下摆开口式无过面(贴边)里布如图8.10A与图8.10B所示。服装与里布可用长度短的线辫从缝份的一边缝合至另一边(见图8.21C)。如何缝制线辫见图9.33A。这种上里布的方式对于没有裤腰、在侧缝或后中线有隐形拉链的裤子也十分理想。这种方式最适合于轻薄至中厚面料的裤子,若用于厚重面料做成的裙子会导致腰围线部位面料翻卷,而这并不美观。

图 8.9

图 8.10A　　　　　图 8.10B

图 8.10

以下款式有无过面（贴边）开口式里布，在缝制时可作参考：

- 1950年代的有裙腰裙子(见特征款式中图8.1A）。
- 紧身连衣裙(见图8.10A）。
- 短裙(见图8.10B)。

1950年代的有裙腰裙子

应指出的是无过面（贴边）开口式里布对裙子而言是十分理想的。图8.1A是1950年代的有裙腰裙子。图中里布是有印花的部分。注意：这种里布没有正反面之分，已用牵带固定防止领口缝与袖笼缝伸展变形(见上册图3.15)。这种里布制作方式对于裙子而言是理想的选择，应由设计师决定。该裙后中线上的拉链，因此裙子可从正面翻出。

按以下步骤继续缝纫

1. 缝合里布与面料的省道，肩缝与服装大身部分侧缝。

2. 先缝合外层面料的侧缝，再缝合里布的侧缝与后中缝至标记拉链长度的刀眼处。

3. 将面料、里布的腰围线正确对合，侧缝对齐。用珠针固定后，车缝一条1.5cm的缝份。熨烫缝份向领围方向。

4. 裙子的侧缝合好后，因为里布是开放的，可看见缝份。由于看不见因此不需要完成连衣裙上身的缝份。

5. 在后中线缝制一条隐形拉链。水平对合腰围线缝份，确保腰围线缝份在拉链封口时依旧可见（见图8.11A）。

6. 在腰围处缝合裙子上身与裙子里布并熨烫（见图8.11B）。

7. 反向折叠后中的缝份；将拉链的上边缘（在颈围处）向里折叠在里布与面料的缝份之间。如不使用软拉链（重量轻的经编针织布带），这个步骤将会变得困难。在距拉链缝合处0.5cm用珠针固定缝边，暗针缝合里布与拉链母带。

8. 从里面将面料与里布的腰缝在侧缝处缝合在一起，并用缝纫机在离之前侧缝缝合处大约1.5cm处固定。两边侧缝拼合在一起时，都必须朝着领围线方向车缝；你需要拉伸缝份完成这个动作。（见图8.11C）。

紧身连衣裙

图8.12的紧身连衣裙为低领设计，领口可以从头部轻松滑落。因此，可以用侧缝处的拉链代替背后的拉链。虽然这个主要取决于面料，裁剪背部的拉链可能会干扰面料的样板。将拉链安放在哪个部位，最终还是取决于设计师如何使用面料。

马甲缝合步骤如图8.7A~图8.7C所示，不要缝合袖笼。完成这些步骤后，连衣裙外观如图8.12A所示（从里布角度观察）。

按以下步骤继续缝纫

1. 取右肩面料层与里布层，将其包住左肩与袖笼里布。将肩缝按袖笼与刀眼位置对齐，面料层正面相对。服装右侧衣片夹在左侧衣片之间。

2. 用珠针将袖笼固定到位，以1cm宽缝份车缝袖笼。车缝时应小心，避免将夹在中间的肩缝份合在一起。对弧形缝份做剪口以便翻转（见图8.12B）。

3. 将夹在中间的肩部拉出，重复以上缝制步骤完成袖笼的缝合。

4. 左侧侧缝绱缝隐形拉链：将里布缝份向反面翻折，离开拉链0.5cm部位处以暗针绷缝。

5. 缝合左侧缝份。从服装下摆起针, 缝至里布下摆部位收针, 不需要留开口, 缝制侧缝可见图8.7C。袖窿应修剪转角以减少接缝厚度。绱缝拉链一侧的腋下缝不需要做剪口。

6. 从正面沿侧缝车缝漏落针以固定里布(见图4.8)。里布也可用手工三角针与面料层固定。

带贴边开口式里布

带贴边开口式里布下摆部位开口。此类款式裙子与裤子加缝了开口里布(见图8.13A与图8.13B)。裙子后中部位绱缝了隐性拉链, 贴边/里布与拉链母带缲缝在一起(见图8.13A)。

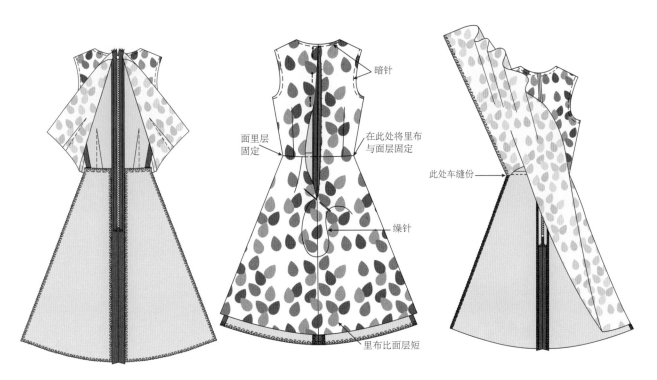

图 8.11A 将面层衣身与裙身沿腰线缝合绱缝拉链

图 8.11B 将里布手工缲缝至拉链母带

图 8.11C 腰线接缝与侧缝接缝固定

长裤侧缝绱缝拉链，贴边与里布同样缲缝至母带上（见图8.13B）（里布也可小心地与拉链母带车缝在一起）。

过面贴边的用途是包光服装边缘，并对车缝部位提供支撑。服装制作前应试样确认里布与过面缝合后是否会引起表面不平整。若表面不平整则应改用其他的里布制作方法或改贴黏合衬（事先应试样确认表面效果）。

长裤与裙子

图8.14A中的服装腰线部位加缝了定型牵带。其省道与侧缝都加整烫。在缝合里布前拉链应绱缝好。过面经定型处理后与侧缝份缝合（见图8.14A）。沿里布缝份向上车缝至拉链开口位置后烫开（见图8.14B）。里布下摆已缝合。

图8.13A与图8.13B中的裙子与长裤，其贴边与里布已经与腰线缝合在一起。过面贴边可用本身料裁剪。里布可用撞色或印花里布，但使用印花面料时应确认其正面是否会透出里布的印花图案。

制板提示

根据面样板可设计出过面、贴边与里布的样板。完成过面样板后，将余下部分做成里布样板，如图8.2所示。虽然该图为上衣的里布纸样，但该方法同样适用于裙子与裤子。切记：下摆车缝完成后里布应长至服装面层下摆一半的位置。

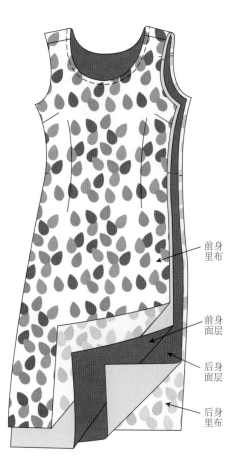

前身里布

前身面层

后身面层

后身里布

图8.12A 暗针缝制连衣裙省道、肩线与领圈

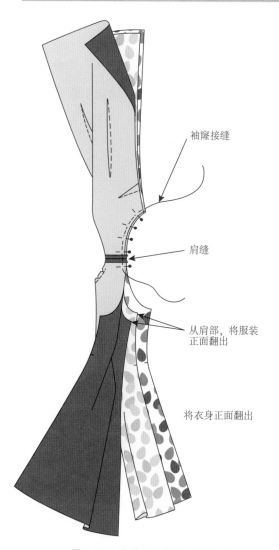

袖窿接缝

肩缝

从肩部，将服装正面翻出

将衣身正面翻出

图 8.12B 车缝合体连衣裙袖窿部位

1. 固定线车缝里布并做剪口（见图8.14A）。

2. 里布与贴边缝合，将前中部位的刀眼与侧缝对齐。

3. 将缝份向上整烫并车缝暗针（见图8.14B）。

4. 将正面相对，用珠针将过面、里布与面层腰围线固定在一起。

5. 根据需要车缝、做剪口、修剪缝份。

6. 将服装缝份与过面以暗针车缝在一起后，再整烫定型。

7. 将服装面层朝内翻转后，将过面与里布与拉链母带缲缝在一起（见图8.13A）。

8. 从服装内部将过面与省道、缝份手工缲缝固定。

波浪形下摆上衣与外套

如果上衣下摆是展开的或环形的，其里布适合用开口式里布制作方法。里布与面层应分开制作。面层下摆以手工缲缝，里布下摆则自然下垂(见图8.3A)。

图8.13A 裙子后身里布　　图8.13B 裤子前身里布　　图 8.14A 与 B 将贴边车缝至里布

若裙摆是环形，应在里布样板上去除部分褶皱量以便将里布下摆做平整。如里布是开口式的，应确保所有缝份与下摆都已收口。绱缝里布前应先完成里布下摆缝制。弧线下摆制作具体细节见第7章图7.10。缝完的里布下摆应位于面层下摆贴边中间，如图8.3A所示。里布下摆边缘与贴边连接的位置是贴边缝份上1.5cm剪口部位，剪口位置如图8.4所示。车缝上衣与外套过面的方法见图8.16A。

带过面封口式里布

上衣与外套

通常上衣与外套会采用封口式带过面里布的制作方式。封口里布的里布层与面层在下摆处缝合在一起，如图8.3B所示。应注意：里布长度方向应加入褶裥以增加松量（见图8.4）。

缝制加里布上衣具有一定难度，但非想象中那么困难。要制作好上衣，里布应准确，否则里布绱缝不准确会导致服装制作歪斜。

里布与面层应在缝制完成后缝合在一起。绱缝里布前所需完成的缝制内容如图8.4与图8.5所示。也可先将里布与过面缝合后，再将其与面层缝合在一起。以上两种都是可行方法。

- 缝制里布如图8.15A所示，从后中褶裥部位起针。外套后中连口可减少缝份厚度。如图8.4所示。缝合并熨烫压所有接缝再绱缝袖子。
- 在里布正面将褶裥熨烫到位。褶裥应倒向右侧，如图8.15B所示。前后领圈部位车缝固定线。后身部位的固定线可固定褶裥。图8.4中的前后领圈都车缝了固定线，并对缝份作了剪口。这样里布就可绱缝到服装上。
- 将袖身缝份与里布下摆缝份向反面熨烫1.5cm（见图8.4）。

制板提示

- 上衣里布的后中需加褶裥以加入运动量。加入2.5cm宽的褶裥，裁剪时对折裁剪（见图8.2B）。对于外套而言，这样可减少后中部位接缝厚度。
- 在设计衣身与袖身里布样板长度时，也应加入一个褶裥的余量。制作时褶裥位于下摆的边缘以保证运动量（见图8.2）。
- 缝制完成的里布缝线应位于面层下摆贴边的中间位置。
- 里布与面层样板的下摆宽度应相同。若里布下摆过宽会导致里布不平整。若下摆过窄则会导致服装面层不平。以上两种情况都会破坏上衣或外套的最终效果（见图8.2）。

- 若有领子，则应将领子绱缝到领圈上。
- 如图8.16A所示，将整个过面贴边与领圈车缝在一起。在距离过面边缘1.5cm部位收针，留出1.5cm缝份用以缝合里布。确认肩缝与刀眼位置对齐。
- 修剪衣身与过面部位缝份以减少缝份厚度（见图8.16B）。
- 将服装翻转到正面，将前身的转角部位用翻角器翻挺。

- 将里布熨烫到位。当面料过于厚重，单靠熨烫无法将过面有效定型时，应采用手工缲缝三角针的方法处理过面（见图8.16B）。
- 在过面上作1.5cm剪口，如图8.17A所示，剪口位置距离完成后的下摆边缘1.5cm。

要点 ✂

可用暗缲针或三角针缲缝过面的方法，代替暗针车缝上衣或外套的里布。切记：所有针迹不可在面料表面外露（见图8.17B）

- 将剪口以上部分的缝份翻至过面上方，以下部位缝份翻到过面下方，在反面将其与下摆缲缝在一起（见图8.4）。

- 上衣与外套下摆最后在面里之间以缲针或三角针手工方法，将所有各层面料缲缝在一起结束（见图8.17B）。
- 将垫肩与袖山头车缝在一起（见图8.17）。具体方法见第6章袖山头与垫肩部分内容。
- 将里布正面与过面边缘相对。将后中褶裥与后中里布用珠针固定在一起。将过面与里布肩线刀眼对齐，在两点之间用珠针固定。由后中部位起针，沿后身车缝至前身，在过面上的剪口部位车缝回针后收针（见图8.18）。将所有缝份向大身方向熨烫。
- 将面层与里布的肩缝以三角针手工缲缝在一起，垫肩夹在两层中间一起缝合（见图8.19）。
- 如图8.11C所示，将面层与里布层的腋下缝车缝在一起（该位置车缝效果比手工缝更理想），这种缝制腰线缝份的方法同样适用于缝制腋下缝。

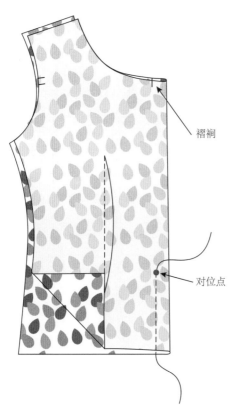

褶裥

对位点

图8.15A 车缝上衣里布后身褶裥

整烫褶裥

图 8.15B 车缝后领圈固定线

- 如同8.19所示,将面层与里布层缝份以手工针缝合。
- 对封口式里布,将里布烫折线用珠针固定在面层下摆上方1.5cm位置。长出部分里布面料可作为下摆褶裥。如图8.20所示,将里布缲缝至面层。
- 将里布向下摆翻折形成褶裥,在下摆部位,将里布暗缲在过面上,如图8.20所示。
- 将整件服装,包括袖子整烫。

带腰身开口式里布
裤子与裙子

裙子与裤子适用带腰身开口式里布,因为这样可以保证里布自然下垂,不会因里布层牵扯面层而使服装变形。图8.21A~图8.21C是加带腰身开口式里布裙子与裤子的内视形象。无论是直腰还是贴体式腰身,其开口式里布的制作方法相同。

缝制顺序

1. 先将裙子或裤子的面层缝制完成,缝合省道与侧缝,将拉链与门襟绱缝到后中部位并整烫。

2. 缝合里布的省道与侧缝,后中线车缝到绱缝拉链的刀眼部位。再车缝下摆后整烫里布。

3. 在绱缝腰身前将里布套入裙子或裤子上。

4. 用缝纫机粗缝或手工粗缝的方法,将里布层与面层反面相对,并沿腰围线缝合(见图8.22)。

5. 继续制作腰身,具体制作方法见第1章中有关腰身制作的内容。

6. 手工缲缝面层下摆贴边,车缝里布下摆。具体方法见第7章相关内容。

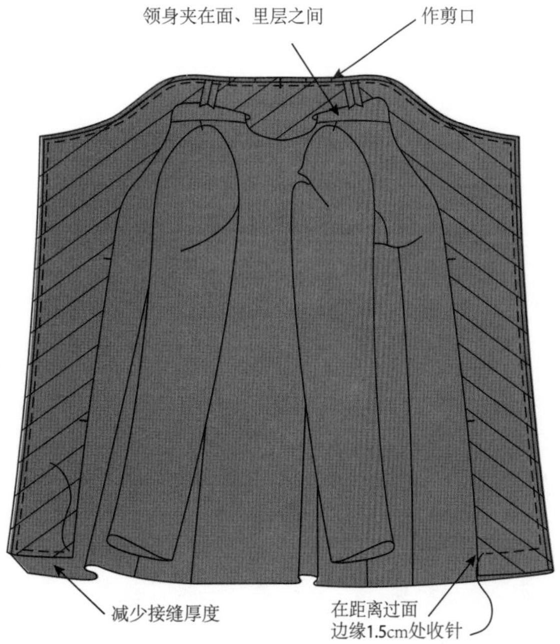

图 8.16A 上衣与外套:车缝过面贴边与下摆

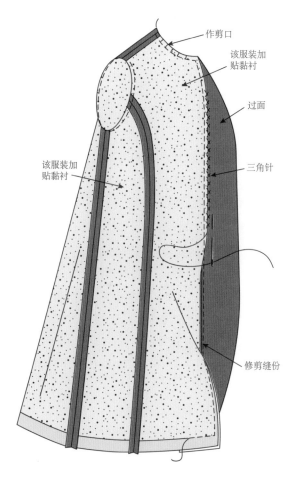

图 8.16B 缲缝三角针

带门襟长裤:

在生产中应根据门襟与里布的缝制调整里布样板。为了便于沿门襟弧线车缝并减少接缝厚度,缝份宽度为1.5cm。裤子的缝制顺序如下:

1. 根据裤子原样板裁出里布样板,应将门襟部位去除。里布前中部位的缝份宽度为1.5cm,并用刀眼标出拉链开口位置(见图1.9B)。

2. 前身里布的一部分应去除掉,这样里布可沿贴边车缝,如图8.22所示。将里布放在长裤内部,反面相对。用珠针固定腰线,后中部位对齐,侧缝相对。

3. 裁去服装右侧门襟(留1.5cm缝份,见款式图)。如门襟在左侧,那就与图示方法相反。

4. 将里布用缝纫机粗缝在长裤腰线上。

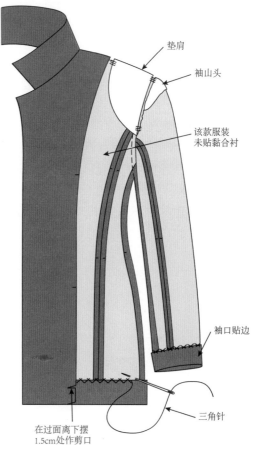

垫肩

袖山头

该款服装未贴黏合衬

袖口贴边

三角针

在过面离下摆1.5cm处作剪口

图8.17A 手工缲缝下摆

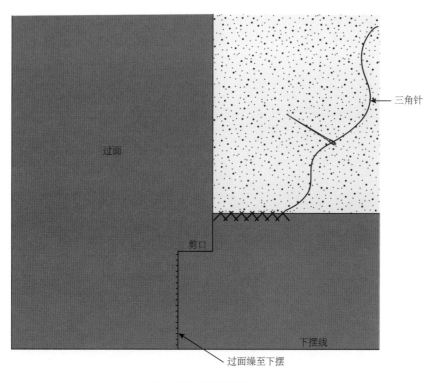

三角针

过面

剪口

下摆线

过面缲至下摆

图 8.17B 过面做剪口

5. 在内侧，将里布右侧与底襟缝合在一起。

6. 在右侧，将缝份向里布翻面烫折1.5cm，并将折边与过面以珠针固定。如图8.22所示，将里布与前身过面手工缲缝，或车缝在一起。

下摆带分衩裙子

图8.21B是有腰身、后中带分衩的裙子。该裙子廓型是H型，为了满足行走需求，在下摆部位加入分衩，这属功能性设计。图8.13A中的裙子是A型，由于该款式有充足的活动量，因此不需要加分衩。

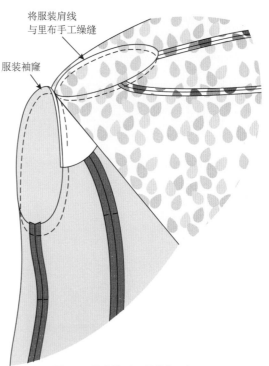

图8.19 将肩缝手工缲缝在一起

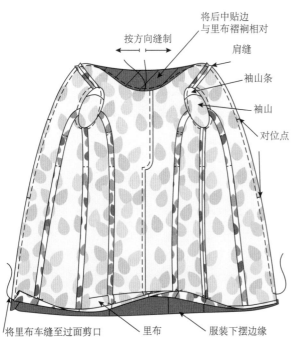

图8.18 将里布车缝到过面

图8.20 将里布下摆缲缝至服装下摆

下摆带分衩裙子的缝制步骤：

1. 缝制裙子面层：缝制省道，贴边部分加贴黏合衬，绱缝拉链。如图8.23A所示，后中缝车缝至对位点，距离缝份边缘1.5cm收针。

2. 车缝裙子侧缝，如图8.23B所示，手工缲缝下摆。注意：下摆部位已做剪口并车缝。制作方法与图8.5与图8.17中上衣制作方法一致。

3. 如图8.23C所示，缝制里布。注意：里布下摆已车缝好了。

图8.21A 带前门襟　　图8.21B 下摆带　　图8.21C 带开衩裙子
的弧形腰身长裤　　　分衩的直腰身裙子

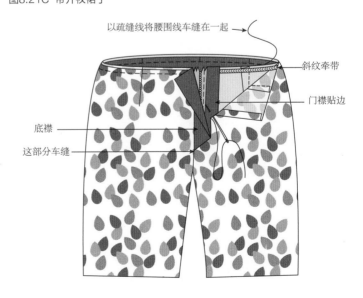

以疏缝线将腰围线车缝在一起

斜纹牵带

门襟贴边

底襟

这部分车缝

图 8.22 里布车缝至门襟

要点

　　标记对位点相当重要，因为里布会由该点起针与过面缝合在一起。

　　4. 沿里布转角（见图8.23D），做0.25cm宽的固定缝，转角部位做剪口。

　　5. 将服装与里布翻转到反面。下一步应分两部分缝合——先右侧、再左侧，否则无法完成。

　　6. 翻转里布，将里布正面与分衩贴边放平。将里布的对位点与裙子后中对位点相对后，以珠针固定。如图8.23E所示，在贴边上端车缝，并沿贴边向下车缝到剪口位置。

　　7. 在另一侧重复以上缝制过程。

　　8. 如图8.22所示，将里布翻倒正面后将腰围线以粗缝针车缝在一起，准备绱缝腰身。

　　9. 将裙里手工缲缝到拉链母带。

　　10. 在剪口以下部位，将贴边缝份向下翻折1.5cm后，与下摆缝合（该步与上衣过面与下摆的缝制方法相同，见图8.20）。

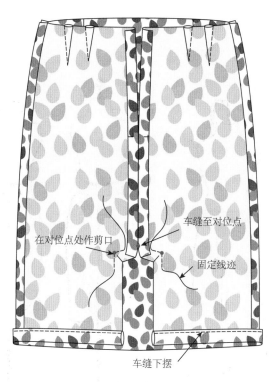

图8.23B　缝合服装面料层衣片

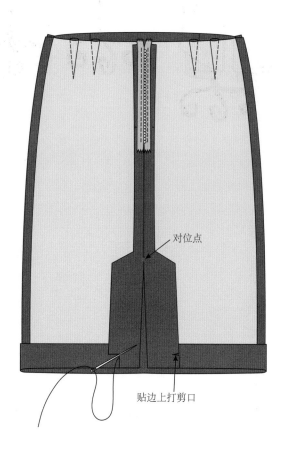

图 8.23C　车缝里布

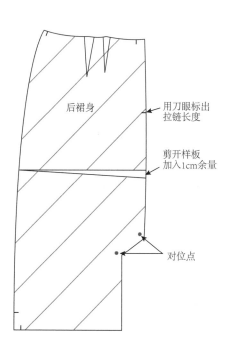

图8.23A　在裙子样板后中部位加余量

裙子开衩

图8.21C展示了后中部位里布与裙衩缝合的内视图。任何款式的裙子、长裤或连衣裙都可在下摆部位加缝开衩。注意: 里布是环绕贴边一圈缝合在一起的, 因此里布样板应根据贴边形状加以调整 (见图8.23A)。

如图8.23E与图8.23F所示, 完成裙子面层与里布的缝制。将开衩贴边与叠门车缝在一起, 从对位点起针, 车缝至翻折边收针 (见图8.23F)。

1. 车缝右侧里布 (见款式图) 至分衩 (或开衩贴边, 见图8.23D)。现将左侧里布车缝至左侧贴边 (见图8.23G)。

2. 将里布与贴边正面相对放在一起。

3. 用珠针将对位点别在一起, 从该点起针一直缝到下摆贴边后整烫。

4. 在下摆贴边剪口以下部位, 将缝份折返1.5cm, 手工缲缝至下摆贴边 (见图8.23F)。

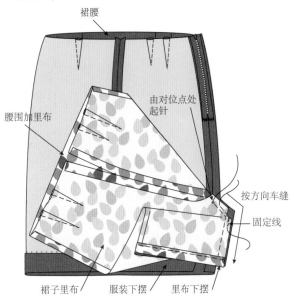

裙腰
腰围加里布
由对位点处起针
按方向车缝
固定线
裙子里布　服装下摆　里布下摆

图8.23D 将里布车缝至裙子贴边

车缝固定线加剪口　车缝至对位点

图8.23E 缝合里布与面层: 带开衩裙子

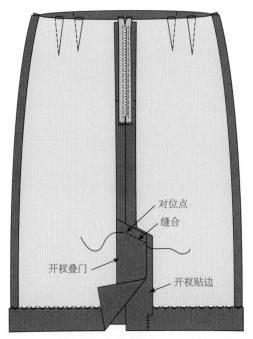

对位点
缝合
开衩叠门
开衩贴边

图8.23F 外层面料

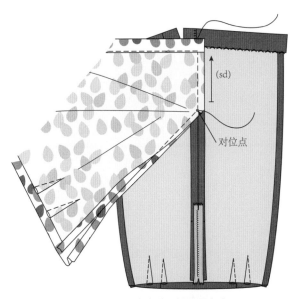

(sd)
对位点

图 8.23G 里布车缝至裙子后中线

封口式里布构成服装廓型

通常里布是按照服装外形缝制，它不会引起面层形象的变化，而构成服装廓型的封口里布是例外。里布构成服装廓型，意味着里布可以控制服装的廓型，使服装得以定型（见图8.24A与图8.24B）。这种里布制作方法没有具体的规定，可用于裙子、连衣裙、上衣、袖子、衣领或其他服装部件上。图8.1B特征款式中的蓬蓬裙廓型是由里布构成的。

图8.29B中的裙子也用了相同的里布制作方法。

蓬蓬裙褶边

面料厚度与垂性决定了服装的最终外观。如用轻薄亚麻面料制作的蓬蓬裙下摆，其效果与用真丝乔其纱的效果完全不同。事先用风格类似的坯布制作试样，这样可以确定里布蓬起的效果。

这种款式的裙子无后中缝效果更理想，因为后中缝会破坏裙摆部位的优美线条，而拉链的位置可转移到侧缝。

- 在侧缝绱缝隐形拉链。
- 将服装侧缝合，并将腰部与下摆抽缩（见图8.25A）。
- 将里布侧缝合；在需绱缝隐形拉链部位根据拉链长度留出开口。最后用手工将拉链绱缝到位。分烫所有缝份。面层与里布层最终缝合成圆筒形，如图8.25A与图8.25B所示。
- 将面层与里布层的下摆正面相对，沿下摆车缝一圈宽度为1.5cm的缝份（见图8.25C）。然后将缝份修剪到1cm，以减少接缝厚度（见图8.25C）。
- 将里布与面层腰线粗缝后，准备上腰身；将面层与里布层对齐。

制板提示

为了取得这种式样，可将里布样板比面层样板裁得更短小些、窄一些，用这种方法控制外部廓型，如图8.24B所示。当面里两层缝合后，通过里布拉扯面层的方法使外表层的面料产生蓬起的效果。用这种方法还可制作出蓬蓬袖的廓型。样板的制作方法如图8.25A所示。

- 腰身制作方法见第1章中绱缝腰身的相关内容。缝裙腰的说明。
- 将里布绱缝到拉链母带上，如图8.11C所示。

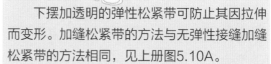

要点

下摆加透明的弹性松紧带可防止其因拉伸而变形。加缝松紧带的方法与无弹性接缝加缝松紧带的方法相同，见上册图5.10A。

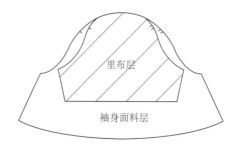

图8.24A 外层袖身面料

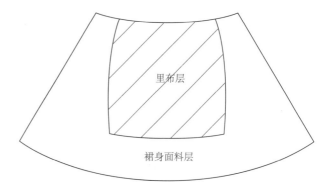

图8.24B 裙身里布层应比面料层更短小、更窄

袖子

- 在袖身边缘车缝一圈1cm宽的透明松紧带，可使袖子在穿着时贴住手臂。
- 绕手臂部位包上松紧带使其舒适贴身，按此长度即可，不需要加长。与缝份缝合时，松紧带应拉紧（见上册图5.10B）。
- 松紧带应用锯齿型线迹车缝（详见上册第4章接缝相关内容）。

局部里布

根据服装款式与面料厚度，里布可用局部里布制作。采用局部里布可以在覆盖住服装内部构造的同时减轻自身重量，还可保持服装的部位不变形，如防止裤子膝盖部位被拉伸变形。许多服装可以加局部里布：带褶裥的裙子、上衣、裤子或连衣裙。

图8.1C是加局部里布的褶裥裙。图8.26A中的裙子同样采用了局部里布的方式。局部里布的制作方法对服装表面没有任何影响。图8.26B的长裤加入了局部里布。以下会分析加缝局部里布的原因。

由图8.26C与图8.26D可见，相对全身里布服装，加缝局部里布不会减少服装制作的工时。服装上所有的接缝部位都需要作滚边处理。上衣上这些滚条可采用撞色的面料以增强设计感。这样的服装，内部比外表看起来更有特色。

确定服装的构造与加里布部位后，根据服装面样板拓出局部里布样板。局部里布的下缘部位应作收口处理。对于某些面料，滚边或包缝可能会导致表面出现印痕，因此事先应制作试样。

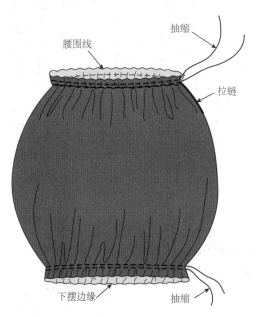

图 8.25A 裙子的表层面料

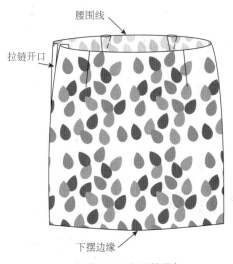

图8.25B 裙子的里布

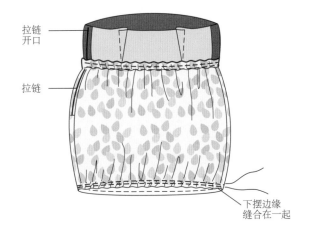

图8.25C 面里层下摆缝合

贴边与衣身缝合

图 8.26A　带育克
局部里布的褶裥裙

图 8.26B　带局部
里布的长裤

图 8.26C　前身带
局部里布的外套

图 8.26D　前身带
局部里布的外套

开口式局部里布

开口式局部里布下摆部位一圈开口不与面层下摆缝合。若外套带局部里布加过面，如图8.26D所示，则过面需要每隔15~18cm与面层固定一次，以防止服装穿着时衣身摆动或下垂。

上衣/外套

全身里布上衣改用局部里布可减轻服装重量并提高透气性。使用局部里布的服装仍应满足穿脱方便。局部里布的前身部分是过面部位延伸，后身部位覆盖肩部（里布应覆盖整个后身上半部分，并在袖窿部位缝合）。过面边缘与袖窿应以滚边收口。有时袖子也可加里布。图8.26C和D是半里布外套前后身的内视图。

局部里布与衣身缝合后，后身部位的里布开口。前身的过面每隔大约12cm与面层缝份用手工针或车缝的方法固定。如果没有接缝，则可以用三角针与面层缲缝在一起。完成后应确认正面针迹不外露。

褶裥裙

有时将褶裥裙的里布称作衬裙。其一方面可对褶裥部位定型，另一方面又可覆盖裙子上的接缝。里布长度应正好超过拉链的长度，长至臀围部位。如果褶裥中含省道，则需要在裙里上车缝省道量。衬裙与面层在侧缝部位以手工缝合。局部里布不会对行走与运动产生影响（见图8.26A）。

要点 ✂

褶裥裙也可加展开形的里布。此种里布的下摆大小非常重要，裙子里布必需有足够的宽度，以满足运动或行走时褶裥展开不受限制。

长裤

长裤在膝盖部位与臀部加局部里布可防止裤子因穿着后发生变形。可根据裤子面料样板拓出里布样板。里布长度可长至膝盖以下12.5cm处。对于那些保暖性服装，采用局部里布可改善服装的透气性能，避免在服装表面出现印痕。局部里布的颜色宜取中性色彩，避免其在表面出现阴影。

裙子

对于各种面料轻透纤薄裙子而言，见图8.29C，采用局部里布是种理想的选择。

封口式局部里布

服装部件

封口式局部里布可用在服装的一侧面，而不是面层的两侧。如服装的口袋、袋盖、衣领、荷叶边或腰身等部位。当用两层面料缝制成口袋、袋盖、腰身或衣领时，整件服装会显得笨重。即使缝份加以修剪后，这些部位仍显笨重，因而影响服装美感。为了减少笨重感，可用薄料做成里布加缝在内层。加里布的另一个原因是：在口袋部位缝制里布可支撑口袋，而且袋盖里布采用撞色可以增加服装设计感。衣领处的里布为服装增加了设计细节。相比较卷边处理，带里布荷叶边是种简洁的收口方法。

局部里布下缘部位的制作步骤包括：车缝、修剪缝份，做剪口，缝制暗针。关键是应避免接缝边缘影响表面，出现印痕。

口袋

口袋制作详见上册第8章相关内容。服装口袋应力求平整（如果是功能性口袋还应耐用）。

制板提示

所有局部里布都是根据服装面料样板拓制而成。当服装缝制完成并整烫好后，服装表面不能出现任何里布印痕，里布不能牵扯服装的面层。如里布样板制作不合理会导致里布外露。图3.4展示了如何在样板上加0.25~0.5cm的量。面样板与里布样板必须明确标注加以区分，如口袋面布/口袋里布、兜帽面布/兜帽里布等。面料样板只能用于裁剪面料，里布样板只能裁剪里布。只有对样板加以明确清晰的区分才能保证正确缝制。这些要求与第3章中的制板原则一致。

制板提示

在制作袋盖时，侧边应加宽0.25cm，底边应加长0.5cm。切记，制作里布样板时，其车缝至服装的接缝部位（衣领领围线或袋盖的直边）的面层样板和里布层样板长度均应相等。其他部位面层的样板应稍宽一些，当面里两层面料缝合后，经修剪、翻转与熨烫后，里布会折进到面层内，这些部位的接缝线不会显露。

以上制板规则同样适用于制作衣领面层与底层，具体内容如图3.4B与图3.4D所示。无论是什么领型，制板方法都是一样的。

袋盖底层

- 无论服装在其他部位使用什么类型的衬布，袋盖应使用轻薄型斜丝缕黏合衬，或缝入式衬布。
- 里布裁剪时，布纹方向应与面层保持一致。
- 车缝时，即使袋盖底层略偏小也应对齐袋盖边缘，将里布层置于上层。车缝前如有必要可先作手工粗缝。
- 袋盖翻转整烫之前应修剪缝份。
- 可根据设计要求车缝明线。

衣领

在制作外套与上衣时，为了减少接缝厚度，领底常用里布裁剪。也可用风格反差强烈的面料制作领底，以此构成设计细节。男士正装上衣的领底常采用羊毛毡，这类材料有多种常规色可供选择。欲了解更多关于衣领的缝制技术，可参见第3章衣领内容。

兜帽

在制作兜帽装里布时，有些是为了体现兜帽的保暖功能，如带兜帽的羊毛上衣，有些是为了产生奢华感，如晚装披肩上可加兜帽，有些则用于覆盖面料的反面。

准备制作兜帽里布时，兜帽的面、里应分开缝制并熨烫，再沿外缘一圈将面层与里布层缝合，然后在里布侧车缝暗针，以防里布层外露。应事先制作试样，当兜帽披在后身时会露出车缝的暗线，可能不太美观。如不喜欢暗缝方式，必须确保接缝整烫到位。如果兜帽有后中缝，兜帽面里层缝合时应缲针缝合。

以下是一些设计提示：

- 粗呢类外套服装，通常采用羊毛格子图案面料制作。可采用法兰绒制作里布，改善服装的温暖与舒适性能。
- 优雅的天鹅绒或羊毛晚装披肩，可用丝绸里布，从而产生理想的悬垂效果。
- 摇粒绒户外服装的功能性兜帽可加上防风性能的里布（比如超细纤维面料）。在制定兜帽版型时要去除缝份与吃势量。接着翻转兜帽的缝边，并用明线缝制形成拉带的抽带管。在产生吃势前固定且缝好拉带上的钮扣孔眼（见图1.10C）。

兜帽面层样板应比里布层样板略大，这与图3.4中所示的制板原则相同。这样可确保里布层能伏贴地嵌合在兜帽外层面料中，并且接缝不会显露。当两层衣片叠放一起并卷曲时，里层面料应比外层小些，以使其缝合之后内层能与外层理想贴合。

腰褶

腰褶是个缝合在腰线以下的独立造型部件（见图8.27A）。腰褶与衣领有许多相似点，只是腰褶与腰线、而非领圈相连。腰褶常作为一种潮流现于时尚中，这类设计细节可拓展成褶裥、塔克褶与抽褶等各种创意设计。若面层面料厚薄适宜，腰褶里布可用本身料制作里布，或用撞色里布。关键在于面料的特点。

上衣与里布两者应分开缝制，在绱缝腰褶前将面里两层缝合。缝制带里布腰褶步骤如下：

腰褶面层与里布层的制板方式与衣领相同。具体内容见图3.4。

1. 车缝腰褶接缝并整烫。车缝里布接缝并整烫（见图8.27B）。
2. 分别将腰褶里布与面层沿腰线车缝固定线。面层与上衣缝合时应避免其拉伸变形（见图8.27B）。
3. 将腰褶面层与里布层正面相对，以珠针固定并车缝面层边缘，再修剪缝份（见图8.27B）。将缝份与里布暗针缝合后整烫（见图8.27A与图8.27C）。

4. 将腰褶翻转到正面并整烫，再手工粗缝腰线（见图8.27C）。将腰褶与上衣的刀眼与侧缝线对齐后以珠针固定，不需要缝合上衣里布。车缝腰线（见图8.27D）。
5. 修剪腰线接缝，将缝份向上整烫（见图8.27D）。
6. 以包边缝将里布缲缝到腰线（见图8.27D）。

荷叶边

图8.27A的上衣，其带里布荷叶边为整件服饰增色不少。应关注的是荷叶边的面层与里布层样板。其里布层样板应比面层样板窄0.25cm。车缝外缘并剪口翻折。整烫时，接缝线应偏向里布一侧，以确保在正面无法看到接缝。

- 内层荷叶边手工粗缝。
- 以1cm宽缝份与腕部缝合。
- 如图8.27D所示，将袖里布与腕部手工缲缝在一起。

腰身

在服装内侧车缝异型或两片式腰身可减少服装接缝的厚度。若面层面料粗糙，如珠片面料或毛呢面料，或面料不够，可在腰身加缝里布。内贴的腰身可用里布制作，边缘应用滚边处理，如图1.7C所示。腰身制作方法详见第1章内容。

带里布服装的后整理与整烫

按要求一一完成了服装的缝制、整理与整烫，整件服装缝制完成后只需简单整烫即可。若未按以上要求完成，则服装后整理会变得相当困难。有些细节部位不得不拆开后重新加以整理与整烫。

即使对于拥有丰富的缝纫与熨烫经验的技师而言，去专业洗烫店整烫也是种经济高效的整理与整烫途径。

棘手面料的缝制

纤薄面料

　　轻薄透明的面料应谨慎选择里布，以避免里布颜色在表面产生阴影。应根据面料厚度与质感选择里布。闪光的或有团簇质感的里布极易透过表层面料为人所见。

　　面里两层可用相同的面料，这可确保里布的颜色与服装相配。

　　可考虑剪裁与服装长度不同的里布，以此产生反差、增加变化，如图8.29C所示，薄透面料的裙子里可应用不同长度的撞色料作为里布。

蕾丝

　　事先比较各种里布对蕾丝表面效果的影响。由于蕾丝会透出里布，因此不同的里布会影响蕾丝的最终造型。如蕾丝配丝绸会产生闪耀而不透的效果，而蕾丝配真丝乔其纱会产生晦暗而透明的效果。

　　由于里布通过蕾丝透出，蕾丝面料应选择高质量的里布。

腰褶

荷叶边　　　　　车缝暗针

图 8.27A　带腰褶与荷叶边的上衣

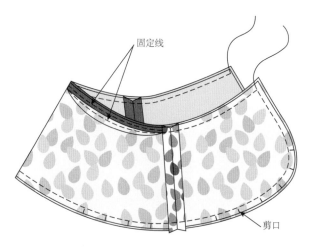

固定线

剪口

图 8.27B　车缝固定线

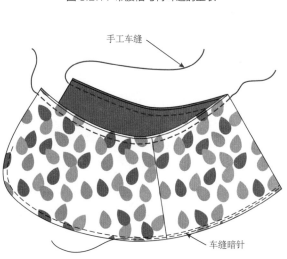

手工车缝

车缝暗针

图 8.27C　车缝暗针

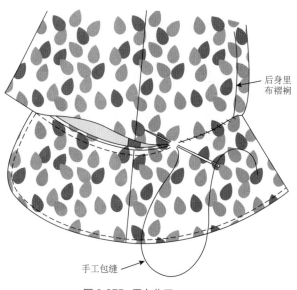

后身里布褶裥

手工包缝

图 8.27D　里布收口

绸缎

应根据绸缎厚度选择里布；厚重绸缎搭配厚重里布，较轻薄的里布应与轻薄的绸缎搭配。

真丝软缎可兼作面料与里布，由于这样搭配面料厚度适宜，且里布接触皮肤会有奢华的感觉，因此会产生理想的效果。

珠片面料

珠片面料适用丝绸作为里布；如真丝软缎有爽滑柔软的触感。

高质量的珠片织物应与高质量的丝绸里布搭配，这样制成服装更耐穿。

珠片面料应避免使用厚重的里布。

牛仔布

牛仔服宜加缝全里布，但牛仔布不需要加衬布。

牛仔服加半里时，最好使用全棉里布。

牛仔服口袋、袋盖部位加里布应封口以减少接缝厚度，尤其是厚重的牛仔布。

立绒

立绒适宜用真丝软缎作里布。奢华的面料需要搭配奢华的里布。

皮革

皮装加里布的原因有：
- 避免穿着者的皮肤直接接触皮革。
- 遮挡皮革上的瑕疵。
- 防止皮革拉伸变形。
- 覆盖服装内部结构。
- 防止掉色（摩擦会导致皮革掉色并沾染在内衣上，留下永久性印痕）。

应选择由高强度纤维织造的里布；皮革通常非常耐穿，应避免里布先于皮革面层损坏。比如丝绸易磨损，不适合作为皮装的里布。

皮装应车缝止口线，并将里布与止口手工缲缝在一起。

不宜用图8.18所示方法，将皮装的褶裥手工缲缝至过面。可在距离下摆上方8～10cm部位车缝粗缝线，通过抽缩缝线的方法形成褶裥。然后将里布与过面缝合在一起。皮装适合车缝制作。

人造毛

上衣、外套加缝毛绒里布是种理想的选择，因为人造毛舒适温暖，对冬装而言十分合适。人造毛不宜钉扣、开扣眼，因此前身过面部位应选用其他合适材料，如图8.28所示。人造毛可作为袖里布，但使用光滑的丝织物制作袖里布会更便于服装穿脱。

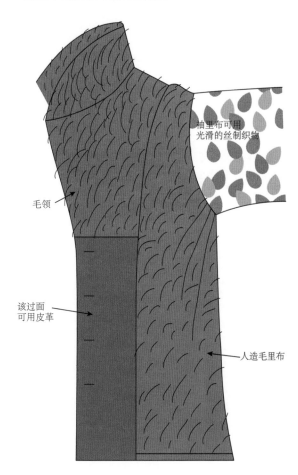

毛领

袖里布可用光滑的丝制织物

该过面可用皮革

人造毛里布

图8.28 人造毛里布

厚重面料

选择里布种类时应考虑成衣最终的重量。毛皮、绒布与毛呢里布都会增加服装重量。

耐穿的服装应选用高质量的里布；丝织物比合成织物更耐用。

融会贯通

本章介绍了各种不同类型服装的里布缝制技术。可通过学习本书中讲解的各种款式服装的里布制作方法，进而扩展到其他书中未涉及的服装里布制作。

里布制作技法同样可拓展到其他服装部件的制作中。

还可有其他创意，如在里布与面层之间夹入嵌条，从而增加一个精巧的细节。

创新拓展

以下部分有助于深化读者对服装内部的认识。

购买里布时应有创新思考，各种颜色、图案、条纹、格子面料都可以用作里布。

还可以将多种里布加以组合，形成有创意的里布，如图8.29A中的外套里布。

上衣或外套衣身部位的里布可以用素色里布，而袖子里布可以选择条纹里布。

图8.29B中的羊毛针织裙通过折捏、缝褶裥，自然悬垂形成了不对称的造型。该裙用针织布作为里布，维持外部的裙子造型。

皮装配轻软的蕾丝作为里布，这样不会令人接触时感到发痒与不适。从功能设计的角度来看，蕾丝手感舒适。另一种创意的想法是：里布长度超出面层，并使其暴露在上衣下摆之外（这与传统的里布结构截然不同）。在图8.29C中的上衣是皮革制成的，其蕾丝里布与服装面层在腋下部位与肩缝部位缝合在一起，以此将里布固定到位。

疑难问题

如果里布太短怎么办？

可在里布边缘加本身料或撞色里布。也可在里布边缘加缝蕾丝。还可在接缝不会过厚的前提下，里布边缘加缝荷叶边，或里布边缘制作假贴边。

如果因里布太紧导致面层不太伏贴怎么办？

可先将里布拆下，检查里布的大小，观察其对于服装面层而言是否过紧。将里布调整到大小合适的尺寸，如果可以，可重新剪裁与缝制里布，也可在里布上加缝三角插片以增加其宽度。如果里布做得过短，也不必太苛责自己，可将其当成经验加以积累。

如果服装需要配里布却未配里布，是否可以在服装完成后再额外加里布？

这取决于服装款式。如果是带腰身的裙子或裤子，那么事后绱缝并不困难。只需要先拆除腰身、缝上里布，然后重新绱腰即可。带贴边的裙子或裤子绱缝里布并不困难。可根据面样板拓出里布样板（切记：应将面布过面与贴边部分除去；见图8.2）。

如果里布太大，在服装下摆部位外露怎么办？

拆除缝好的里布下摆部分，小心烫好并测量，然后将里布剪短至合适尺寸，重新缝好。

如果里布下摆过宽而与服装面层不相配怎么办？

首先检查里布样板，可能是样板本身不准确导致里布不准确。

重新车缝更宽的缝份，拆除原先的缝线并整烫。测量里布尺寸，是否与面层大小一致。如里布太紧，则可放出缝份量，重新车缝并整烫后与面层下摆一致。

全里布
皮革上衣

下摆露出
蕾丝里布

针织裙

本身料
半里布

印花针织布里布

图 8.29A 全里布外套   图 8.29B 针织裙   图 8.29C 全里布皮革上衣

图 8.29

自我评价

- 里布样板是否正确?
- 里布是否加了刀眼并做好了对位标记?
- 是否根据服装的款式与类型选择了合适的里布制作方式?
- 里布厚度与种类是否合适?
- 当服装平放时,里布是否会导致服装变形?
- 里布是否因过长而外露出服装下摆?

复习列表

- 是否知道加刀眼与对位标记的样板会使服装缝制更加准确与完美?
- 是否知道如何通过服装样板获得里布样板?
- 是否知道里布可以由不同质地、厚度与手感的织物制成?
- 是否知道服装加里布会提高品质与耐用性?
- 是否知道并非所有服装都需配里布?
- 是否知道里布需要与服装功能及耐磨性相适应?

- 是否知道局部里布会减轻服装部件的厚度?
- 是否知道局部里布的概念以及选择局部里布的原因?
- 是否认识到手感奢华的优质里布会成为很好的卖点?
- 是否理解时尚与功能对于里布制作而言同等重要,在里布选择时应同时考虑到这两个因素?

绱缝里布对于服装设计专业的学生而言极具挑战性,但通过不断实践后会变简单。对于不理解的部分应继续研究,还可随时向指导老师询问不懂的部分。在缝纫的学习过程中应不懈努力、不言放弃。对服装结构的透彻了解对设计师大有帮助。优秀的服装设计师应熟练掌握里布的缝制知识。

第9章

开口与扣合部件：服装的闭合

图示符号

 面料正面

 衬布反面（有黏合衬）

 面料反面

 底衬正面

 衬布正面

 里布正面

 衬布反面（无黏合衬）

 里布反面

缝制顺序

本章将介绍服装开口与扣合部件的制作方法。不同类型的开口与扣合部件可成为整个设计的焦点。在设计时应考虑服装穿脱的方便，以及服装的保暖性能。

　　本章内容包括各种类型的开口与扣合部件，供学生在其设计中应用与拓展。常规的"钮扣与扣眼"类型包括：飘带、门襟、套索扣、环、门襟环、揿钮、风钩、带子等式样。

　　每种门襟应与面料与设计相关联，门襟设计时应考虑其功能，这点在设计时非常重要。

关键术语

不对称开口	金属扣环
带	半球形钮扣
斜料扣袢	风钩
硬布	接缝剪扣眼
扣眼	带子
钮扣	缝纫机锁扣眼
门襟	锁缝扣眼
暗襟	带柄扣
拱形钮扣	单排扣
双排扣	揿钮
无叠门	组合结构的带子
叠门	对称开口
加贴边的滚边扣眼	
袢	扣袢
扁钮扣	打结腰带
球形钮扣	套索扣
服装中线	传统滚边扣眼
服装偏中线	

特征款式

特征款式展示了各种不同款式的开口与扣合部件设计：

- 带钮扣与扣眼的双排扣门襟式样（见图 9.1A)。
- 带钮扣与扣眼的单排扣大衣，腰部有腰袢与腰带（见图9.1B）。
- 带钮扣与扣袢的单排扣上衣（见图9.1C）
- 不对称斜门襟上衣，其钮扣式样夸张，门襟其余部位用揿钮扣合（见图9.1D）。

工具收集与整理

本章需要准备以下材料：不同规格的揿钮、风钩与钮扣等各种材料。其他工具包括：卷尺、珠针、缝纫线、手缝针、剪刀（包括绣花剪刀），以及开扣眼凿（见图2.1）。如要在皮革上钉扣，还需准备专用缝针。其他还需准备黑色与白色衬布，以备随时使用。

现在开始

掌握服装的缝制顺序对于提高服装制作的效率尤为重要。因制作顺序错误而导致拆开重做既费时又费力，而且会让许多初学者感到无比沮丧。为了提高效率必须掌握正确的缝纫顺序。

图9.1A 双排扣大衣　　图9.1B 单排扣带腰带大衣　　图9.1C 带钮袢门襟上衣　　图9.1D 斜襟上衣

图9.1 特征款式

根据不同的开口与扣合部件款式，缝合顺序会有所不同。如装饰配件可放在最先、最后或者缝合过程中制作。滚边扣眼的制作可在服装制作前半阶段完成。最终的缝制顺序会因不同服装式样而异。

先回顾目前已学习的缝制内容：

- 定型料的应用
- 省道的缝制
- 口袋的缝制
- 接缝的缝合
- 塔克与褶裥的缝制
- 拉链、腰身、荷叶边、衣领、贴边与袖克夫的缝制
- 袖子的绱缝
- 下摆的缝制
- 里布的绱缝

下一步是制作开口与扣合部件，这是服装制作中的最后一步。

开口与扣合部件类型

开口与扣合部件的类型各异。关键是应根据不同的外观与功能设计，以及面料厚度选择合适的制作方法。开口与扣合部件制作不但离不开样板，还应具备熟练的缝纫技术。

开口与扣合部件设计中，钮扣与扣眼是最常见部件。钮扣式样千变万化，可以成为服装设计的焦点所在。其他常用的开口与扣合部件还有：揿钮、风钩、套索扣、带子等。这些都是本章的内容。

功能设计是开口与扣合部件设计中重要一环。面料应与设计相配，开口与扣合部件设计应与面料相配，这是服装设计的两个重要因素。

如何选择合适的服装开口与扣合部件

根据穿着的不同需求，如商务装、晚装、休闲服等不同品种，开口与扣合部件会有不同类型的设计。例如：在服装上应用揿钮时，其大小规格相当重要，同时揿钮应有一定强度，能够承受一定张力，避免在使用中突然松开。由此可见：设计必须与功能相关联。设计复杂的上衣、外套开口会给顾客，尤其是会给行动不便的顾客、老年人与繁忙的年轻母亲的日常生活带来不便。

如在厚薄型面料上使用大型钮扣，开口、门襟部位的面料应作定型处理，使服装保持设计形态，以防出现凹陷。此外在考虑功能设计时，开口与扣合部件应满足服装设计的需求。任何承受张力的部位，如腰身、裤子门襟部位，应作加强处理（使用四孔钮扣的强度优于两孔钮扣）。

服装的护理方式也会影响开口与扣合部件类型。如果服装采用机洗或是干洗，则扣合部件也应符合相应的洗涤要求。如采用贝壳钮、金属钮扣等应精细护理的衬衣无法承受机洗或干洗，而任何特殊护理都会增加顾客的使用成本。

人工材质的钮扣无法承受高温熨烫，而皮革材质与木质钮扣无法手洗或干洗。无法干洗处理的钮扣需在清洗前拆卸下来，但这会增加清洁费用。

服装的开口

通常女装开口是右侧在上，左侧在下（见图9.2B中的女式衬衣）。男装的形式相反。一个例外是女裤，与女装相反，采用左上右下的方式。女装后身部位也是右上左下（见图9.2A）。

要点

设计不存在任何恒久不变的定律，时尚总是处于变革创新过程中。

扣合部件位置分布

时尚与功能两者应紧密结合。在衣领、胸围、腰围、腹部或臀部必须设置扣合部件，因为这些部位会受到人体运动的影响，承受较大张力。顾客不希望着装时这些部位裂开（见图9.3）。

- 女衬衫、连衣裙、上衣与外套上，最后一颗钮扣应与服装边缘保持一定距离，以便于顾客坐立、弯曲与行走（见图9.3）。
- 前身有钮扣的裙子，应从腰围开始至腹部以下几厘米部位内设置钮扣，以免出现裂口。
- 带腰带的连衣裙应避免将扣子设置在腰线上。应将扣子置于皮带上方或下方1.5cm部位。可在腰线部位钉一小揿钮，确保腰部不裂开。

图9.2A 后身：女衬衫门襟与暗襟　　　图9.2B 前身：女衬衫门襟与腰带部位开口

- 钮扣与扣眼的位置通常在门襟上按等距离排列。但是在设计中也可根据不同款式加以变化，如采用两个一组或不等距排列（见图9.3）。

理想的开口与扣合部件缝制始于正确的制板

正确的制板是成功制作开口与扣合部件的基础。任何开口与扣合部件式样，无论是钉钮扣、揿钮、风钩或钮襻，都离不开合理的样板设计。对于任何一种开口方式，无论是对称或不对称的，其位置必须在样板上加以标注。对于对称的服装而言，该线位于中线；在不对称的服装上，该线偏离中线（见图9.4）。

对称设计

对称的服装，其门襟开口两侧完全相同。如特征款式中的单排扣与双排扣外套都属于对称型，如图9.1A和图9.1B所示的两件外套。

要点 ✂

所有服装开口，无论是在中心位置、还是偏离中心，钮扣、扣眼扣合后必须准确闭合（见图9.25）。如图9.4所示，每件服装扣合后都对齐虚线位置。

不对称设计

不对称开口的一侧系到另一侧，因此服装裁剪时应左右单独裁剪。图9.1D中的上衣采用不对称款式，钮扣偏向服装一侧。

确定好开口与扣合部件位置，并根据设计加入叠门宽度后，钮扣（或揿钮、钮襻等）可以扣合起来。下一步是开口与扣合部件的缝制。

开口的叠门宽度

大部分开口必须加叠门。不同的叠门，其样板与制作技术也会不同。有些开口没有叠门，无叠门开口扣合后没有重叠部分（见图9.5A）。图9.5B与图9.5C中的门襟应加叠门。

如图9.6所示，叠门量是超出虚线的延伸部分。服装的左侧需要加出叠门宽度，右侧扣合后，虚线正好在中心位置对齐，如同9.5B所示。对带钮襻的门襟，超出中线的部分为叠门。

钉钮扣、开扣眼的门襟，其两侧都需要加出叠门量，为钮扣与扣眼提供车缝与固定的位置。如图9.5C所示，扣眼超出中线0.5cm。

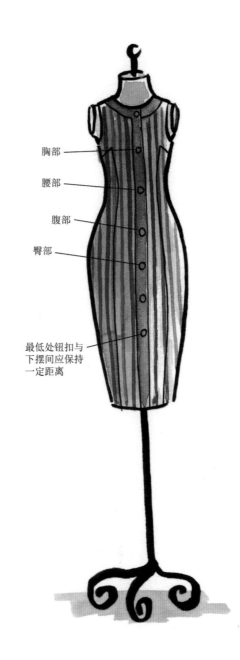

胸部

腰部

腹部

臀部

最低处钮扣与下摆间应保持一定距离

图9.3 服装上扣眼与钮扣位置设置

叠门部位应加缝份（见图9.6）。在设计稿阶段就应尽早确定开口与扣合部件式样。

叠门宽度

在进行开口设计时应该合理设计门襟宽度，以发挥门襟的理想功能。常规叠门的宽度为2.5cm。这种宽度的门襟适合坯布样练习。但是对于大钮扣，这个宽度不够；对于细小钮扣，其宽度太大。如叠门宽度设计不合理会影响服装的穿着。

要点

女装扣眼开在门襟右侧，钮扣钉在门襟左侧（见图9.4）。

- 门襟宽度应与钮扣直径一致。如图9.6所示，钮扣尺寸为2.5cm，因此门襟宽度为2.5cm。

- 叠门应加在中线或偏中线外，并在叠门上加放缝份。

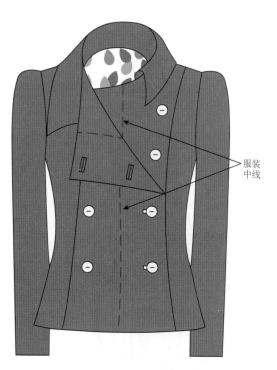

图9.4A 对称服装门襟：双排钮

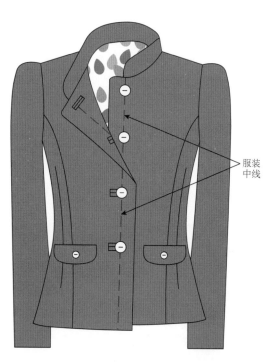

图9.4B 对称服装门襟：单排钮

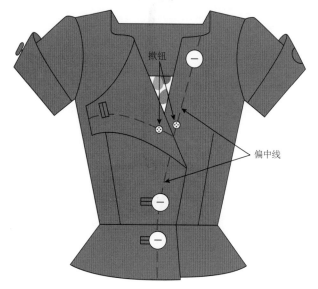

图9.4C 非对称服装门襟：单排钮

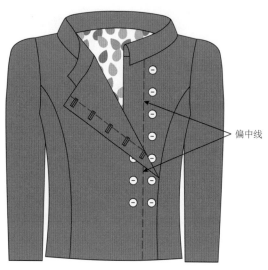

图9.4D 非对称服装门襟：双排钮

- 当开口与扣合部件合住，两条中线必须重合，单排与双排扣服装都有门襟，但是双排扣要容纳两排扣子，所以门襟更宽（见图19.4A）。
- 双排扣的两排钮扣（水平方向）距离门襟中心线距离相等（如图9.5A与图9.5D）。

要点

服装裁剪完成后，用手缝针标出中心线位置，并以刀眼标出叠门宽度，尤其是衣领与领圈缝合部位。

开口与扣合部件表

图9.7列举出一些开口与扣合部件的基本式样：钮扣，揿钮与风钩。该表列出了各种规格。可购买钮扣后，用面料包裹制作钮扣。

如果钮扣规格不符合需求，可根据所需尺寸制作样板，用坯布裁剪后贴在服装上，以此观察其大小、间距是否符合设计要求。但在设置钮扣位置时切记，在图9.3所示的关键部位必须设置钮扣。

钮扣

钮扣是立体的，有长度、宽度与高度。它可有很多种材料，比如塑料、木质、金属、金、银、锡、黄铜、铜、动物角、珍珠母、陶瓷、贝壳、玻璃、象牙、瓷、莱茵石、橡胶、骨头以及合成材料，类似聚酯或尼龙。钮扣也可用面料覆盖。

- 根据各种不同目的钮扣可分为功能性钮扣与装饰性钮扣，或两者兼顾。图9.2中的裙扣完全是功能性的，而特征款式中的钮扣同时具备功能性与装饰性。

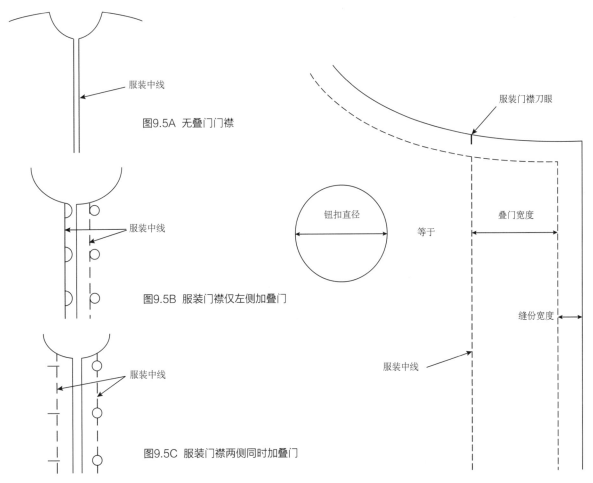

图9.5A 无叠门门襟

图9.5B 服装门襟仅左侧加叠门

图9.5C 服装门襟两侧同时加叠门

服装中线

服装门襟刀眼

钮扣直径　等于　叠门宽度

缝份宽度

服装中线

图 9.6 叠门宽度等于钮扣直径

- 钮扣钉缝必须牢固不易脱落，同时钮扣应能顺畅地穿过扣眼。应避免顾客解开或是扣上钮扣时有费力感觉。
- 若钉扣不牢固，在穿着数次后钮扣会掉落。

钮扣尺寸

根据欧洲准则，钮扣规格用LIGNES（简称L）来表示。钮扣也可根据直径进行分类；直径可以从0.8~6.5cm不等。图9.7有助于判断钮扣的规格。

钮扣形状

市场可以买到很多好看、富有创意的钮扣。设计师会花费不少时间来寻觅"理想的钮扣"。与时装设计相同，钮扣设计可以不断突破创造力的限制，创造出新颖而又令人兴奋的钮扣式样。

- 平扣（见图9.8A）。
- 拱形扣（见图9.8B）。
- 半球扣（见图9.8C）。
- 球形扣（见图9.8D）。

钮扣会因颜色与质地而不同。图9.9列举了3种不同风格的钮扣。在缝制扣眼前，应确定钮扣，再根据钮扣大小确定合适的扣眼大小。

包扣

包扣可用服装本身面料、对比面料或是皮革包裹定制，这样可增加服装的美感。当找不到"理想的钮扣"时，包扣十分有用。包扣是种带柄钮扣，可以有很多种尺寸，直径从0.8~6.5cm，拱形或半球形扣。图9.7列出了所有规格。包扣的包装里会有制作说明。有些公司会提供包钮扣服务。

包扣由两部分构成；顶部是用面料包裹的金属部分，而底部用于盖住面料毛边。底部有一个面料或是金属柄。不是所有的面料都适合包裹扣子。厚料可以增加体积，有些面料容易磨损，有些会增加包扣难度。薄料应用两层面料加一层里料包裹，以防露底。

扣眼

扣眼是服装上的开孔，开孔大小应能满足钮扣穿过，扣上服装。有三种不同类型的扣眼：传统滚边扣眼、接缝间扣眼与机器锁缝扣眼，如图9.9所示。

扣眼可以手缝也可机缝。手缝扣眼增加了时装的质感，但是制作费时，需要有专业技能，因此常用于高档男装、女式外套与风衣制作。有些裁缝店橱窗里陈列的服装，扣眼相当漂亮。

传统滚边扣眼最适用于羊毛或羊绒风衣与外套，效果极好（见图9.9A）。

接缝间扣眼在设计中不常使用，但这是一种非常好的选择（并且易于缝制），由于开口位于接缝中，因此必须在合适的位置设置扣眼（见图9.9B）。

锁缝扣眼是生产中常用的种类。它可缝在衬衫、女式衬衫、裙子、夹克、外套、腰身与克夫上（见图9.9C）。

扣眼部位的定型处理

缝制扣眼前，应在扣眼位置作定型处理或加贴边。

- 定型料可防止扣眼缝制时出现拉伸变形。
- 服装穿着时，定型料为扣眼（与钮扣）提供了坚固的基础。

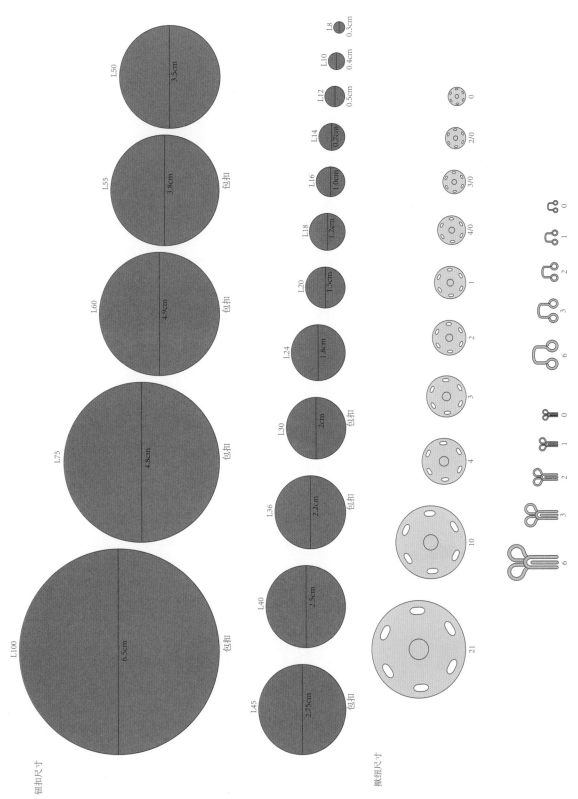

图9.7 扣合部件：纽扣，揿钮与风钩规格

根据上册第3章的服装衬布相关内容；同时参见上册图3.2中定型料应用要点与相关内容，钮扣与扣眼是定型处理的关键位置之一。

扣眼长度

扣眼长度常常由钮扣大小决定。计算时，要测量钮扣的直径并增加松量（松量为钮扣轻松穿过扣眼提供必须的空间），扣眼不宜太紧。松量大小取决于钮扣的形状。

以下扣眼长度计算公式可供参考：

- 对于平扣，钮扣直径上加0.3cm（见图9.10A）。
- 对于带柄钮扣，钮扣的高度是松量。将高度加钮扣的直径就是扣眼的总长度（见9.10B）。
- 对于圆形钮扣，在钮扣周围绕一圈带子，准确地保持在手中，并记录下测量的尺寸。在此基础上增加0.3cm。

扣眼位置

用卷尺或接缝测量器（见图2.1）确定服装顶部到第一个钮扣位置的距离，以及扣眼间的距离。测量准确十分重要。

- 服装顶部到第一颗钮扣的距离是钮扣直径的一半加1cm，如图9.11所示。例如：钮扣直径2cm，从顶部到第一颗钮扣的距离应该是2cm。
- 在腰线上（如果没有腰带）标记最后一粒钮扣，将剩下的位置分配给计划好数量的钮扣。在尽可能近胸围线部位放置一颗钮扣，可稍稍在胸围线的上方或下方（见图9.3）。
- 建议在服装制作最初阶段，将服装两侧门襟的中线或是偏中线用手工粗缝标出，如图9.11所示。这样做的原因有三个：

　　1. 试穿时，不必猜测门襟叠门宽度（所有服装都会不同）。

　　2. 将两条线放置在一起，服装可以准确地用针别住进行试穿（如图9.4）。

　　3. 粗缝线可确定开口的位置。

- 门襟制作完成后，小心地拆去粗缝线。

标记开口

- 扣眼在服装的右侧，在面料正面缝制。
- 扣眼的位置与长度需要用线、划粉或是珠针标记好（如图9.11）。

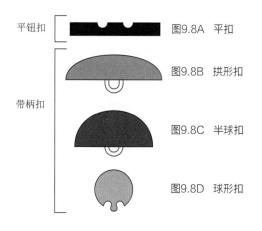

平钮扣　图9.8A 平扣

带柄扣　图9.8B 拱形扣

图9.8C 半球扣

图9.8D 球形扣

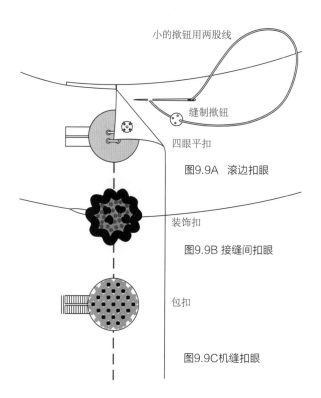

小的揿钮用两股线

缝制揿钮

四眼平扣　图9.9A 滚边扣眼

装饰扣　图9.9B 接缝间扣眼

包扣

图9.9C 机缝扣眼

扣眼方向

　　扣眼方向可选择倾斜、水平，或竖直方向，其中最可靠的是水平方向（见图9.12）。对于带扣眼的暗襟，用水平方向扣眼结合四孔钮扣，扣合效果更为安全、牢固。这点对于开口与扣合部件设计而言是非常重要的。开口部位的扣眼位置如图9.2B所示。

- 倾斜扣眼常作为一种服装的设计特征出现。对于斜裁服装而言，斜向扣眼的效果非常理想：这意味着扣眼可缝在直丝缕方向，便于扣合。将扣眼设置在距离中线0.5cm处，标出其斜向的位置，如图9.12A所示。

- 大部分服装采用水平方向扣眼。水平扣眼位置应超过服装中线（或稍偏离中线）0.5cm的位置（见图9.12B）。袖克夫扣眼（见图5.16、图5.17与图5.18）、领座扣眼（见图3.8C）、腰身扣眼（见图9.29）与袢扣扣眼（见图9.22）通常为水平方向，与袖克夫、领尖或扣袢方向一致。

- 竖直扣眼通常用于开衩、较窄腰带，或纤薄、透明面料的卷边部位（见图3.8C与图5.17A）。但是与水平方向扣眼相比，钮扣更容易从竖直方向扣眼弹出，因此，竖直扣眼的长度至关重要。

- 竖直扣眼直接缝制于门襟右侧的中线（或稍偏离中线）部位，如图9.12C所示。钮扣则缝在服装门襟左侧对应的位置上。具体式样可见图9.4的效果。

- 竖直扣眼与水平扣眼都属于常规扣眼式样，见图3.8C。图中的女式衬衫即是这类扣眼的应用实例。应注意：中式领的领座必须缝制水平扣眼，而前襟的第一粒钮扣应按竖直方向扣眼设计。

- 前襟开口部位的扣眼必须配小号钮扣。缝制在领座与门襟的扣眼需要搭配小号钮扣。领座的宽度取决于钮扣的大小。领座应等于钮扣直径的两倍。例如：3cm宽的领座应搭配1.5cm大的钮扣。图3.1中的衬衫前襟上缝制了竖直扣眼。

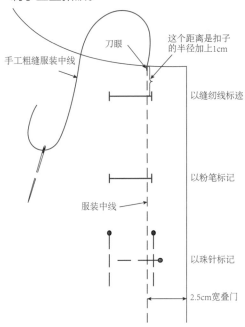

图9.11 标记扣眼位置

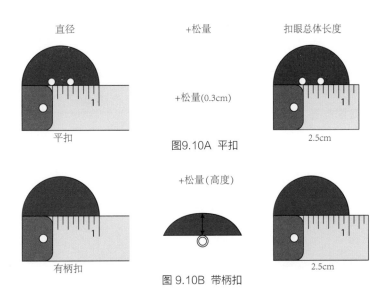

图9.10A 平扣

图 9.10B 带柄扣

锁缝扣眼

　　制作扣眼时应按"车缝、修剪、熨烫"三步进行。

　　用缝纫机锁缝扣眼是种便捷的操作方法。如没有专用扣眼锁缝机，则可用锯齿形线迹缝制扣眼。扣眼宽度应为1cm，若是厚重面料，其扣眼厚度应稍加宽。图9.12为缝纫机锁缝扣眼。

缝制顺序

先确定扣眼方向（见9.12）。

1. 标出扣眼位置（见图9.11）。

2. 锁缝扣眼（见图9.12）。

3. 用开扣眼凿（如图2.1所示）对扣眼开口。在开口前可在扣眼部位用些防脱胶，以免面料边缘脱散。开扣眼时将服装置于木板或平面上，将开扣眼凿的刀头对准扣眼中间。锁缝扣眼时，扣眼两侧边缘之间应有空隙。保持扣眼凿刀垂直下推破开扣眼，再用绣花剪刀（见上册图2.1）小心剪开两端边缘部分。

要点

　　每次制作扣眼前，应先制作试样。尤其是那些形状特别的钮扣，或面料特别的扣眼都应制作试样。

要点

　　缝制扣眼时，可加入绳芯。这样除了能起到加固与强化作用，还可避免扣眼出现拉伸变形。由于绳芯可供选择的颜色不多，因此缝制时必须小心，避免其露地。缝制完成后应小心地将多余绳芯修剪去。

滚边扣眼

　　上衣与外套搭配传统的滚边扣眼后会更显精致。扣眼的滚边由两条剪好的直丝缕或斜丝缕布条（称为嵌线）构成。两条布条缝上后割开并翻转面料，扣眼背面应加缝贴边。有两种制作滚边扣眼贴边的方法，手缝贴边或在服装正面用漏落针沿扣眼车缝一方格固定贴边。完成后服装正面看起来扣眼与服装表面相同，贴边背面能看出不同。

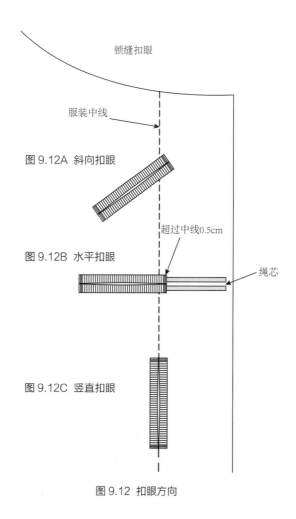

图 9.12A 斜向扣眼
图 9.12B 水平扣眼
图 9.12C 竖直扣眼
图 9.12 扣眼方向

滚边扣眼应在缝制过面前完成。因此必须尽早确定钮扣大小，并在样板上加出相应宽度的叠门（见图1.5）。每个滚边扣眼的大小、形状应该保持一致。

若上衣或外套的钮扣较大，则机器锁缝扣眼并非是理想选择。较大的机器锁扣眼（长度超过1.5cm）看起来太长、不美观。对于较大的钮扣，滚边扣眼的效果更理想。或将钮扣缝在服装表面，在钮扣下方加揿钮扣合门襟。

滚边扣眼可用本身料（见图9.9A），或用有对比效果的面料，如条格、皮革作为嵌线条，以此作为设计特色。关键是避免太过厚重的面料。

传统滚边扣眼

缝制顺序

1. 标出扣眼位置（见图9.11）。

2. 按直丝缕或斜丝缕方向裁剪4cm宽的扣眼嵌线条。应准确计算扣眼宽度，嵌线条长度是在扣眼宽度一倍基础上再加长2.5cm。

3. 嵌线条反面相对，对折后熨烫。

4. 将面料打开，如果是薄料或斜料，其中一半可加衬定型。直料不需要加衬。

5. 重新折好面料，用2.0针距从距离折叠线半个扣眼宽度的位置车缝，若成品扣眼宽度为1cm，即车缝0.5cm。若扣眼长度增加，则扣眼宽度也应增加。虽然没有任何现成规定，但扣眼的比例协调是关键因素（见图9.13A）。

6. 缝制嵌线条时，剪断宽度方向多余的面料，在嵌线条两侧留出相等宽度。将滚条等分后剪断成为两条（见图9.13A）。

7. 在面料正面将嵌线条置于扣眼的标记位置上，将嵌线条毛边相对放在一起，用珠针固定（见图9.13B）。

8. 用划粉或大头针在贴边上标记扣眼的长度（见图9.13B）。

9. 用1.5针距，沿之前线迹车缝出扣眼的长度。起针与收针位置应车缝回针，或将线头引至面料反面打结。两道车缝线迹收针时必须对齐，形成方形的，否则扣眼会歪斜（见图9.13B）。

10. 从面料背面，沿两道扣眼车缝线中心剖开面料，刀口距两端各留出0.5cm，然后用小号绣花剪刀斜向剪到边角。如没有剪到边角线迹处，那么最后完成的扣眼形状就不是长方形（见图9.13C）。

11. 将两条嵌线条塞到背面，将折边相对并排放在一起。

12. 在正面将嵌线条手工粗缝在一起，直到钮扣被缝制好前不可拆除手缝线迹（见图9.13E）。

13. 正面朝上将服装翻折，露出反面的小三角。用最小针距将小三角与嵌线条车缝在一起。车缝时，将嵌线条稍向内侧弯曲。将嵌线条缝份宽度修剪为1cm，以减少缝份厚度（见图9.13D）。

14. 整烫扣眼，熨烫时应在表面盖烫布。

完成贴边

可用以下方法完成滚边扣眼的贴边制作。

手缝/剪开贴边

1. 从面料正面用珠针将服装与贴边别在一起。应将贴边上层的服装抚平。

2. 从服装正面用珠针垂直戳穿贴边，标出扣眼四角。如图9.13E所示，用各个角上的珠针印痕，或记号笔印痕代替水平的珠针。

3. 在贴边的一面小心剪开珠针中间部位，开口距离两端0.5cm，并斜向剪开四角（见图9.13F）。这与图9.13C中滚边部位步骤相同，现在在贴边部位再做一次。

4. 将细小部位都向下折露出滚边，用细针与单线将扣眼与贴边缝在一起（见上册图2.26）。在之前的每一个缝迹上都要车缝回针（见图9.13F）。

带贴边滚边扣眼

带贴边滚边扣眼在背面贴边上车缝一个方孔（从贴黏衬一面剪切）。这步应在贴边车缝到服装前完成。

1. 在贴边正面标记扣眼位置（见图9.11）。

2. 剪一小块薄型黏合衬并画一个扣眼，每边比最终扣眼每边小0.25cm（衬布颜色应尽可能接近服装面料颜色）。画好中心线（见图9.14A）。

3. 黏衬与过面正面相对，将扣眼位置并在一起（见图9.14A）。

4. 以1.5针距绕着方孔车缝一圈：从缝制一边开始，随着每个角旋转面料，最后重叠缝合1cm，重叠车缝后不必回针。缝制方孔的长度与宽度必须相同（见图9.14A）。

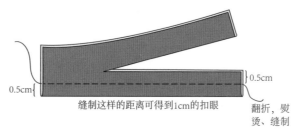

缝制这样的距离可得到1cm的扣眼

图 9.13A 缝制贴边

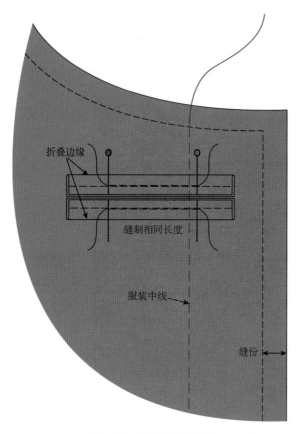

图 9.13B 在服装上缝制贴边

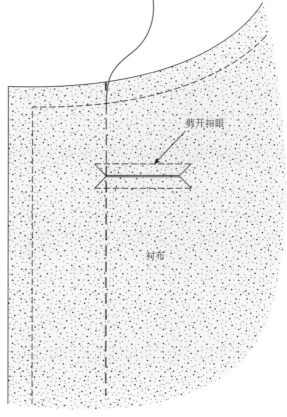

图9.13C 将扣眼斜向剪开

5. 小心沿着方格中心剪开，在距离两端0.5cm处停止，沿斜角剪到每个缝迹边角，如剪不到边角顶端，扣眼完成后看起来不会是长方形（见图9.14A）。该剪开步骤与图9.13C相同。

6. 将贴边背面翻转出来。如黏合衬布太宽可适当修剪，将其在贴边背后部分剪到合适大小。

7. 小心熨烫好黏衬形成整齐的方孔形扣眼（见图9.14B）。

8. 沿边缘将贴边与服装以止口线缝合并熨烫。

9. 用大头针或粗缝将方孔黏合衬固定在扣眼下面（见图9.14B）。方孔必须完全对齐，下一步车缝才能成功。

10. 从服装正面将方孔手缝到位，从接缝处将扣眼与贴边以车缝漏落针方式固定（见图9.14C）。

接缝间扣眼

接缝间扣眼是一种简易的扣眼缝制方法。按接缝方向可缝制竖直、水平或是倾斜扣眼。接缝中间有一开口，车缝前以刀眼标出其位置（见图9.15）。

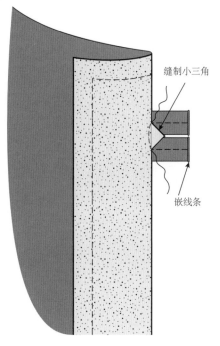

图9.13D 在扣眼两端将小三角与嵌线条车缝在一起

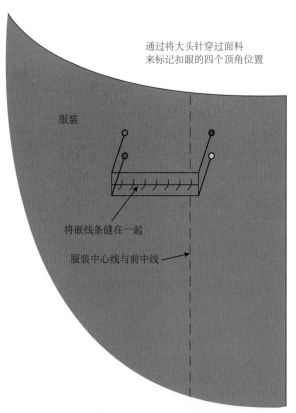

图9.13E 将嵌线条缝在一起并用珠针标记扣眼

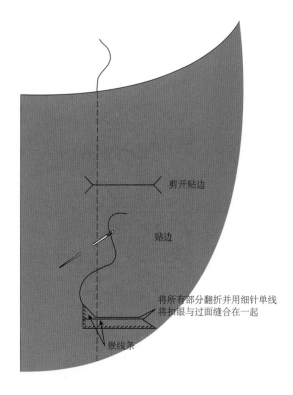

图9.13F 手缝贴边扣眼

1. 在扣眼开口位置的两面分别加贴一条窄的热熔定型牵带，固定扣眼开口（见图9.15）。

2. 开口两端车缝并回针。必须固定好开口，确保其不会在穿着与拉扯的过程中散开（见图9.15）。

3. 烫开接缝。此类扣眼，缝份不可合拢。

4. 如过面有接缝，可做同样开口并将过面与服装衣身手工缲合。

5. 如过面没有接缝，剪开过面形成精细的转角，并按图9.13F所示的传统锁扣眼方法在扣眼边缘附近手缝。

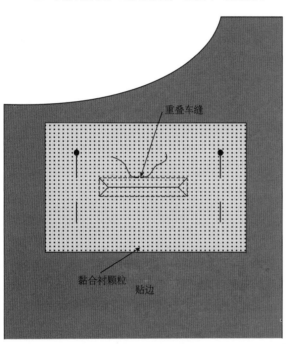

图 9.14A 将黏合衬与贴边以珠针别合并沿方孔车缝

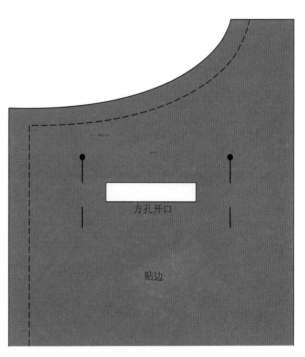

图 9.14B 黏合衬翻至贴边反面并熨烫到位

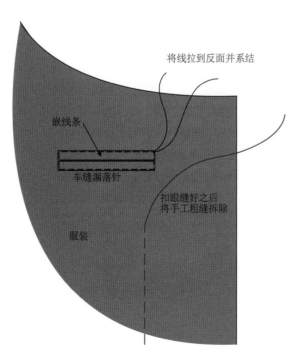

图 9.14C 从服装正面沿方孔扣眼边缘车缝漏落针

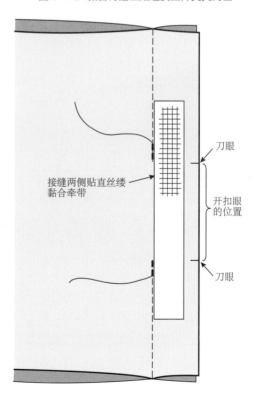

图 9.15 缝制接缝间扣眼

暗襟

　　暗襟盖住钮扣并在服装表面缝有一道明线针迹（见图9.16）。一个带有扣眼的单独贴边条缝在右手边过面（贴边）部位（图9.17A）。外套扣上后钮扣藏在外套与贴边之间。为了不增加体积，钮扣应用扁平扣。钮扣直径2~2.5cm，不宜使用特大号钮扣（随着钮扣大小增加，贴边尺寸也应增加）。图9.16中外套未扣上时，钮扣出现在左手边。

缝合顺序

　　1. 将黏合衬用于贴边条的一半，贴边部位也要贴衬。将贴边条反面折叠后沿折叠线熨烫（见图9.17A）。

　　2. 先在贴边条中心线上粗缝，以确定水平扣眼位置（见图9.12B）。

　　3. 缝扣眼。扣眼必须对齐并在接缝线部位收口（见图9.17B）。

　　4. 在绱缝贴边条前先剪开扣眼。

制板提示

- 暗襟右手边贴边裁剪成两片。右边的两片贴边叫"小贴边"与"大贴边"。
- 左边的贴边裁剪成一片。右边两片贴边放置在一起时应与左边贴边的形状、大小一致。
- 对折后剪下贴边条（见图9.17A）。贴边条宽度是钮扣直径的两倍。表面车缝明线的宽度就是贴边条的宽度（见图9.16）。
- 贴边条宽度在裁剪时要比小贴边窄0.5cm。贴边条缝在小贴边上时，其位置应距离接缝线0.5cm。这可确保贴边车缝到位时，能盖住下面的贴边条，正面也不外露（见图9.17B）。

　　5. 如图9.17B所示，将贴边条正面置于小贴边的正面，边缘对齐后将三层以固定线缝合到位。

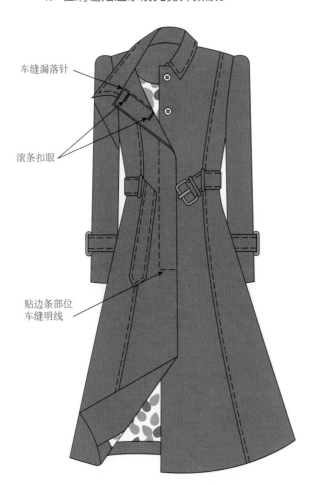

车缝漏落针

滚条扣眼

贴边条部位
车缝明线

图 9.16 暗襟

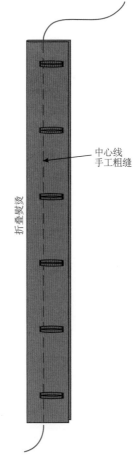

中心线
手工粗缝

折叠熨烫

图 9.17A 贴边上缝制扣眼

　　6. 拼合贴边条与贴边，每个扣眼之间车缝（将三层面料缝合）。沿水平方向车缝，从接缝边缘起针，轻轻地平行扣眼回针。待机针线插入面料后车缝回边缘，并剪去线头。如图9.17B所示，车缝线位置已标注于贴边条、贴边上。

　　7. 大贴边顶角部位车缝固定线，并做剪口。该点车缝转角。车缝转角方法见上册图4.14。确保对位点已标出（见图9.17C）。

　　8. 将小贴边/贴边条正面置于大贴边正面，对齐领子边缘与对位点，如图9.17C所示。从领子边缘下方开始车缝，在顶角处转角后继续车缝完成线迹。缝份向外侧熨烫，如外套有里布则不需要包缝毛边。图9.17D是做好的贴边，扣眼正好靠住贴边与贴边条接缝结合处。

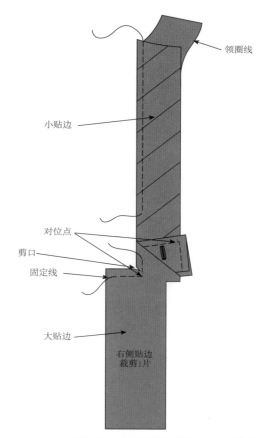

图9.17C　缝制小贴边/贴边条至大贴边上

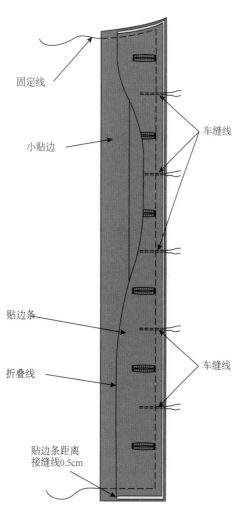

图 9.17B　小贴边上缝制贴边条

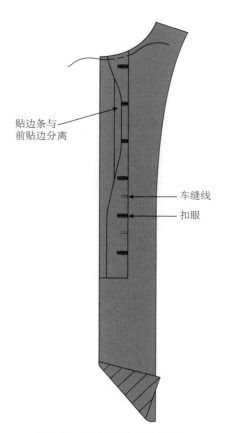

图9.17D　贴边正面与贴边条缝合

9. 将衣领沿领圈线缝合，然后将贴边缝至外套上，修剪接缝与边角后车缝暗线（见图9.17E）。贴边与过面车缝的具体技法见第3章衣领与第4章贴边与过面的相关内容。

10. 在反面以手工粗缝将贴边/贴边条缝合，针迹应缝穿表面。贴边条部位车缝明线，从贴边条顶端开始根据贴边条形状车缝（见图9.16）。

11. 根据扣眼位置在服装左侧贴边钉扣（见图9.16）。

斜丝缕钮袢

图9.1C特征款式中一件上衣将钮扣与钮袢作为开口与扣合方式。钮袢很容易滑过带柄钮扣（拱形、半球形或球形），对扁平的钮扣则不太实用，因为钮扣与面料之间应有间隔距离为钮袢提供空间（见图9.26A）。

斜丝缕钮袢是用本身料或对比鲜明的面料缝制的斜料细管。用轻薄平滑面料制作钮袢的效果最理想。轻薄的全棉布比全毛女衣呢更适合做钮袢。厚重面料不宜制作钮袢，因为它们看上去很笨重。其他钮袢的创新制作方法将在创新拓展部分介绍。

要点

以钮扣与钮袢为扣合部件时，设计师可选择是否做叠门。如没有叠门，开口两侧边缘应挨着、并且两端对齐，如图9.20所示。开口边缘相对时，开口部位无法完全遮盖身体，钮扣之间可能会有空隙。如制作女式紧身衣或其他类型内衣时应谨慎考虑。图9.21是左侧带叠门的开口。

缝制钮袢

钮袢管可用线袢钩翻转。线袢钩的样子见第2章工具收集与整理部分内容，这是工具箱中一件重要的缝制工具（见上册图2.1）。钮袢管也可用绣花针与缝线转弯，两种方法详见图9.18。

制板提示

• 裁剪一段斜料制作钮袢；其总长度为单个钮袢长度加缝份宽度后，乘以钮袢数量。

• 裁剪实心钮袢的宽度（其外观最佳），其长度为钮袢成品的一倍、宽度为成品的三倍。如果完成的扣环宽度是0.8cm，增加三倍的宽度后再乘以2，最终的裁剪宽度是4.8cm。

• 斜丝缕钮袢应按斜料方向裁剪，其方法与斜丝缕滚条的制作方法相同（见上册图4.16）。

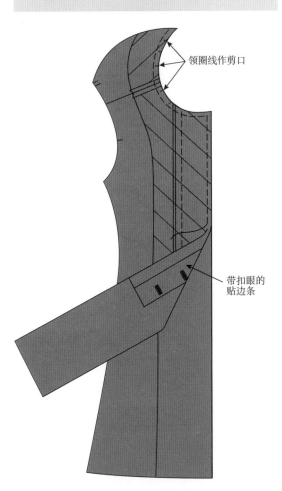

领圈线作剪口

带扣眼的贴边条

图 9.17E 服装绱缝贴边

通过事先制作试样确定钮袢的面料、宽度、数量等细节内容。切记：斜丝缕面料易出现拉伸变形，因此必须事先制作试样，这点非常重要。

缝合顺序

1. 对折斜料带，使正面相对（不需要熨烫）。减小针距，平行于折痕车缝一道；如用针与线翻转钮袢管，在管子底部必须放出1.5cm（见图9.18A）。如想用线袢钩翻转，只需车缝直线即可。在顶角部位出做剪口，如图9.18C所示。

2. 用钝头的粗针与四股线翻转钮袢管时，先将针眼插入管子（见图9.18A）。

3. 用线袢钩翻转钮袢管时，先在开口端以下1cm处作一剪口。将线袢钩穿过斜丝缕钮袢管后先将线袢钩下端活动的钩子钩住剪口。线袢钩上头伸出钮袢管并钩住。将钮袢从管子里拉出翻到正面（见图9.18B）

4. 这两种方法，翻出面料时应缓慢进行（见图9.18C）。

5. 钮袢位置应根据设计：可并在一起或隔开。每个钮袢位置的间隔距离应均匀（见图9.19）。

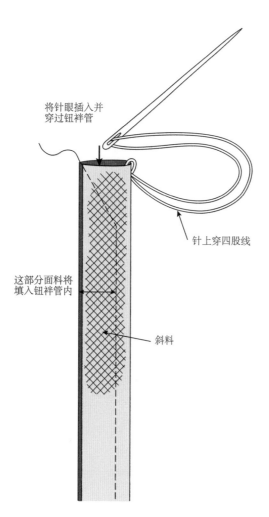

图 9.18A　用针、线翻转钮袢管

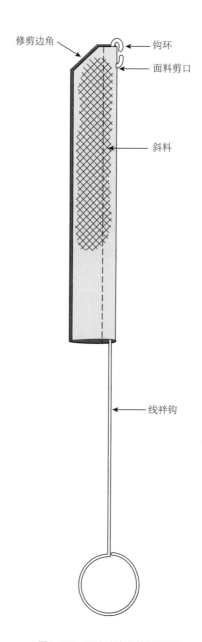

图9.18B　用线袢钩翻转钮袢管

6. 制作成钮襻前，钮襻管尾部必须做剪口，并根据需要裁剪钮襻管长度。通常根据钮扣决定钮襻尺寸。

7. 将钮襻管弯成半圆形（将接缝置于内侧）。

8. 将钮襻车缝在衣身右边中线上（见图9.19）。

9. 每个钮襻两端隔开1cm。将毛边朝服装边缘放置，并以珠针固定。在接缝线内侧以固定线车缝到位。

10. 将贴边置于钮襻上，贴边与衣身正面相对。车缝贴边并车缝暗针（见图9.19）。

带襻与搭襻

带襻与搭襻是休闲装开口部位常用的扣合部件。带襻与搭襻插入接缝后的车缝方法与斜料钮襻的车缝方法相同，见图9.19。因此只需将所学习知识拓展，应用到其他开口与扣合部件上。带襻与搭襻的设计如图9.22所示。

带襻曾在第1章提到，从边缘缝制的腰襻所得而形成的。图1.19中腰身的腰襻用于穿腰带，详细内容见腰襻与线襻部分内容。带襻与搭襻可应用于无叠门的门襟或有叠门的门襟的开口，如图9.22所示。无叠门开口如图9.20所示。带襻的制作与车缝如图9.23所示。

搭襻可裁剪成各种尺寸，但其尺寸应与整件服装的比例适合。裁下两片搭襻布与一块黏合衬，如图9.24所示缝制搭襻，其中一片搭襻布，应贴黏合衬。将搭襻布正面相对，沿三边车缝1cm宽的缝份，尾部开口用以翻转。尖角部位做剪口以减少接缝厚度。将搭襻翻转到正面并熨烫。搭襻可车缝明线。在将搭襻缝入接缝前必须先锁缝扣眼，如图9.22所示。

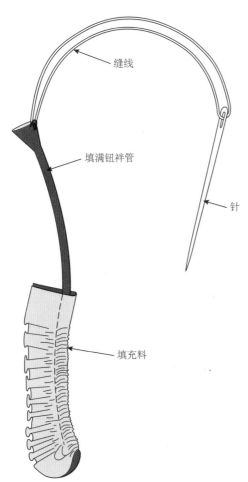

图9.18C 将钮襻管正面翻出

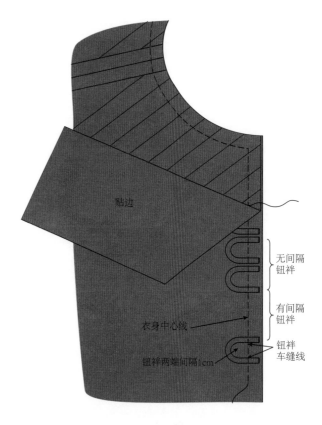

图9.19 将钮襻管做成钮襻后夹在衣身与贴边之间

钉钮扣

任何钉在服装开口部位的钮扣必须牢固耐用，即使多次使用后也不能脱落。

标记钮扣位置

- 先将服装中线（或偏离中线的开口）对齐固定住（右片盖在左片上面）如图9.25所示、或见图9.4。
- 对于水平扣眼，珠针放置到服装左侧、恰好中线的位置，距离扣眼末端0.5cm处（见图9.25A）。
- 对于垂直扣眼，珠针穿过扣眼中间到服装另一侧，这就是钮扣位置(见图9.25B)。
- 取下开口部位的珠针，小心地分开重叠部分，用珠针标出钮位后钉上钮扣。

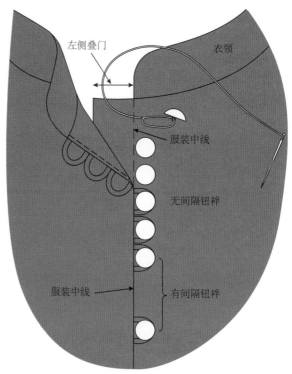

图 9.21 钮扣与钮袢缝至左侧带叠门的衣身

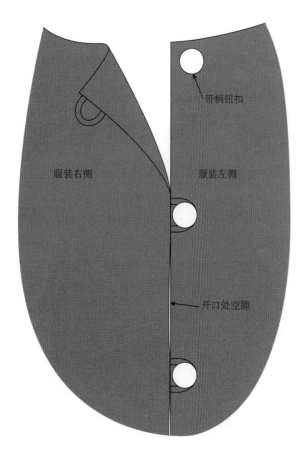

图 9.20 无叠门开口缝制钮扣与钮袢

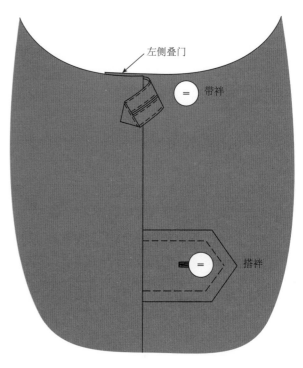

图 9.22 带袢与搭袢用无叠门或有叠门的开口

单排扣

扣眼缝在服装右侧，钮扣缝在服装左手边中线位置（或偏离中线）。可见图9.1B中大衣款式。

双排扣

钮扣与扣眼都缝在双排钮扣门襟前侧，缝在双排扣服装上的钮扣与扣眼应小心按指示缝制。所描述的开口如图9.1A中特征款式大衣的门襟。指示为从右侧到左侧，按照这个步骤就能准确钉扣。

1. 在服装右侧锁缝扣眼（见图9.1A）

2. 将服装的中线（偏离中线）对齐，并用珠针固定标记钮扣位置，在服装左手边与扣眼相应位置标出扣眼（见图9.4A）。在合适的位置钉好钮扣。

3. 解开大衣钮扣，在服装的左手边制作两个扣眼，一个在领围线上，另一个在腰围线上。由于两个扣眼在服装的同一侧，这两个钮扣能将双排扣左侧叠门固定到位（见图9.1A）。

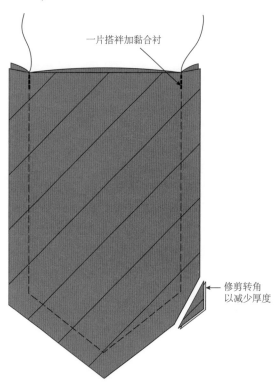

图9.24 车缝搭祥

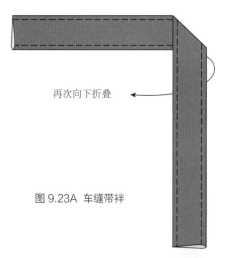

图 9.23A 车缝带祥

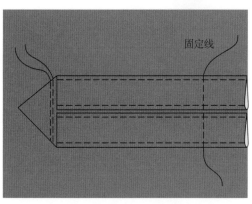

图 9.23B 车缝两道将三角部位车缝到位

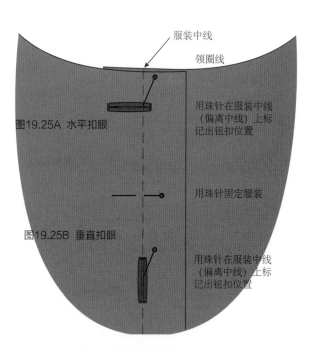

图9.25 标记钮扣位置

4．图9.1A的大衣上标出了领圈线与腰围线部位的扣眼位置，钮扣钉在右侧贴边部位与其相对应的位置。为了不增加厚度，必须用平扣。钉在服装表面的钮扣可以是各种形状的装饰性钮扣。

5．合上钮扣后用珠针将服装中线固定在一起，然后将服装反面翻出。

6．用珠针将左侧两排钮扣位置标在右侧对应位置后缝上钮扣，这些钮扣将盖在服装下面。

7．将服装翻到正面合上钮扣。双排扣已钉在服装上。这些装饰性钮扣不需要扣眼。双排钮扣门襟是对称的。这些钮扣在中线或偏中线两侧（见图9.4A与图9.4D）以等距水平排列。钉上这排扣子，如需缝出钮柄，则所有钮扣都应用缝线做出扣柄，使钮扣能立起。如钮扣本身带有扣柄，缝制方法如图9.26所示。

用什么类型缝线

由于缝线可见，因此缝线颜色应与钮扣搭配而非面料，尤其是双孔或四孔钮扣。钉钮扣应用双股线缝。缝线总长不应超过40cm，否则缝线会变得十分凌乱。上衣或大衣上用打蜡的尼龙缝线最理想，但可选的颜色十分有限。

> **要点**
> 扣柄长度应根据面料厚度而定。薄料不需要扣柄。对中厚与厚重面料而言，扣柄十分重要，其中原因见本章介绍。

缝带柄扣

拱形、半球与球形扣都属于带柄扣（见图9.8B~图9.8D）。钉扣时将缝线穿过柄再穿过布料缝合。柄可使钮扣与面料间留出些空间。扣子扣上时，服装另一侧会伏贴而不会过紧。

带柄扣的缝制步骤

1．平缝几针将线固定在面料表面。

2．将钮扣放在适当位置。如扣眼是垂直方向的，将柄按垂直方向置于服装中线上（见图9.26A）。如扣眼是水平方向的，应柄按水平方向放置，将钮扣竖直缝在服装中线上(见图9.26B)。

3．将针交替穿过柄与面料，缝8针以后结束。

4．回针固定扣柄下面的缝线后剪线结束。

5．如在薄料上做带柄扣，在钉扣时，缝线应放松，使面料与钮扣之间产生间隙，将钮扣下面的缝线缠到钉扣线上，形成坚固的扣柄。

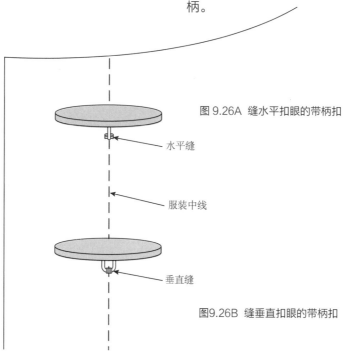

图 9.26A 缝水平扣眼的带柄扣

水平缝

服装中线

垂直缝

图9.26B 缝垂直扣眼的带柄扣

缝带眼平扣

　　带眼平扣可有双孔与四孔两种。用针与线穿过孔使钮扣固定在服装上。平扣应增加扣柄高度，钮扣下面产生空隙后，使服装另一侧能伏贴（见图9.27）。批量生产中带眼平扣是由机器钉的而非手缝。

缝带眼平扣步骤

1. 在服装正面钉扣位置平缝几针，固定缝线（见图9.27A）。

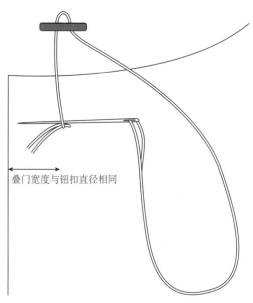

叠门宽度与钮扣直径相同

图9.27A 水平扣眼应用水平针钉扣：在服装正面固定线后将针穿过两眼钮扣

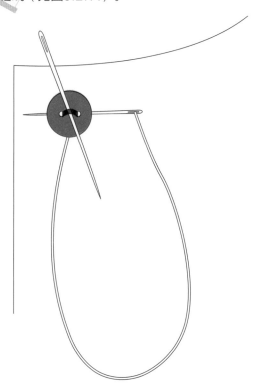

图9.27B 加一根绣针增加扣柄高度

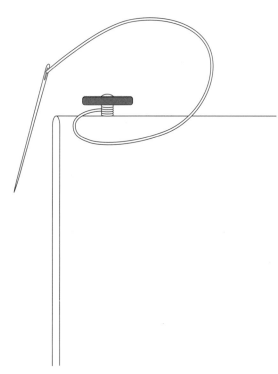

图9.27C 做扣柄

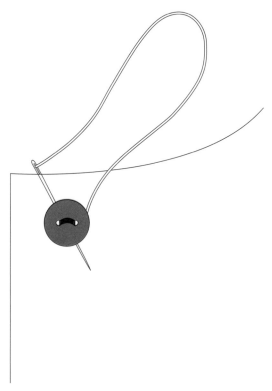

图 9.27D 钮扣下面平缝几针收口

图9.27 钉扁平扣

2. 将钮扣置于恰当位置。当扣眼是水平方向时将钮扣水平缝到服装上（见图9.27D）当扣眼是竖直方向时将钮扣竖直缝到服装上。保证每个扣子都采用相同方法缝制。

3. 将针向上穿过一个孔，再返回穿过另一个孔（四孔钮扣需要重复操作、见图9.27A）。

4. 将一根针插入钮扣顶端的线，并拉紧线，以便制作扣柄（见图9.27B）。

5. 继续将针从一个孔穿上，再穿回去。当针穿到下面的时候，将针推进钮扣下面的面料，缝一小针。

6. 按照此方法继续钉钮扣。按照服装面料厚度与钮扣大小与功能决定缝针数量。如钉风衣上的大钮扣比钉丝绸乔其纱女士衬衫上的小钮扣针数更多。

7. 拿走针后向外拉钮扣使线抽紧，在服装与钮扣间形成一个间隙，将针线缠绕在间隙里的缝线上制作扣柄（见图9.27C）。

8. 钉扣收口时，将针在钮扣下方暗缝几针后回针并剪断缝线。过面不宜露出钉扣缝线。

加固扣

加固扣是在服装正面钮扣反面的过面部位额外加钉的钮扣，如上衣与大衣。加固扣不需要做扣柄。加固扣的作用是加固服装表面的钮扣。用二孔与四孔小平扣，规格大约是L16或L18。表面的钮扣应与加固扣匹配，二孔加固扣配二孔服装表面钮扣，四孔扣配四孔扣。将服装正面的钮扣与背面的加固钮扣连在一起。直接将两个钮扣缝起来即可（见图9.28）。

其他钮扣/扣眼门襟

对于所有扣眼，无论什么位置，扣眼总长等于扣子直径加放松量。钮扣类型决定放松量长度（见图9.10）。

以下服装部位的扣眼位置与图9.11中所示的扣位不同。

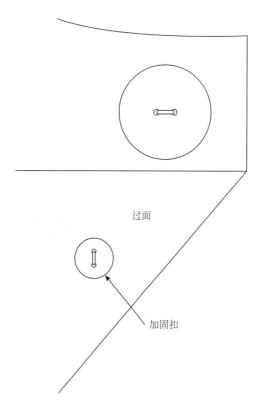

过面

加固扣

图9.28 加固钮扣

后腰身开口

选择适合窄腰身的平扣，将扣眼水平置于（未缝合的）腰身中间。将钮扣置于距离腰身上（方形或V形）搭袢边缘1.5cm处。用面料记号笔在腰身上标记钮扣中心位置（见图9.29B），并根据该标记确定扣位。扣眼居中于腰身、水平方向超出钮扣0.5cm。用珠针将腰身别合。如需要，可将搭袢上的扣位拓转到另一侧搭袢上（见图9.29C）。

腰身前襟开口与扣合部件

腰身前襟部位的扣合部件包括一对风钩、钮扣与扣眼。这两种扣合件确保腰身能稳定地扣合在一起。详见第1章腰身部位风钩的应用，其缝制方法见图1.7G。

袖克夫开口与扣合部件

袖克夫扣合部件包括钮扣与扣眼，见图5.15B与图5.16，钮扣与扣眼的定位见图9.29A~图9.29C。

开衩开口与扣合部件

开衩部位可缝制钮扣与扣眼，见图5.17A。开衩部位适宜用小钮扣使其不显突兀。

搭袢开口与扣合部件

图9.1B中的外套腰身部位有搭袢。搭袢位置的设置见图9.29A~图9.29C。

揿钮

图9.7扣合部件表中可见揿钮。揿钮由两个圆片组成，一片凸出，另一片凹进，这两片扣合使服装扣合。揿钮的尺寸从2到21，有黑色、银色或透明尼龙材质。揿钮也可制成包扣成为设计的亮点。揿钮的尺寸应与面料厚度相配，数量应满足充分扣合服装、发挥作用为准。

小揿钮

1cm的透明尼龙揿钮缝在叠门转角部位时不会外露。揿钮位置如图9.9所示。在钮扣之间也能用小揿钮扣合服装（如腰身穿皮带部位）。尽量用最不显眼的尺寸与颜色，但应保证其能紧紧地扣住衣物。

大揿钮

外套上可使用大揿钮，如10号揿钮（太小无法紧密扣住服装）。揿钮可作为扣合部件或缝在装饰扣子背后，如图9.30所示。在这颗装饰扣下，揿钮紧密地扣住服装。由于大扣子的扣眼不美观且容易散开，揿钮是大扣子极好的代替性扣合部件。

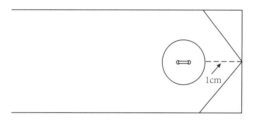

图9.29A 腰身与搭袢上钮扣的位置

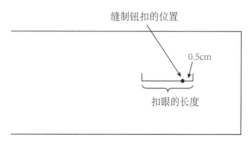

图 9.29B 标记扣眼位置

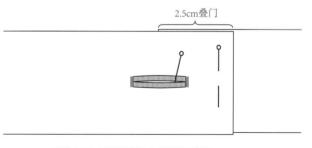

图9.29C 缝制扣眼与标记钮扣位置

图9.29 腰身与搭袢上缝制扣子与扣眼

缝制顺序

1. 凸起的一片应缝在服装右手边，凹进的一片应缝在左手边（见图9.30）。用双股线缝小揿钮，四股线缝大揿钮。

2. 起针时用回针固定线头。揿钮的每个孔应做大约四次回针，然后将线穿到揿钮下面，并且从下一个孔中穿出，再重复缝几次。

3. 缝完后应拉紧缝线固定揿钮。揿钮缝好后面料正面线迹不可显露。

包揿钮

　　选择与服装成对比色的或配色面料。丝绸是理想面料。许多设计师会乐于在其款式中展示丝绸包揿钮。由于大多数面料可以找到相配的颜色，因此有很多颜色可供选择。但厚料不宜用揿钮作为扣合部件。

缝制顺序

1. 剪两块圆形面料包裹揿钮。剪一块比揿钮宽1cm的圆（用来包裹凸钮）。另一块要比这个圆宽0.25cm，包裹凹钮。

2. 离边缘0.5cm处，用双线绕着每个圆平缝一圈，使针回到线头处（见图9.31A）。

3. 将凹钮面向下放在大圆形面料反面的中间，然后抽紧平缝的线包住揿钮（见图9.31A与图9.31B）。

4. 用大针距前后缝，使面料牢牢固定在两片揿钮上，让针与线都保持原样（见图9.31C）。

5. 轻轻用锥子在小圆中间穿过，用小剪刀剪开大揿钮圆的中部。边缘涂抹防磨损液防止其脱散。将凸钮上面面料拉起，抽拉缝线直至拉紧。扣合两片揿钮，然后如图9.31C所示，用制作凹钮的方法来完成凸钮。

6. 现在可将揿钮缝制到衣物上了，优质的缝线与卓越的缝纫技艺是必要的。确保用平整的线迹牢牢地缝住揿钮，并且每个孔里的缝线都被拉紧了，如图9.30所示。面料正面不应露出线迹。

7. 凸钮缝在贴边部位，凹钮缝在衣身上。

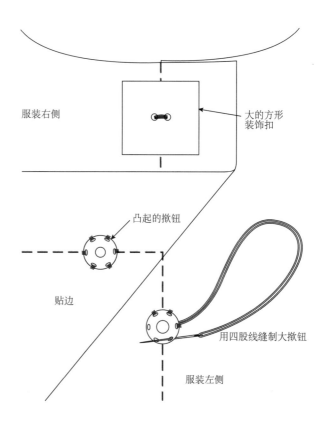

图9.30 用揿钮作为扣合部件：服装正面为装饰扣

肩带扣

　　肩带扣是种功能性部件，装在服装低领或窄肩带下面，确保内衣肩带不会外露或滑落。内衣肩带外露或滑落会破坏服装的优雅形象。缝制肩带扣可防止出现此类情况。根据需要，剪两段1cm宽的斜料牵带。斜料牵带折叠两次做成肩带扣的一端，将其用小回针繚缝至肩缝。将凸钮置于折边的边缘并缝制到位。小揿钮可用小号绣花针钉缝，这样针才能从孔中自如穿过（见图9.32）。带子的另一端折叠两次，用回针缝至肩线靠袖孔一侧。将凹钮缝到肩缝上最靠近领圈的部位。

风钩

　　风钩一边是钩另一边是扣。尺寸有0、1、2、3、4五种型号，有黑色、白色、搪瓷质或镍质的。颜色应尽量与面料颜色相近。风钩是最后缝至服装上的细小部件。

　　小风钩可缝在服装上作为辅助扣合部件。风钩可防止连接部位顶端出现间隙。如裙子后中拉链的腰身部分或领口顶端缝0号风钩不会显眼。隐形拉链不需要风钩，有些时装则必须使用风钩。以丝绸或蕾丝包裹的大号风钩可用于上衣与大衣门襟部位。

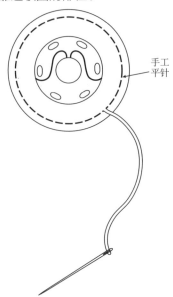

图9.31A 凹钮面朝下放置

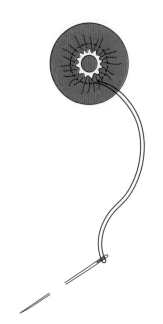

图9.31B 拉紧缝线

图 9.31C 拉紧面料固定揿钮

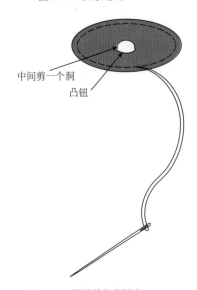

图9.31D 圆片放在凸钮上

图9.31 包揿钮

不同大小风钩其作用也各不相同。风钩可缝制在门襟开口部位，必须有足够强度以确保服装完美闭合。如紧身女胸衣可用6号风钩，而非0~3号风钩扣合。腰身部位不宜用风钩扣合，腰身部位扣合可用搭扣（见图1.7G）。

风钩应以手工制作，因此风钩适合定制服装制作，而非大批量成衣生产。

缝纫顺序

1. 将服装反面翻出，将风钩缝在右手边，横向距离边缘0.25cm，纵向距离边缘0.5cm（见图9.33A）。

2. 风钩的正面朝上，用双线（线长30cm）以锁缝方法缝住两端的圆环（见图9.33A）。

3. 不要将线剪断，针从面料与贴边中间插入，从钩身前端穿出。然后重复缝纫固定好钩身前部（见图9.31A）。

线袢

线袢缝在贴边上靠近接缝线，高度与钩相等，钩与袢分别在服装两侧。线袢的位置如图9.33A所示。

1. 先用几针平缝针固定好缝线，再用双线做出一个线圈（见图9.33A）。

2. 用右手（或者左手）的大拇指、食指与中指穿过线圈使其保持打开的状态。左手腕固定服装，左手拉住针线（见图9.33B）。

3. 用食指将针线从线圈中穿出形成一个新线圈，拉紧线圈以形成线袢。继续制作1cm长的线辫。如图9.33所示，1cm的钩与袢缝在贴边背面。

风钩的金属扣可由线袢代替，线袢可用链式线迹制成，常用于高档服装。作为时装专业学生，应学习如何制作1cm的线袢。链式针法亦可用于腰带袢，还可用于固定裙子、连衣裙、裤子的里布与面料（见图8.20C）。

4. 最后，间隔1cm处将针插入面料，保证线圈平伏于面料，以几针回针结束缝纫。

5. 若用金属扣，可用锁缝的方法缝制，方法与缝制钩相同。

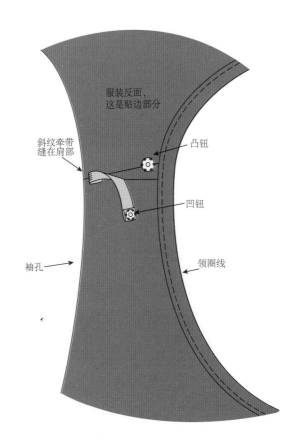

服装反面，这是贴边部分

斜纹牵带缝在肩部

凸钮

凹钮

袖孔

领圈线

图 9.32 附加的肩带扣

风钩牵带

可购买风钩牵带，缝至开衫或其他服装开口部位的左右两侧。牵带颜色仅有黑白两色，但白色牵带可染色。风钩可用2号。

带子

带子是最后缝至服装开口部位的部件。带子通常有两种类型：一种是系带，随意系扎；另一种有带扣等部件的组合结构带子。

系带

系带可用于所有类型的服装，可系在腰线附近、胸部以下、服装前后身，绕于袖口，或从领圈中穿过。图9.1B特征款式中大衣的黑色系带对比鲜明，其袖口有更短的系带。

裁剪出系带长度，使之能环绕并系于袖口。系带可对折裁剪，其布纹方向可以有各种不同选择。不同的布纹会影响带子的垂感。斜丝缕的系带柔和富有垂感，直丝缕系带笔直挺括。通常系带不需贴衬。

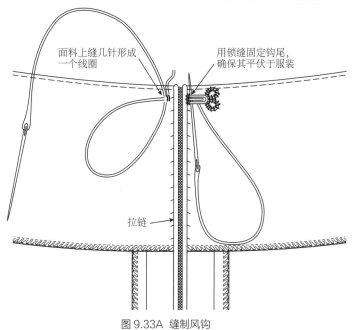

面料上缝几针形成一个线圈

用锁缝固定钩尾，确保其平伏于服装

拉链

图 9.33A 缝制风钩

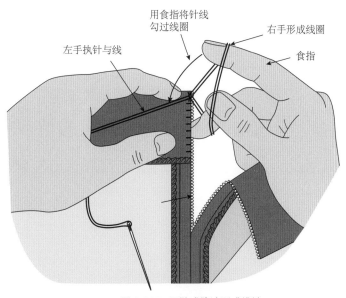

用食指将针线勾过线圈

右手形成线圈

左手执针与线

食指

图 9.33B 用链式缝法形成线袢

图9.33 贴边缝制风钩与线袢

缝纫顺序

1. 布料正面相对，沿边缘车缝；中间留5cm开口；起针与收针应回针（见图9.34）。

2. 用熨斗尖端将接缝烫开。

3. 修剪转角以缩小接缝厚度。

4. 用翻带器将系带正面翻出，或用直尺帮忙。

5. 将带子放平，熨烫平整。用缲针缝合开口。

组合结构的带子

系带可制成组合结构的带子。用硬麻织带使其变硬，不会在腰围附近塌落。硬麻织带由紧密编织的硬棉布制成，有不同的宽度。带扣应比带子稍宽一些。如果带扣有扣针，则带子上应添加金属眼孔以便扣针插入。金属眼孔应加在带子重叠部分，可以调节带子的松紧。金属眼孔大小应与扣针相配。

计算带子的长度：腰围加上几厘米（约20cm），再多加2.5cm以便缝制带扣。面料宽度应足够，在其缝纫、翻转、熨烫之后，带子比硬麻织带稍宽0.5cm，约0.5cm，见图9.35所示。带子与硬麻织带的末端形状需相同。

缝纫、翻转、熨烫好带子后，耐心将硬麻织带穿入带子。将硬麻织带剪短2.5cm。带子应减小接缝厚度，并包住带扣。最后用平缝针法固定收口，如图9.35所示。图9.16中大衣配有腰带，使整件服装显得高档精致。

缝制开口与扣合部件，必须保护好面料表面。脆弱的面料，如绸缎、纤薄面料、珠片面料以及丝绒面料都需要小心处理。有必要提醒一下：设计需要适合于面料，开口与扣合部件也是如此，缝纫的方法总由面料决定。

棘手面料的缝制
对条、对格、对图案与循环图案

将左右两边整齐地放在一起，将格子、条纹对齐，并沿水平竖直方向进行检查。如果裁剪不好就无法对整齐。

用条纹面料缝制滚边扣眼。滚边的布纹方向可与衣身形成反差，因此不需要对条对格。

用色织面料、条纹面料以及格子花呢缝制搭襻时应格外仔细，因为它们需准确对齐图案。可尝试用斜料剪裁，这样就不必完全对准图案，在设计上也会增添特色。

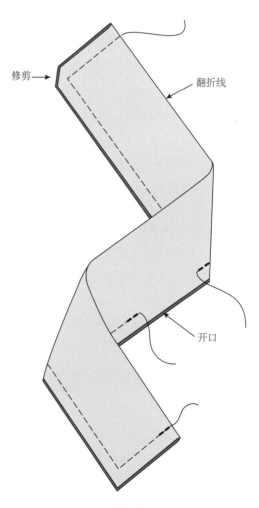

图 9.34 缝制系带

纤薄面料

将折叠两次的带子（两倍的长度，翻转两次）缝制在薄料衬衫的前身，面料多出的一层相当于衬布，所以衬布的色彩搭配就不是问题了。

薄料应用机器锁缝扣眼。应使用优质机针，并在面料下垫棉纸固定。

柔软轻质的纤薄面料可用蝴蝶结或飘带作为扣合部件。

纤薄面料可制作斜丝缕钮袢，应仔细处理缝份以减少阴影。

纤薄面料制作风钩时宜使用线袢。

纤薄面料不宜制作滚边扣眼，因为面料与贴边之间会看见缝份，影响美观。

蕾丝

蕾丝制作扣眼应事先制作试样，观察其成品效果是否理想。将透明硬纱置于扣眼下作为衬布。表面平坦的蕾丝衬衫可用机缝扣眼。

蕾丝礼服可考虑用弹性钮袢作为扣合部件。通常传统的婚纱礼服上使用弹性钮袢。每个成品钮袢间距2.5cm，与小钮扣搭配。钮袢有黑色、象牙白与白色。

蕾丝缝制时务必使用优质机针或手缝针。

蕾丝面料钉钮扣或缝制其他扣合部件时应小心手缝。

蕾丝面料不宜制作滚边扣眼，否则正面会有阴影。牢记面料的完整性，扣合部件必须适合面料。

绸缎

绸缎可缝制斜丝缕钮袢或弹性线袢，以及半球钮扣作为扣合部件。厚重绸缎面料制作的钮袢看起来会太笨重。

绸缎服装宜缝制优雅的装饰扣，比如珍珠扣、玻璃扣、饰有宝石的钮扣，或包边钮扣。

在精致的面料，如绸缎上进行缝纫时，应使用粗细合适的新机针，也可使用优质手缝针。

柔软的丝绸面料适合制作系带。

绸缎缝制扣眼应先缝制试样，因为面料表面脆弱容易勾丝。轻薄丝绸面料的女式衬衫上可缝制扣眼。

珠片面料

珠片面料缝制风时钩宜用线袢。

由于珠片面料无法缝制成斜丝缕钮袢，因此珠片面料制作钮袢时应选择表面光滑的面料，如丝绸。

可用光滑的薄料，如丝绸或乔其纱制作柔软的蝴蝶结与飘带，将其作为扣合部件。但不宜将其缝在面料表面，而应将其缝在接缝部位，或将带子系于腰部。

珠片面料表面不宜机缝扣眼，否则会损坏珠片。

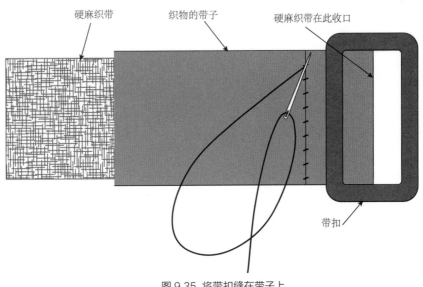

图 9.35 将带扣缝在带子上

牛仔布

牛仔布是种非常适合缝制开口与扣合部件的面料，因此可尝试各种类型的开口与扣合部件。事先必须制作试样，保证开口与扣合部件与面料厚度合适。

可在牛仔布上缝制任何类型的扣眼、扣袢、风钩、揿钮、蝴蝶结及带子。

牛仔布不宜制作斜料钮袢，牛仔布可能因太重太硬而无法翻转。

丝绒

丝绒制作开口与扣合部件应多加注意，因为丝绒是种细毛绒织物。任何一种扣合部件，如搭袢，缝制时必须与大身面料布纹方向相同。

作为丝绒的开口与扣合部件，可将斜丝缕钮袢缝在接缝处。应注意：丝绒厚度可能妨碍其发挥作用，所以事先应做好试样。

制作钮袢时应选择对比鲜明的面料比如查米尤斯绸缎。

可在丝绒上制作接缝间扣眼。但必须事先制作试样，确定扣眼与钮扣尺寸相配。

制作扣眼时应先制作试样，观察其外观如何，因为缝纫机压脚会在面料表面留下痕迹，这种情况之下就要选择其他类型的开口式样。

丝绒可制作包布揿钮，这是种比较理想的开口与扣合部件。

丝绒不宜制作滚边扣眼，如一定要做可使用非毛绒织物。

皮革

皮革服装扣眼位置反面应做标记。

皮革服装应缝制加固扣（见图9.28）。

应用专用缝针以及上过蜡的尼龙线缝制所有钮扣。

事先应制作试样以确定扣眼的合适尺寸。

可使用斜丝缕钮袢、线袢、带子以及带袢作为皮革服装的开口与扣合部件。它们可以明线方式车缝在接缝处或面料表面。

用皮革缝制传统的滚边扣眼相当好看。

1. 使用皮革机针。

2. 在贴边部位而非皮革表面标出扣眼长度。

3. 缝制传统滚边扣眼时应按以下缝制顺序：贴边剪开量应比扣眼长0.5cm，将贴边平整置于下方，用面料胶水将贴边与扣眼紧贴（皮革不宜用珠针固定）。

4. 在贴边部位，沿扣眼一周车缝漏落缝，如图9.14C所示。然后沿缝线将贴边一侧将皮革修剪整齐。

5. 将缝线拉到反面打结，用专用针穿透两层皮革。

由于皮革没有纹理，因此无法制作斜丝缕钮袢。

皮革服装不宜用揿钮，皮革上手缝的外观效果不理想。

人造毛

人造毛服装开口宜用简捷的扣合部件，如风钩以及包揿钮。

人造毛不宜机缝扣眼，否则毛会变凌乱并打结。

厚重面料

厚重面料服装宜缝制滚边扣眼与贴边，这种方法可减小接缝厚度。

厚重面料服装可缝制大的包揿钮结合装饰扣作为扣合部件。也可使用袢扣，但应事先缝制样品以检查接缝是否过厚。

厚重面料不宜制作斜料扣袢，以免扣袢显得太大。

融会贯通

- 本章所学的制作方法与缝纫技术可应用到其他扣合部位，如在肩部或袖子部位都可设计扣合部件。扣眼与钮扣可用至任何衣物的侧缝。
- 环绕腰部的带子同样可运用到袖口部位，如图9.1B所示的外套设计。这种带子也可先穿过腰襻后再打结、扣住或扎牢。
- 缝制斜料钮襻的方法也可用于制作腰带；但其比例应放大。三条管状斜料可编织成一条腰带。
- 滚边扣眼其实就是小号的西装袋嵌线，具体方法见上册第8章嵌线袋部分内容，并将滚边扣眼与上册图8.12F中的形状加以比较。
- 衣领、下摆或口袋部位可加缝钮襻。图9.1B特征款式外套在衣领处缝了一个钮襻作为扣合部件。该外套还用钮襻作为固定皮带的腰襻。
- 利用接缝间扣眼的缝制方法，将其应用至公主线部位。在公主线接缝（或其他接缝）内制作一个较大的开口，并且在开口里插入任意类型的皮带。

创新拓展

- 可将不同材质（玻璃、珍珠、金属）的小钮扣一起缝在服装表面。
- 同一件服装可缝不同型号的钮扣。

- 创意设置钮扣位置，以两个或三个为一组，但必须保持功能性设计。
- 可在裙长底部增加一展开部分，并且加上斜丝缕钮襻。在裙子上钉上钮扣，将展开部分扣到裙子上以增加长度。展开部分取下后裙子变短。如图9.1C所示。
- 以下案例通过改变本章所学的开口与扣合部件的比例，构成创新的开口与扣合部件。
- 夹克可用套索扣作为扣合部件（如图9.36所示。套索扣常用作为厚料或休闲夹克、外套或毛衣的扣合部件。套索扣由两根布条构成。左边的布条用来固定套索扣，右边的布条构成套环。套索扣可用管状斜料（见图9.36A）或较长的带襻构成，车缝至服装上（见图9.36B）。其毛边部分可车缝一块箭头状皮革将其盖住，也能将布条嵌进接缝里，这样可省去了箭头状的皮革。套索扣开口两侧都需加叠门。
- 图9.37开口的扣合部件为搭襻与搭扣，这种扣合部件最适合用于皮装。左侧搭襻部位有搭扣，两侧搭襻都车缝明线。带扣有各种款式，确定搭扣后再确定与之大小相配的搭襻。搭襻可加调节扣做成可调节的式样。
- 图9.38为带蝴蝶结对襟开口。这种开口与扣合方法最适合用于宽松上衣的领圈部位。带子应有足够长度满足系扎蝴蝶结。应将带子手工缲缝到扣眼背面，这样可防止其缩进扣眼。

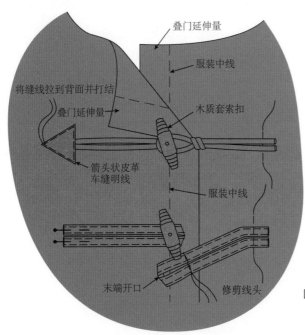

叠门延伸量

服装中线

将缝线拉到背面并打结

叠门延伸量

木质套索扣

箭头状皮革
车缝明线

服装中线

图9.36A 管状斜料构成的套索扣

末端开口

修剪线头

图9.36B 由搭襻构成套索扣合

- 开口部位的系带是种受设计专业学生欢迎的扣合部件,如紧身胸衣。图9.39中的系带是由管状斜丝缕布料制成,较长的系带可用带祥或皮条制作。对襟两侧的气孔部位加垫圈可起到加强作用。

疑难问题

无法确定应选择哪种式样的开口与扣合部件? 有什么指导有助于选择合适的开口与扣合部件?

当然有!读者可参见本章中如何选择合适的开口与扣合部件部分内容。还可以多做些设计稿,结合试样制作确定哪种设计方案最合适。

扣眼太大了?

从服装反面,用锁缝方法将扣眼尾部锁缝以减小扣眼。

扣眼太小了?

最好是购买一个更小的钮扣搭配这个扣眼,从服装表面缝合剪开的扣眼易导致面料脱散。另一个选择是钉揿钮作为扣合部件,手工将扣眼用隐形线迹缲缝起来后,再在扣眼上钉一颗巨大的钮扣,盖住下面缝制的揿钮作为扣合部件。如果扣眼是机缝的,可以仔细添加线迹以加强扣眼。应使用同色线,起针必须有部分针迹与原线迹重叠。收针后再用绣花剪小心剪开扣眼延展部分。

样板上忘记添加叠门延伸量导致服装太紧无法合上?

可将叠门部分做成单独的一条加到服装前身,与衣身车缝在一起。叠门条部分应折叠裁剪,上下两部分宽度相等,叠门条半面或全身贴黏合衬,并缝制水平方向扣眼(见图3.1C的衬衫)。

服装前身部位的风钩无法扣合下方不能保持关闭状态?

可能是由于风钩太小无法扣合开口,因此可使用一个更大的6号风钩。应记住,扣合部件应有足够强度使服装保持闭合——这是功能性设计。

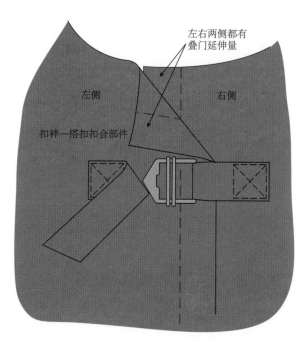

图 9.37 扣襻—搭扣的扣合部件

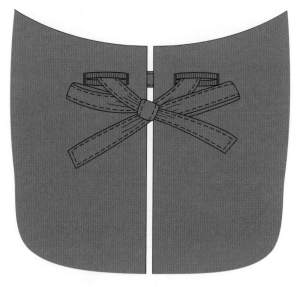

图9.38 带祥扎成蝴蝶结: 带子穿过对襟两侧扣眼系成蝴蝶结

锁扣眼时不小心剪断了锁扣眼缝线，是否能修好？

当然可以！用手工针穿双股同色线作为锁扣眼缝线。先从贴边一侧开始平接缝几针后将线引到服装正面，在缝线剪断部位平接缝几针后再将线拉到反面扣眼边缘收针。

自我评价

看一下完成的服装，尤其是开口与扣合部件部位。评估开口与扣合部件是否缝制理想、功能良好。问题将有助于对开口与扣合部件作出客观评价：

√ 该开口与扣合部件是否与设计与面料厚度适合？

√ 钮扣或其他开口扣合部件是否有足够的叠门宽度？

√ 开口与扣合部件是否平整？有没有起皱或歪斜？

√ 该开口与扣合部件是否能保持服装牢固地闭合？

√ 扣眼长度是否与钮扣大小相配？

√ 开口与扣合部件有没有做定型处理防止其拉伸？

√ 女式上衣的关键部位是否设置了扣合部件如钮扣、揿钮、搭襻等？

√ 缝线股数与强度是否足够保持钮扣与揿钮固定到位？

√ 制作服装时，是否按缝纫、修剪、熨烫步骤进行？

复习列表

√ 是否理解了合适的样板（特别是叠门部分）有助于合理的缝纫与服装合体性？

√ 是否理解了开口与扣合部件的具体款式会影响叠门部位延伸量？

√ 是否理解了缝合开口与扣合部件前，手工粗缝服装中线或偏中线的重要性？

√ 是否理解了对称与不对称开口与扣合部件之间的差异？

√ 是否理解了对襟服装可以单边或两侧加叠门延伸量？

√ 是否理解了叠门宽度取决于钮扣直径？

√ 是否理解了女装开口通常右边压左边，并且后身该原则同样适用？

√ 是否理解面料厚度与悬垂性会直接影响开口与扣合部件的设计？

√ 是否理解了在最终确定好开口与扣合部件前可能需要制作多个试样？

√ 是否理解考虑服装的开口与扣合部件时，应同时兼顾款式造型与功能性？

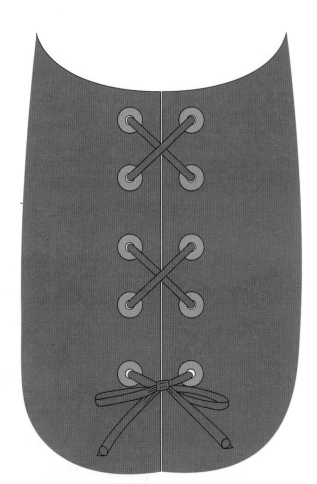

图9.39 管状斜料穿过扣眼构成系带开口

收尾手工制作：服装所有部件都应处理到位

在生产中，收尾手工负责处理最终的细节，确保服装品质达到标准。在服装最终熨烫前，必须做好所有手工处理，包括修剪线头与任何手工缝制，如钉钮扣、风钩或揿钮。

虽然在课堂里老师会评价学生的作业质量，但每位学生应学会独立客观评价自己的工作。收尾手工对于服装的最终外观而言至关重要。当你完成服装时，你会发现严格按缝纫、修剪、熨烫三步完成服装制作的重要性。收尾手工必不可少。除了修剪线头与最后的大烫，收尾阶段不应有太多其他需要处理的内容。在最后阶段已经无法再深入到服装内部狭小部位去处理那些细节，尤其是带里布服装。在此阶段，如发现领子、袖子、袋盖与过面等部位还未翻挺、烫好，已经无法再进入服装内部去处理了。

剪线

如果顾客发现仍有线头未被清理干净，他们会去拉线头，这会导致整条接缝被拉散开。其结果是：这件服装被退货，这还有损公司品牌名声。因此，处理好收尾工作是非常重要的。

切勿用手去拉断线头，这可能会将接缝拉开。应用纱剪小心剪掉所有的尾线（见上册图2.1）。许多学生用大剪刀仓促完成这步工作时，一不小心就会剪破面料。修剪线头时应将服装里布翻出，放置在平面上或穿在人台上，小心地剪掉所有线头。图9.40中设计师正小心地修剪服装线头。

里布

珠片礼服反面

图 9.40 修剪线头

最后的大烫

如果在此阶段将服装烫出个洞或烫焦，这会令人非常沮丧。有些学生因仓促完成服装大烫而遭遇此类情况。

服装最后的大烫必须特别小心：

1. 根据面料成分，将熨斗调节到合适的温度。

2. 在底层放置样板纸，以防服装被弄脏（见上册图2.36）。

3. 将服装放置在烫台的尾部上。

4. 服装做最后大烫时应用烫布保护面料（见上册图2.36）。

更多关于熨烫服装内容，可见上册第2章中熨烫服装与熨烫棘手面料相关内容。

完成的成衣

对于设计师而言，缝纫的最后阶段是从各个不同角度去检查完成的成衣。可将服装置于人台上，或让顾客穿上它，并搭配相应的鞋子与内衣。设计师必须从各个不同的角度：侧面、背面、正面检查完成的成衣。图9.41为设计师检查好的珠片绣礼服。

祝贺你，服装全部缝合好了！

图 9.41 珠片绣礼服修剪线头与大烫

附录《服装制作工艺：服装专业技能全书（上）》目录

译后记

经过一年多的努力，终于完成了此书的翻译。本书中文版分上下两册，内容丰富。在翻译过程中，译者深感这是一项充满挑战的工作，在尊重原著的同时又要表达清晰、文字准确，这与设计创作有着异曲同工之妙。

本书得以出版，归功于东华大学出版社徐建红老师的信任与支持。此书出版之际还特别感谢参与本书翻译工作的教师、专业人士与研究生，他们是东华大学服装学院朱奕副教授，专家吴培玲女士，研究生刘巧丽等同学。

在此，对所有为此书出版作出贡献的人们表示由衷感谢！